U0513165

# 正义思辨与伦理生活

## 现代西方正义论中的“黑格尔要素”

杜海涛 彭战果——著

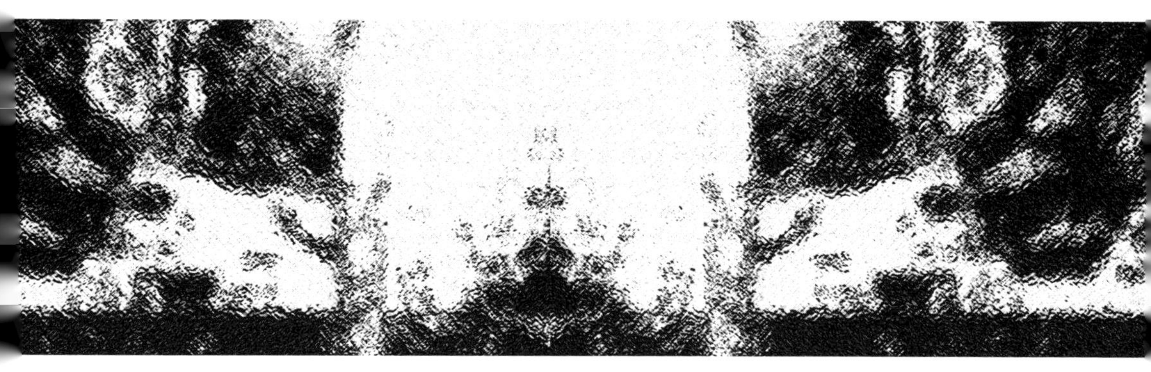

# JUSTICE DIALECTIC AND ETHICAL LIFE

## "Hegelian Elements" in Modern Western Justice Theories

社会科学文献出版社
SOCIAL SCIENCES ACADEMIC PRESS (CHINA)

# 序 言

本书研究的主题是现代西方正义论，它和古代正义论一样，研究成果不胜枚举。虽然对于古今正义论已有非常多的研究、论辩，但是关于正义的确切知识依然没有一个令所有人都满意的答案。在部分学者眼中，此番兴起于20世纪80年代的正义研究潮流似乎又“过时”了。在笔者看来，类似于正义这样的一阶价值概念，都是在反复的讨论中逼近其合理性的，但它不可能拥有像数学一样的真理性。在不同时代遭遇不同的问题，就需要重新提出正义的新论题。因此，正义没有一个静置的定义，毋宁说它是一个对不正义反复纠正的动态过程。当然，这也就为正义的持续研究提供了充分理由。

现代西方正义论可以说是作为古代正义论的对照出现的，两种正义论体现了古代人与现代人的两种政治、伦理价值选择。因此，当提及现代西方的正义研究，其实已经开始对照另一种正义可能性了。在启蒙运动之后，人类现代性事业在理性主义驱动下，在政治、伦理、社会制度等领域都有了新的筹划，而正义论这一话题在传统哲学中经历漫长的沉寂之后，随着罗尔斯的成果再次得到广泛的关注，也标志着现代正义论的起源。罗尔斯将正义视为保障现代社会良序结构的第一价值，但是随后其他学者便发现在社会这一大框架下充斥着无数小的结构，而一个制度性的正义框架如何能够渗透进生活世界的各个领域呢？毋宁说，每一个细微简单的人类组织都需要正义，但是，正义的要求又不尽相同。而且以更大的视野来看，全球不同文明体系下，各种文明中维系社会的正义和伦理都不尽相同，那么，究竟有没有一种正义形态是具有普适性的呢？这些问题都使现代正义的研究变得更为复杂。

上述问题在现代西方政治学说中被一个传统概念串联起来，就是黑格尔哲学中反复提到的“伦理”概念。黑格尔着重区分了伦理与道德，而且按照麦金太尔等学者的考察，西方语境中“道德”确实是颇为晚近才出现的词语。而古已有之的“伦理”概念凝聚着共同体、美德、习俗等意义，而它的这些意义令一些学者发现现代生活的碎片和局促，人类精神生活本可以多元而富足、感性而崇高，可西方现代文明却正走着一条单纯以权利、正义、自由为崇高社会价值的单一化道路，它对应的社会生活要求公共理性，要求审慎商谈，要求合理契约。这似乎正是罗尔斯、哈贝马斯等学者所希望的每一个西方人具有的精神素养，即摆脱“伦理”去寻求一种价值和规范的本真性。而对西方现代文明倾向的担忧其实从黑格尔已经开始了，他的“伦理”概念看似在建立一个普鲁士现代版的“理想国”，其实处处透露着对启蒙时代自由的肤浅理解的批判。因此，虽然多数共同体主义者并没有直接宣称自己的学说与黑格尔有直接关联，但是现在学界越来越认为现代正义论的分歧来源于康德与黑格尔的分歧。也有越来越多的学者关注黑格尔伦理学的再实现问题。因此，伦理与正义概念的辩证关系，可以被视为现代正义论自我演绎发展的一种线索。

本书的写作初衷是发现黑格尔的伦理正义观，然而黑格尔本人没有关于正义的专门具体研究，霍耐特等学者尝试过纯粹以黑格尔文本提炼出一种正义观，但事实上，他依然是在罗尔斯等学者的正义论研究背景下，强制区分出一种不同于现代诸正义学说的所谓黑格尔式的“作为社会分析的正义理论”。因此，本书不再试图以黑格尔为资源去构建一种正义观，而是以现代西方正义论为“质料”，阐释现代正义论中的“黑格尔要素”。这种做法的意义在于试图说明现代西方正义论史的演进中对伦理精神的自觉，它映射出西方自启蒙运动之后过于追求社会以自由为基础的理性主义设计，导致现代社会在对抗这一偏执时的无力。进而部分学者才寄希望于以“希腊性”或黑格尔的“伦理”为理论资源，为社会现实问题提供解决方案。这也构成了现代正义论史发展的纠结与探索。或许这一研究还可以说明，现代社会的公序与良序，不是简单地建构在纯粹理念之上的，这一点透过康德对于近现代政治的持续影响就可以看到。社会的良善性恰恰是在现实伦理生活中持久而艰辛的奋争中实现的，伦理生活代表了现实人的道德、正直，以及对良善生活的追求，而正义则是规则、制度、原则，而真实的现代社会精神是在两者的纠葛演绎中被现实地展现出来的，当然这也是现实社会自我改良的动力所在。

本书付梓之际距离结稿已两年有余，当初在南京伏案写作的岁月已如云烟，对书中的许多观点随着后来学习的深入也有了新的理解，交付出版时也相应做出了修改。然而限于当时的框架，章节逻辑、论述技巧都尚显不足，只能在以后的工作中尽量补正。在此我要感谢东南大学樊和平教授对本书的全程指导，樊老师对待学术的态度一丝不苟，使我写作不敢有丝毫懈怠。樊老师做学问的态度至今都是我学习的榜样。也感谢兰州大学彭战果教授的鼓励鞭策，彭老师不仅承担了本书的修改和完善工作，而且在出版过程中给予了大力支持。

杜海涛

于兰州西北师范大学

# 目录 Contents

# 绪 论

“公序”“良俗”可以说是古今政治学与伦理学追求的最高目的。但是两者在现代政治对公共理性的推崇中往往难以兼得，学者或是主张一种社会的理性参与而限制个人在伦理生活中的善观念，或者主张善观念优先，但同时造成社会公正失范的风险。由此，政治公正与伦理良善的关系本身也激起了政治学、伦理学研究者的兴趣。而如果将此线索置于政治、伦理思想史的漫长进程中，可以发现两者俨然如同黑格尔辩证法的正反要素，由古代世界两者的简单统一，到近现代世界两者的分裂，再到当代学者重新融合两者的尝试，似乎完成了一次正反合的自我演进过程。而实际上，对正义历史进程的凝视也是对正义精神最好的反思。由此，以两者关系为线索，思辨性地建构两者的辩证发展史，不失为一种有意义的尝试。

## 一 古今际遇下的西方正义理论

邦雅曼·贡斯当（Benjamin Constant）在19世纪初就觉察到“自由”的古今之变，[①] 这种古今分异其实在当代正义论核心争论中仍在延续。古代德性主义的正义理论崇尚伦理生活与社会正义的一体性、个人正义美德与社会良善的一体性。这种正义观念对人类文明有一种持久的吸引力，良善的公序良俗与人的伦理安居共同构建出一种自然的和谐，它突出的是人伦的温度以及在实践中人的自我超越。与之相比，现代个人主义的、理性主义的正义论建构，确实可以克服古人理想化的正义设想，以公共理想和制度体系确保正义

① 贡斯当在《古代人的自由与现代人的自由》一书中首次区分了古今两种自由样态，他的这种区分也被以赛亚·柏林继承。实际上，古今价值理念的对比仍是当代政治哲学研究常用的方法。贡斯当的观点见〔法〕贡斯当《古代人的自由与现代人的自由》，冯克利译，上海人民出版社，2005。

的程序性和合理性，但它却又处处透露出利益的算计与理性的狡黠。

阿格妮丝·赫勒（Agnes Heller）在其《超越正义》一书中认为，在前现代，正义作为最高法则统领一切，它是“完备的”“静态的”，既涵盖政治层面又涵盖伦理道德层面。到了现代，政治哲学、伦理学和社会哲学作为不同的学科分离开来，随着社会政治与伦理道德的疏离，正义的社会政治层面仅留存惩罚正义、分配正义及正义战争的理论，正义的伦理道德层面退缩为个性道德问题。确实，在西方古典正义观中，正义是一种最为重要的德性，它能够与其他德性相互一致，甚至能够统领和涵盖其他一切德性。而在近现代社会里，正义由重德性转移到重规范、轻德性，正义也从积极的美德变化为消极的美德。

正义的古今变化还可以体现在伦理生活与社会正义的辩证关系上。如在古希腊时期，希腊人认为良善生活本身就是社会正义的一种要求，政治秩序的建构同时也是伦理秩序的建构，个体德性和正义之间是统一的。而近代以来，基于个体权利的自然法思想出现，社会正义关注合法性、合理性、公正性，而良善生活与社会正义之间的关系断裂。在柏拉图看来，“公正的生活并非外在于其自我的善”[①]。其实，柏拉图的正义理解代表了一般伦理共同体中的正义观念，甚至可以说它体现着整个传统“礼俗社会”的正义理解。在传统共同体形式中，每一个人都有自己的身份，只要恰如其分地扮演好自己的角色，实现自己的特定功能，就是正义的人。

真正让社会正义和共同体生活的正义产生别异的是现代意义上的“社会”的出现。李猛在其《自然社会——自然法与现代道德世界的形成》一书中认为，“政治性和社会性的区别是理解古今政治哲学和道德观念不同的关键”，而“现代政治的建立，必须基于人与人之间的社会性结合，无论是克服还是保障这一社会性形态，现代政治生活及其统治权威，都必须以‘社会性’为其出发点，构成一个‘政治性的社会’，而不仅仅是古典意义上的‘政治共同体’”。[②] 因而现代意义上的社会正义必定不同于城邦的正

① Bernard Williams, *Ethics and the Limits of Philosophy*, Cambridge, MA: Harvard University Press, 1985, p. 31.

② 李猛：《自然社会——自然法与现代道德世界的形成》，生活·读书·新知三联书店，2015，第 70 页。

义、国家的正义、政治的正义这些传统概念。

再者，现代社会的哲学基础颇有一种“性恶论”[①] 色彩，以私人利益、自保、掠夺来理解人的自然本性，如有的学者就认为，正义以自然为参照，古代正义给自然赋予神性，而近代正义却给自然赋予兽性。前者是为了德性、为了城邦的正义，而现代正义却是为了权利、为了个人的正义。[②] 这显然正是霍布斯为我们呈现出的人类图景。霍布斯用自然权利替换了古代意义上的自然法，他用自我保存的自然本性去推论自然法的具体规定，这颠倒了古典自然法理性秩序或道德戒律的含义，霍布斯这一转变可以说是在本体论上开启了现代性的正义特质。[③]

就此而言，正义观古今之分的一个界限也可以被视为“后习俗”的正义适用性问题。如在哈贝马斯看来，现代性问题有一个“后习俗”背景。[④] 后习俗的一个典型特质是价值统一性被多元论代替，习俗中赖以形成的普遍约定的正义形式不可能存在了。而在善观念存在大量分歧的社会中，只能寄希望于正义原则的“契约性”和“共识性”，并以此作为社会秩序的合理性方案。因而在后习俗时代，一个有效的规范其基本含义是具有共识性。由此康德的道德理性或实践理性具有的普遍化与建构主义特质成为现代正义论建构的依据，如罗尔斯[⑤]、哈贝马斯[⑥]都以此为正义论证的形而上学基础。

---

① 赵汀阳先生在《坏世界研究——作为第一哲学的政治哲学》一书中曾专门对比过荀子与霍布斯的人性论，认为两者在“性恶”的设定上的确有相似之处，但在“性恶”的内容上及展开上，实又非常不同。

② 林进平：《从正义的参照管窥古代正义和近代正义的分野》，《深圳大学学报》2008 年第 1 期。

③ 周濂：《后形而上学视阈下的西方权利理论》，《中国社会科学》2012 年第 6 期。

④ 哈贝马斯在《交往理论和社会进化》一书中表述了其历史唯物主义，他将人类进化历史分为新石器时代、早期文明、发达文明、现代社会，前三个都属于“习俗化的行为系统”，而现代社会的象征是后习俗化行动系统。见 Jurgen Habermas，*Communication and Social Evolution of Society*，trans. by McCarthy，Cambridge：Polity Press，1991，pp. 157-158。

⑤ 罗尔斯作有《康德式道德建构主义》一文，契约的“无知之幕”正是对康德实践理性的模拟，见 Rawls，“Kantian Constructivism in Moral Theory，” *The Journal of Philosophy* 9（1980）。

⑥ 哈贝马斯将正义等同于商谈性和合法性，而商谈的基础是道德的普遍化特质，他认为伦理是相对的，不能应对复杂社会系统中的普遍化要求，只有道德商谈才能在后习俗社会重建规范的有效性。参见 Jurgen Habermas，*Moral Consciousness and Communicative Action*，Cambridge，MA：MIT Press，1990，p. 109。

在古代社会，共同体不仅是一种伦理生活，而且也是政治生活的基本形式，它是“古代人”对正义理解的一种重要向度。共同体主义的正义议题对应的是共同体中个体人生价值理想与对共同体认同的统一性，人对幸福和人生至善的理解是与共同体的共同幸福相统一的，“正义”包含着“我该如何生活”以及“我们如何良好地共同生活”的意义。就此而言，有“伦理”的社会制度的设计与考量，更有利于关注到人具体生活方式的良善性，个体身份与德性的统一性，以及具体善价值得以实现的成就与幸福。但是这种社会理解和正义理解在近代政治学、伦理学的转型中遭到遗忘，近代的正义观与道德哲学都转向了自由、法权、利益等相关主题。

而就现代正义观念而言，罗尔斯开辟的现代正义论形态认为，一个正义的社会是指被正义原则优先主导的社会，其理想性在于抽象的道义论的价值取向。所以这一问题也引发正当与善孰为优先的争论，但他在后期自由主义政治建构中开始关注社会中既已存在的“合理多元论事实”，而多元共同体必然要面对“半个社会”的问题。那么，对于伦理共同体中如何生活，自由只能提供一个进入生活的基础要求，不能进一步阐释如何生活才会生活得好。确实，现代正义论必须面对政治正义与个体具体生活中的价值选择与人生取向问题，前者对应的是现代意义上的正义，而后者对应的是传统意义上的伦理正义。

并且，从现代社群主义与自由主义的对立来看，该争论实质则是关于正义与良善生活的关系中的“伦理理想的窄化”问题，因为正义与良善生活的关系似乎只能用谁更优先来体现。就正义论而言，正义需要伦理作为个体与社会理性结构的交互，社群主义继承了这种“思古”情结的正义观，正义被视为与特定良善生活中共享的善价值相关。当然，社群主义或者共和主义的思古情结都不可能真的回复到一个古代共同体的社会，在现代学者看来，社群主义只是和自由主义互补而已，它弥补了西方因过度关注自由、平等理念，对社会内在伦理精神的忽略，如威尔·金里卡（Will Kymlicka）所说：“在日常语境中，‘社群主义者’这一概念被用来指对我们的制度表示忧虑的人，虽然日常语境中的‘自由主义者’通常指那些只关注如何保护个人的公民自由和如何使个人获得经济资源的人，但这群主义者却关心我们制度的命运，关心它们是否具有营造伦理共同体感的能力。”[①] 由此可见，两者的对峙其实恰好丰富了西方的正义事业。[②]

正义论的古今之变有诸多特点，但是现代正义论关注利益、互惠、分配等内容，当它以正当性自居时，要求一种道德价值，如关注少数人的利益，关注社会平等，其症结便在于对社会变迁中悄然消失的“伦理精神”不管不顾。以古观之，伦理的正义要求人的崇高、尊严、无限性与公共生活的统一。现代世界其实更多是一个私人性的世界，它关注人的财富和不受干涉的自由，人的技术、劳动、职业等行为代替人古典意义上的“行动”。

## 二　现代正义论发展中的伦理诸要素

黑格尔在对启蒙精神的反思中重提失落已久的伦理（Sittlichkeit）概念，并以之为自己伦理学、法哲学的核心范畴。虽然在黑格尔学术中，由这一概念阐发的国家学说、政治理念广为诟病，但随着现代性的进程，这一概念越来越彰显出其重要价值。概言之，就个体意义而言，“伦理”的意义是人在一种共同体的环境中可以生活的善，人追求人生价值、德性成就、生活成功等，这些范式被称为“伦理-生存”或“伦理个人主义”，以区别于关注个人责任、义务的“道德”范畴。在社会意义上，“伦理”体现为共同体中基于共同文化、善观念的认同和统一。因而，伦理的正义可以指一种以营造“伦理共同体感”为目的的正义形态。个体的德性与正直是伦理正义的主观性要求，伦理认同是正义的情感性要求。共同体中的伦理正义不仅是建构政治生活稳定性的必要方式，也是寻求社会生活中稳定和谐的方式。

伦理正义对于现代正义论而言，是想对比两种社会与个人关系的情状：“社会成功与个人失败”或“个人伦理成功与社会至善”。

首先，就“社会成功与个人失败”而言，现代意义上的社会成功往往指的是社会制度的正义，但是社会正义往往是与个人善互不关涉的。社会的成功并非仅仅体现为个人的权利得到公平地对待，因为个人生活的成功

① 〔加〕威尔·金里卡：《当代政治哲学》，刘莘译，上海三联书店，2004，第499页。

② 〔美〕艾米·古特曼：《社群主义对自由主义的批判》，《哲学与公共事务杂志》1985年夏季号，第308~322页。

并非仅有财产、权力的一面，还包括生活的幸福、个人道德人格的完善。但实际上，民主或正义社会的成功都很难兼容对个人幸福、人生理想的关注。

其次，“个人伦理成功与社会至善”这一问题关涉的是个体要成为什么样的人，并且，这种人生理想是否可以与共同体的善目的相统一。黑格尔认为人要成为一个普遍性的存在者，他要成为作用于共同体、国家的伦理主体。因而，在“成为什么样的人”这一人生理想问题上，公民可以选择与共同体的良善这一宏观目的保持统一。个人与社群、社会、民族的伦理关系，构成了追求共同善的外在境遇，个体的伦理成功在于他能够成为一个普遍存在者，能够在不同的共同体环境中，做符合自身普遍性要求的事，而共同体也能因个体的认同获得其精神的现实性。两种社会理想的争论在自由主义与社群主义之争中也体现得非常明显。

当代“道德—伦理”之分或“自由主义—社群主义”之争，其核心都是善与正义的问题，道德往往对应着正当性证明，而伦理则是指个人生活或共同生活的善。一般看来，黑格尔的“道德—伦理”之分被视为社群主义的灵感来源。如史密斯（S. B. Smith）所说：“如果当代自由主义者们被引向重新发现康德，那么，自由主义的批判家们则被迫去重新发现黑格尔。”[①] 而黑格尔伦理生活的概念可为现代人提供的启示之一恰好就是，共同体生活需要一定的心灵机制，它是实体内部精神性统一的结果，而共同体中的伦理性自洽是衡量生活的好的一个向度。在共同体生活中，德性、仁爱等善具有比社会正义更为优先的地位，而且各种共同体中存在与人的“共同理解”相应的正义、规范体系。

及至哈贝马斯，伦理生活与正当性的张力和关联就体现得非常明显了。他说：“伦理问题所涉及的是一个政治共同体的文化共同体对于自己共同生活形式的理解。而道德问题所涉及的是所有人所共同遵行的规范是什么的问题。或者说，它涉及的是哪一种道德规范是正当的。”[②] 哈贝马斯追求的

① S. B. Smith, *Hegel's Critique of Liberality*, Chicago: The University of Chicago Press, 1989, p. 4.

② 王晓升:《商谈道德与商议民主——哈贝马斯政治伦理思想研究》，社会科学文献出版社，2009，第174页。

是有效性与合法性，而正当性的标准其实就是道德性共识。而伦理生活中存在多种善与合理性，它内在地导向了寻求共识的困境，只有道德的实践理性才能实现共识，而伦理则是关涉共同体内部的价值认同问题。不过，伦理认同也有关于一种传统或文化值得传承的依据。就此而言，个体性的“伦理-生存”与复数性的“伦理-政治”统一的可能性是需要一个正当性证明的。哈贝马斯据此提出了“伦理本真性”的问题，他主张通过“伦理商谈”来说明一个值得世代相继的传统的价值性根据。虽然哈贝马斯提出这种“伦理-政治”是人类生活的重要领域，但他仍是将伦理认同置于正义领域之外。

与哈贝马斯不同，德沃金（Ronald Dworkin）通过对伦理的生活价值向度的阐释，开启了对实践哲学中人生理想等要素的研究。“伦理”被理解为实现什么样的人生、过良善的生活等含义。在《刺猬的正义》一书中，德沃金区分了道德与伦理这对概念，他认为“伦理”是人的自我成就，即每个人追求成功的良善生活是伦理的范畴，而道德是人如何对待他人的主张。他说：“一个伦理的判断所作的断言，是关于人们为了过好生活应该做些什么这个问题的：他们一生当中应当有志于成为（aim to be）和成就（achieve）什么。而一个道德判断，则是一个关于人们应当如何对待他人的主张。”①

在《正义与生活价值》一文中，德沃金从“伦理个人主义”出发论述了政治生活的伦理优先性。他说每个人追求一种成功的人生，这就是“伦理的个人主义”。但是个人善与社会善是统一的，因为个人善的实现必然要以平等的社会正义价值为前提。因而，他认为个人为了自我人生理想的实现，也会同意政治正义为共同善，并为此付出人生理想和德性努力。在此意义上，政治世界就是一个共和主义的共同体。② 由此可见，德沃金认为正义和良善生活是可以兼容的，良善生活的个人自由需要一个正义的社会环境。因而，他是将个体幸福与政治正义区别开来。换言之，如果个人抱负

① 〔美〕罗纳德·德沃金：《刺猬的正义》，周望、徐宗立译，中国政法大学出版社，2016，第25页。

② 〔美〕罗纳德·德沃金：《正义与生活价值》，张明仓译，欧阳康主编《当代英美著名哲学家学术自述》，人民出版社，2005，第149页。

不能实现，也不应作为社会正义补偿的范围。但是，他承认个人伦理的成功包括对政治正义的人生理想，这是构建伦理共同体的关键。它内在地要求一种伦理公正精神。

另外，赫勒对现代正义范式的反思也彰显出伦理生活这一概念的特殊意义。她认为现代正义危机是伦理、政治相互分离，但是现在正义理论重建伦理道德与政治统一的完备理论已变得不可能。因而她主张从日常生活层面实现正义的变革，在她看来日常生活的正义就是日常生活的良善。而建构成正义的日常生活体现在三个微观方面：良善生活的主体是正直的人，它是良善生活的个人态度问题；主体过良善生活意味着从天赋到才能的自我建构；共同体的良善体现为个人之间联系的情感深度。良善生活以伦理的正直的人为主体，通过人的才能发展与情感深度追求公共美德，进而实现日常生活的正义。由此，赫勒放弃了宏大的完备正义理论，通过微观生活的良善来重建正义。良善生活是宽泛的，不可能存在一个统一标准，它只是一个开放概念。因而，它需要正直的人去建构这种良善生活的不完备性。①

综上可见，现代正义论区分伦理和道德的目的，其实就是寻求正义理论中对伦理生活的容纳。在道德与伦理的区分中，道德的意义基本是确定的，它具有普适性、实践理性、责任意识等特征，而伦理在现代的定义却模糊起来：哈贝马斯将伦理理解为具体价值，因为社会存在多种多样的共同体，因为伦理的基本形态便是社会价值的多元化；德沃金把伦理理解为人想要成就的理想，这与古希腊人的卓越性实现是相近的。由此可见，伦理生活的概念在现代仍是一个重要的政治和社会理解向度，它在现代诸正义形态的发展、转变中都起到了对社会良好生活反思的意义。

① 〔匈〕阿格妮丝·赫勒：《超越正义》，文长春译，黑龙江大学出版社，2011。

# 第一章 “伦理”与“正义”的哲学辨析

“伦理”之所以能够与正义论的话题关联起来，一方面因为其概念可以回应古典时期的正义观念；另一方面因为在现代伦理学及正义理论的研究中，它成为一种“稀缺”的同时又若隐若现地牵动着学术发展方向的因素。就前者而言，在古典时期正义的概念并不是紧紧围绕分配、公平等主题。简单回顾柏拉图的正义观就可以发现，此时的“正义”尚可以被理解为个体义务、美德与伦理规范、伦常之间的统一性。就后者而言，现代正义论的发展是建立在公正与伦理之间的张力之上的。因为公序良俗并非普适性的，它往往在不同的时空、不同的伦理实体中有不同的展现形式。可伦理生活的多元性与现代正义论者所追求的普适性的正义原则是冲突的。因此，现代正义论的诸多争论核心正是伦理生活的意义问题。

从伦理的社会学意义来看，社会是由一些基本的伦理实体构成的，如民族、家庭等伦理实体，这些伦理实体内部又会需要一些约定的美德以维护共同体的和谐与良善，如家庭的良善体现为爱，市民社会的良善体现为成员对法律的尊重，以及国家的良善体现为一个民族实体的团结。由此，不同的伦理实体有不同的伦理公正要求。在当下正义论关注利益、分配、合法性之时，伦理的正义关注的是共同体的正义，人的复数性、社会团结等议题，这些形态都是伦理性的，也只有在伦理的视角下正义才能得以理解。现代正义论中自由主义、社群主义、承认理论都涉及伦理正义的问题，它们在不同程度上发展了伦理正义的形态。

## 第一节　伦理、道德与政治

随着现代道德哲学的发展，“伦理”这个概念在英语世界中已经没有了与之完全对应的词。但是德语中道德与伦理的区分却为这个概念提供了词义参照。尤其是在康德的道德哲学之后，伦理的特殊性及其对古代世界的回味，使其重新得到关注，黑格尔将其特指为一种道德实践或政治建构形式。伦理的基本含义是单一性和普遍性的统一，伦理的客观形态是指伦理的客观表现形式，包括家庭、民族两大伦理实体，以及伦常、习俗等伦理关系规范形式。伦理的主观形态则体现为个体认同伦理普遍物而形成的德性或义务意向。伦理和政治都是处理群体共在关系的方式，但是伦理对应的是共同体的美德与和谐，而政治对应的是公共正义，两者有不同的原则。但“伦理”的古典含义中却也蕴含一种特殊的正义理念。

### 一　“伦理”的语义考释

在古希腊文中，伦理（êthos）本义是指生物的长久居留地，也指人的居所。而 êthos 之所以能够演化出“伦理”的概念，是因为在共同的居留地内必须依靠对特定行为的习惯性（éthos）来建构群体秩序，在此过程中逐渐形成了荣誉、习性、德性和善等伦理要素。由此，êthos 便成了一种生活秩序的特定指称，如黑尔德说：“人们在其行动中能够为相互交往提供一个合适的场所，从而使得他们的共同行动得以成功。在这个意义上，它提供了一个特殊的居留地：作为行动生物的人的‘伦理’（êthos）。”[①] 由此可见，原始的伦理意义是个人与共同体依据某种共同经验无反思地生活在一起。黑格尔对“伦理性”（Sittenlicht）的理解所依据的正是这种伦理生活形态。

亚里士多德根据 êthos 的特性专门将其作为一种德性，即伦理的德性（he arete etike），“伦理德性”在亚里士多德这里是相对于理智德性（he arete ethike）而言的，他说：“伦理德性是从习俗而来，因此它的名字（ethike）也

---

① 〔德〕K. 黑尔德：《对伦理的现象学复原》，涤心（倪染康）译，《哲学研究》2005 年第 1 期。

是从习惯的（éthos）这个词演变而来的。”① 伦理德性是参与城邦生活形成的德性，它的善在于城邦生活中对善的共同理解。古希腊社会是一个伦理的社会，其伦理生活与政治生活高度重合，人的德性和崇高构成了城邦正义的重要方式。到古罗马时期，西塞罗用 mores 替换了 êthos，其基本意义仍是习性、习惯和品质。虽然现代的道德（morality）概念来源于 mores，但这个词呈现出现代道德的含义却是近代以来的事情，如麦金太尔所说：“在这些早期用法中，‘mores’（道德）既不与‘审慎的’或‘自利的’相对照，也不与‘法律的’或‘宗教的’相对照。当时与这一词汇意义最为接近的词可能仅是‘实践的’。到了16—17世纪，它开始具有了现代意义。”② 但现代意义上的 morality 语义上已经不再具有 êthos 或 mores 的原始意义了，也就是说这个词经历过罗马世界、基督教世界的历史流变，它曾被湮没在各种新出现的价值体系中。在近代英语世界当它被重新发掘出来去定义一种伦理价值时，morality 所称谓的不再是古典的那种基于习俗、习性的共同生活样态，而且在现代英语中已经没有了与 êthos 所指涉的“伦理性”相对应的词语。

正式对伦理和道德做出形态上的区分的是黑格尔哲学。如上所述，现代英语中已经没有 êthos 的对应词语，但在德语中一直保留着 Sitten 和 Moral 之间的张力关系。Sitten 的意义是人的居留之所（Aufent haltensort），置入伦理语境就是“赋予人以习性的实存”，这和 êthos 原始意义是对应的。而 Moral 指称的是个人基于理性或良知的道德，因而单在语言形式上二者就呈现出传统与现代的区分。这种区分在康德的伦理思想中就已出现。虽然在《实践理性批判》和《道德形而上学奠基》中谈的更多的是道德（moral）和道德性（moralität），但在后期的《伦理形而上学》③（Metaphysik der

① 《亚里士多德全集》第八卷，苗力田译，中国人民大学出版社，第 27 页。在中文翻译上，苗力田将 ethike 翻译为“伦理”，而廖申白将其翻译为“道德”，虽然二人翻译不同，但取意应是中国语境中的“伦理习俗”意，因为廖申白在《尼各马可伦理学》注释中说过：“éthos，习惯、风俗、道德等等；指由于社会共同体的共同生活习惯和习俗而在个体身上所形成的品质、品性。”由此可见，廖申白先生所翻译的“道德”并不是现代伦理、道德区分意义上的“道德”。见廖申白译本《尼各马可伦理学》，商务印书馆，2005，第 8 页。

② 〔美〕麦金太尔：《追寻美德：道德理论研究》，宋继杰译，译林出版社，2011，第49 页。

③ 邓安庆做过康德使用的专门概念对比，他认为 Metaphysik der Sitten 的翻译应区别于康德之前的道德哲学中的道德（Moralitat）概念，他以为《伦理形而上学》比《道德形而上学》的翻译要更为准确。

Sitten）和《单纯理性限度内的宗教》中他已经悄然区分了Sitten和Moral，《伦理形而上学》的主旨是通过法权和德性来建构社会的公序良俗，《单纯理性限度内的宗教》探讨的是重建教会的“伦理共同体”，在这些地方康德用的是Sitten，而不是Moral。由此可见，在康德看来伦理（Sittenlicht）是一个关涉人类共同生活的概念，而道德是个体基于自由意志的自我立法和自我实现，前者是社会善，后者是个体善。

但是康德最终没把伦理和道德梳理成两种精神形态[①]，这项工作是由黑格尔完成的。黑格尔将伦理（Sitten）提炼成一个具有特定含义的概念，以区别于近代以来的道德概念，他在《法哲学原理》中说伦理是“活的善”，是“人的第二天性”，而道德则是自我承认自我所建立的某种普遍性的意志。自由意志在抽象法—道德—伦理的精神历程中实现自身的现实性、客观性。由此可见，在黑格尔这里道德—伦理的二元区分的模型正式形成了。所以，芬利森说：“‘伦理’一词，有古典和现代两种用法。它的字根来自古希腊语ethos，该词既指城邦的习俗，又指其公民的习性和气质。在现代时期，黑格尔用Sittlichkeit（常译做‘伦理生活’）来表示共同体的具体生活方式，它一方面包括共同体的价值观、理想和自我理解，另一方面包括惯例、制度、法律等等。”[②]

伦理关涉的是群体共在方式，它的基本观念是个体与普遍生活的和谐统一。而Moral是指个体出于理性或良知做出善的行为，它本质上是个体性的。黑格尔认为道德是启蒙的产物，虽然他也称苏格拉底等人的伦理学为“道德的”，但道德真正作为一种现实的精神形态，是在近代主体性真正确立之后。新出现的市民社会需要对市民精神进行道德论证，在此阶段出现了大量伦理学学派，如情感主义、道义论、功利主义等，但此时的道德理论已经深刻地关涉到人权、自由等理念，不论是情感主义道德还是理

① 康德、费希特都有不同的“伦理”观，并且，他们的用词也是Sitten或Sittenlehre（伦理学），不过二者都没对伦理与道德做出区分，相反，他们都通过康德式的道德来理解伦理，这就使伦理充分成为一个现代性的东西，如费希特就说：“理性存在者组成的整体，是道德高尚的人们组成的共同体”；康德文本中也多有Sitten和Moral混用的情况。引文转引自张东辉《Sitten和Moral的含义及其演变——从康德、费希特到黑格尔》，《哲学研究》2016年第3期。

② 〔英〕詹姆斯·芬利森：《哈贝马斯》，邵志军译，译林出版社，2015，第89页。

性主义道德，其道德主体都是元逻辑上的个体性自我，如麦金太尔所说的启蒙道德论证的前提是一种抽象的人性论①，这个“人性”可以是理性的人、情感的人或拥有自然权利的人，但它不再是承载着历史、文化和习俗的“人”，也不是处在伦理关系之中的个体，而是拥有着理性与私欲、以自由为基本规定性的“抽象人”。而黑格尔在对道德的理解上，其实更多的是单指康德自律主义道德哲学，道德区别于伦理的一个核心特征就是道德建立在个体的理性和自律之上，它寻求的是将规范的真确性归于自我立法的内在确信，以自我的良心作为将准则提升为普遍原则的路径。因而，伦理与道德的区分带有明显的古今转变的意味。其实黑格尔对现代性的敏感正在于，在启蒙抽象理性的进程中，对悄然丢失的社会善理念、宗教博爱精神不管不顾，以致将一切置于碎片和对立之中，社会被分割为彼此独立的原子。而黑格尔认为康德道德主体性精神对这些问题根本是无力的。

由此可见，当伦理与道德作为研究对象时，它们指称的是两种不同的善的形式，邓安庆先生将两者同称为人类的“道德事业”，“所谓‘道德的事业’就是把普遍认同的善的理念（道）贯彻落实于社会人心之业。善的理念贯彻、落实于社会（国家），形成公序良俗，贯彻落实于人心，形成良知和德性”②。道德指的是人心法则，而伦理是善理念和人心的统一。在西方语境中，道德哲学有丰富的学术资源，但是就“伦理”而言，尤其是现代性研究中，更多的是将其作为“习俗”去理解，这就将“伦理”的研究置于社会学的架构之下。其实伦理和道德一样，它们都是一种精神形态，只不过它体现为客观的、具体的伦理生活与主观性的“伦理意向”的统一。③

## 二 伦理与政治

伦理和政治都是群体秩序的构建方式，在古代意义上两者的区别并不

① 〔美〕麦金太尔：《追寻美德：道德理论研究》，宋继杰译，译林出版社，2011，第67页。

② 邓安庆：《启蒙伦理与现代社会的公序良俗——德国古典哲学的道德事业之重审》，人民出版社，2014，第2页。

③ 〔美〕艾伦·伍德：《黑格尔伦理思想》，黄涛译，知识产权出版社，2016，第341页。

明显，因为“人是政治的动物”意味着人注定要过政治生活。但是，由于制度理性没有生发，所谓的政治秩序其实更多的是依靠个体的伦理自觉与伦理认同。亚里士多德说一切社会团体的目的都在于达到某些“善业”，而最高最广泛的社会团体也必然会追求最高最广泛的“善业”，即“至善”。他把伦理学附属于政治学，两者都以共同善为目的。但实际上两个学科确有明确的差异，西季威克说：“伦理学旨在确定个人应该做什么；而政治学则旨在确定一个国家或政府应该做什么，以及它应当如何构成，后面这个题目包含了有关被治理者应当实施的对政府的控制的全部问题。”[①] 那么，伦理生活和政治生活追求两种不同的善，伦理意义上的社会善是和谐、统一，政治意义上的至善是公正、正义。

伦理的善是指人与伦理共同体的统一性，它追求的是伦理共同体的统一性和精神性，以及共同体中的认同、和谐、团结等价值理想。伦理不同于政治的地方在于，伦理的特质在于人与人之间、人与共同体之间的关联性，人不是法权意义上的原子，它是伦理共同体中的特殊属性，具体表现为家庭成员或民族公民，人通过不同的身份认同和理解自身，进而形成不同伦理生活层面的德性和教养。在黑格尔看来，伦理的实体形式是家庭、社会中的同业公会、民族。而且，伦理的实体与该实体中共享的善观念相关，一个伦理普遍物的生成最重要的是该伦理实体共享着一个善观念。伦理实体中的规范或伦常是普遍精神的载体，它体现着实体之为实体的个体道德要求。显然，伦常和法律不同，它的效力是对于特定伦理共同体而言的，它的优势是“沉浸性”，主体与习俗往往具有一种“第二天性”的契合性，并为人格的善和崇高提供了真实的参考。其缺陷则在于它自身的合理性以及舆论性的约束力量。

黑格尔认为伦理的义务冲突导致纯粹“伦理世界”的解体，进而进入“法权世界”。笔者认为这一逻辑理路可以这样理解：伦理的伦常、义务，以及伦理性的社会参与形式，无法适应社会秩序的需要，并且诸伦理实体之间存在义务的冲突，因而，它需要一种中立的力量，把身份的约束力转变为社会普遍法律的约束力，这种中立的力量就是国家政治。如果参照当

① 〔英〕西季威克：《伦理学方法》，廖申白译，中国社会科学出版社，1993，第39页。

今政治哲学中的中立主义与至善主义之争，就可以发现黑格尔对伦理与政治特点定位之准确。“伦理自治”可以适用于家庭和部落，但一旦进入城邦或国家，必须强调政治的公共性，而这种公共性以抽离成员的具体身份为代价。如亚里士多德就认为：“个人与城邦的冲突一定是悲剧性的，这实质上也就是政治正义与伦理善之间的冲突。”①

由此可见，政治是以正义和公平为基本原则的，亚里士多德说：“政治学上的善就是‘正义’，正义以公共利益为依归。按照一般认识，正义是某种事物的‘均等’观念。”② 政治的善依赖于制度和法律，要求成员低限度的道德和正义感。因此，政治的正义的领域，要求普遍化的行为原则，即要求个体参与的普遍化态度，也要求政治对待个体的普遍化方式。一旦一个规则成为法律，它就具有正义的性质，就具有强制性。伦理、道德、政治之间的区别如表1。

**表1 政治、伦理、道德的概念对比**

| | 政治 | 伦理 | 道德 |
|---|---|---|---|
| 实体形式 | 政府、国家 | 民族（国家）、家庭、同业公会等 | 无 |
| 实践目标 | 社会秩序、正义 | 共同体的和谐、团结、精神统一性 | 个体崇高、普遍责任 |
| 基本参照 | 正当性、合法性 | 价值观、善理念 | 正当、合理性 |
| 实现方式 | 契约、慎议 | 约定性、传统、习俗 | 实践理性普遍化能力 |
| 参与态度 | 低限度的道德或正义感 | 情境性的认同与德性 | 对义务的自我确认 |

由表1可以看出，在现代正义论看来，政治正义与道德有天然的亲和力，如哈贝马斯在《道德和伦理生活：黑格尔对康德道德理论的批判是否适用于商谈伦理学》一文中，强调道德同时完成两个任务：第一个任务是

① 文长春：《正义：政治哲学的视界》，黑龙江大学出版社，2010，第17页。
② 〔古希腊〕亚里士多德：《政治学》，吴寿彭译，商务印书馆，1965，第148页。

实现公正，就是要使每个人的自由权利得到尊重；第二个任务是将独立化了的个体结合起来，就是把人社会化。“为了在实践中变得有效，普遍主义道德必须弥补特定伦理实体的丧失——这些普遍主义道德最初被接受，是因为其在认知上具有修补这种伦理实体的优势。”① 由此，后习俗阶段伦理生活在公共生活中丧失了普遍有效性，而普遍有效性的政治正义只能被寄托在道德的规范重建上。

政治与伦理的关联也是西方政治哲学超越古今的话题，如古希腊注重个体德性与政治生活的统一性建构，赫勒说：“从伦理的正义视角来看，一个好人在其中过得幸福而坏人过得不幸福的世界秩序就是一个正义的社会秩序。”② 这可以说是对古希腊伦理—政治的直观概述了。黑格尔对伦理国家的理解，将伦理的概念更多聚焦在柏拉图式的用法上，与赫勒所说的“伦理正义”或“伦理政治”略有不同。黑格尔认为一个国家的政治完成是建构在公民的广泛伦理参与和伦理认同上的，他说：“自在自为的国家就是伦理性的整体，就是自由的现实化。”③ 他的伦理政治设想包含着两方面的内容：“一方面，‘只有将自然伦理同绝对化的主体的自由统一起来才是民族的伦理’，这是一个民族真正的内在凝聚力量和生命；另一方面，如果没有一种‘民族的神性’或民族之神（Gott des Volkes）来调解和平衡自由之个人的特殊利益和承认关系，同样也会导致人与共同体的死亡。”④ 就是说，对于政治的或国家的伦理而言，个体自由与自然伦理关系以及一个终极的伦理共同体都是密切相关的。只有如此，伦理的观念才能容纳现代世界确立的抽象自由概念，而同时这种抽象自由也只有在民族伦理中才能现实化。

现代共同体主义者也认为善理念和正义的理念是关联的，正义源自共同体内部的传统、约定和认同，并以此反对罗尔斯建构在道德推理之上的一元正义论。共同体主义强调政治生活中的伦理认同，如积极参与、责任承担、爱国等积极要求。其实这种思潮对应的是古希腊和黑格尔的伦理、

---

① Jurgen Habermas, *Moral Consciousness and Communicative Action*, trans. by Christian Lenhardt, Cambridge, MA: MIT Press, 1990, p. 109.

② ［匈］阿格尼丝·赫勒：《超越正义》，文长春译，黑龙江大学出版社，2011，第49页。

③ 〔德〕黑格尔：《法哲学原理》，范扬、张企泰译，商务印书馆，2010，第256页。

④ 邓安庆：《从“自然伦理”的解体到伦理共同体的重建——对黑格尔〈伦理体系〉的解读》，《复旦学报》2011年第3期。

政治一体的方式。如查尔斯·泰勒说：“关于人的社会性的观点认为寻求公共善的根本构成条件限定于社会之中。因此，如果离开语言的共同体（a community of language）和关于正义与不正义的公共讨论，人就不可能成为真正的道德主体，不可能成为公共善的实现的能动者。”①

伦理生活是一个社会美好的审查向度，对于政治生活而言，伦理要求一个正义的社会应能容纳公民对于共同善的认同。因此，就伦理和政治关系的现代省察而言，伦理可以为现代政治中的公共性问题、民主问题、自由问题提出一种不同于纯粹政治正义的描述，这体现了古希腊精神、黑格尔哲学在现代复兴的基本契机。伦理的正义更在于为社会共存提供一种心灵秩序和人心机制，关注伦理生活的精神统一性，并以共同善为优先的一种正义理解，这种正义追溯的是正义的伦理生活意义。但是，这种正义理解并不仅是古代前制度时代的秩序设计方式，其实也是现代政治制度发达的“后习俗”时代急需的、可以让社会拥有精神的一种正义形式。

## 第二节 前现代正义理论的“伦理性”建构

在古希腊词源中，正义一词并非局限在现代正义的一般含义上，其中也包含着一种伦理正义的理念，如柏拉图《理想国》中就将个体获得身份的德性称为正义。黑格尔引入伦理或伦理正义的理念是为了克服现代性的种种危机，包括生存、政治、实践诸方面的异化和分裂。在古典意义上伦理正义体现为：（1）身份意识，即能够意识到个体之于城邦的“构成性”关系，个体作为成员，扮演着具体伦理情境中的角色；（2）具有能够完成具体伦理情境中“属己”的责任与义务。伦理的正义其实是一种“统一—正义”模式，它和现代正义依据可能出现的利益分歧去设计正义制度的“分歧—正义”模式不同。具体伦理生活中个体与共同善的统一在古典意义上也蕴含在“正义”的范畴中，这种正义即适用于私人领域的良善生活，也体现在伦理政治中的德性参与。现代重提一种伦理正义的基本企图是回味伦理世界的统一性，并以此诊断现代社会的正义局限。

① Charles Taylor, *Philosophy and the Human Sciences*, Cambridge: Cambridge University Press, 1985, p. 292.

## 一 正义的语义窄化及其阐释性特征

从古希腊开始，人们便意识到正义是一个难以定义的概念，柏拉图以其独特的论证方式，将正义本身的问题转换到一个理念世界中的理想城邦的建构上，从而得以在语言上给出确切的概念说明，自此，“正义必须满足另一个要求：它的谓语必须像它自身那样抽象，以便开启一条凭借特征或属性、类型或关系——它们如同正义一样永恒不变，极少受制于条件的变化——对其加以识别的途径”[①]。其实就是在语言中考察正义本身，但是苏格拉底定义方式的失败也在于以语言表述正义本身。但毕竟“什么是正义”与“什么是正义的”还是存在语境差异的。纵观正义论的历史就会发现，每一个正义论毋宁是某一时代思想家或流派的天才创见，他们回答的都是“什么是正义的”。“正义本身”其实就是正义作为一种“一阶价值”本身，这也是它本身难以被定义的原因，因为实际上只能通过二阶价值来说明，如通过公平或平等来说明它的样态或属性，而不是说明它本身。

因而，一旦试图在语词上给正义下一个确切的定义，似乎就会遇到元伦理学的价值阶序问题。在威廉斯（Bernard Williams）看来，正义属于一种“薄概念”，所谓薄概念是相对于厚概念而言的，他认为诸如对、错、好、坏、应当、正当、合理这类适用于广泛的行为和事态的抽象概念，其本身可以作为价值评价词，但无法适用于具体品质的专门指称，因而是一种薄的（thin）价值概念；而诸如勇敢、守信、慷慨、残忍、怯懦这类价值，它们只适用于特定的行为和事态，被称为厚的（thick）价值概念。[②] 根据这一分类，正义显然是一种薄价值概念，因为无论是关于社会的基本政治制度，还是法官的司法判决，乃至我们与人交往的具体行为，都可以被用正义与否来评价。正义之所以难以定义，正是因为它作为一种普遍适用性有广泛的指涉，我们只能说明某一事物是正义的，但是无法说明正义是什么。当然，从正义的适用性来看，它包含了诸多具体价值，如应得、自由、平等、公平、公正等。如亚里士多德、德沃金等人都认为所有的正义理论都倾向于

---

① 〔英〕哈夫洛克：《希腊人正义观——从荷马史诗的影子到柏拉图的要旨》，邹丽等译，华夏出版社，2016，第 398 页。

② Bernard Williams, *Morality: An Introduction to Ethics*, Cambridge: Canbridge University Press, 1972, p. 32.

某种程度的平等，启蒙思想家、罗尔斯都有不同形式的平等观，而哈贝马斯等学者更倾向于用“合法性”来阐释正义。由此可见，正义的价值多元，很难厘定何种正义是绝对正确的，或是符合“正义本身”的意义的。

就正义的语义使用来看，正义在现代论题上其实是被局限了的，当 justice 作为代替古希腊文 dike 含义的词语时，显然对正义的理解更多地被固化在政治的公平、平等等含义上。但是，正义的原初意义包含着个人的卓越与幸福、人与共同善的统一等含义。由此罗尔斯将正义和善区分开来的时候，其实忽略了在古典意义上善本身就是正义。由此可见，西方正义理论自进入现代以来其实就已经面临着一种“伦理的窄化”[①]，正义可以关涉一种政治理想或道德理想，但已经无法从“伦理理想”的视角理解正义了。伦理的正义关注的不是 justice，而是 righteous（正直的）或 goodness（善），它要求社会普遍价值与个人正直、正义的统一性。本书认为，这一变化是需要通过语言阐释给予重新关注的。

所以，在德沃金看来，在正义这一概念上并没有一个共享的规则，甚至无法给出一个最抽象的概念性说明作为具体争论的平台。他主张一种“解释性”概念来处理具有价值分歧的正义概念，如正义是什么。在共识难以达成的情境下，我们应该考虑的是“正义应该是什么”，进而，我们不是在正义这一概念的边缘地带进行细枝末节的讨论，而是在持续的解释中探讨正义的可完善性。[②] 德沃金的观点可以说是反映了正义论的一般特征，对正义的理解是多元而又分歧的，但又是最具探讨价值的。因而，正义论的工作正是阐释性的，它是要将正义价值的应然状态阐释出来，纵观正义的历史，每一正义论的出现都是要解决其所处时代出现的不合理或者某一正义理论的不合理，通过不断的论证和阐释，重新提出一种符合时代精神和道德理性的正义形态。当然，这并不意味着正义可以像真理一样终会被给出定义，但每一正义理论也在追求正义概念本身的“类真性”，即没有一个“正义本身”的真理。

---

① 如威廉斯所说：“Justice 一词是希腊词 dikaiosyne 的译名，在柏拉图那里，这个希腊词要比这个英文词表达得更宽泛。” Bernard Williams, *Ethics and the Limits of Philosophy*, Cambridge, MA: Harvard University Press, 1985, p. 229.

② 〔美〕罗纳德·德沃金：《刺猬的正义》，周望、徐宗立等译，中国政法大学出版社，2016，第 7 页。

那么，伦理的正义该如何阐释呢？这个问题关涉的是如何进入一种论证才能达到正义的合理性说明。总体而言，现代对正义的说明形式有两种进路，即“康德式”的与“黑格尔式”的，“康德式”的是指以一种理性纯粹反思的前提排除任何既定常识的干扰，得出绝对符合理性的正义价值，如苏格拉底的助产术、契约论者的自然状态、罗尔斯的原初状态、德沃金的荒岛假设等，都体现了这一企图，即从一个真实的前提和可靠的能力告诉我们一种合乎道德的正义是怎样的。另一种是“黑格尔式”的方法，即正义要和生活世界背景一致，正义来自共同体中共享的文化和善观念，正义的原则存在诸领域的多元性。如亚里士多德、麦金太尔、桑德尔、沃尔泽、霍耐特等秉持这一进路。选择康德还是选择黑格尔造成了当代最重要的正义论分歧。[①] 但随着两者的争论，持康德式证明方法的学者又都转向不同形式的“伦理”探讨，如罗尔斯、德沃金、哈贝马斯都从不同层面阐释自由主义框架下对伦理共同体以及伦理正义精神的需要。本书拟根据黑格尔伦理的理念阐发一种正义论形式及其在思想史中的演进方式。

## 二 “伦理”作为一种正义

伦理的正义源自一种将伦理生活和政治生活合理统一的设想，这种正义的建构方式源自古希腊世界，哈夫洛克认为在城邦拓建时期，流行一种以责任和角色为基础的德性理论和正义理论，[②] 麦金太尔从神话和史诗中也发现人类早期社会对这种德性和正义的理解。甚至说，整个古希腊社会的正义观都是以这种正义为底色的。柏拉图认为正义是每个阶层的人按照角色实现各自的德性就是正义的，这样正义的人和正义的城邦被结合起来。这是伦理正义的原初表现形式。由此可见，伦理的正义其实是一种“统一—正义”模式，它和现代正义依据可能出现的利益分歧去设计正义制度的“分歧—正义”模

① 如史密斯、阿维纳瑞（S. Avuneri）、威尔·金里卡都认为现代自由主义和社群主义的区别来自康德和黑格尔的分歧，两者的分歧构成了当代政治哲学最为深刻、持久的争论。自由主义者对社群主义者的回应是指罗尔斯、德沃金、拉兹以不同的形式回应了共同体的问题，如罗尔斯在“杜威讲座”、《政治自由主义》中对黑格尔的回应，德沃金也试图建构一种自由主义共同体的“伦理优先性”，这些可以被视为“伦理”或正义的“伦理氛围”对于现代正义建构的吸引力。

② 〔英〕哈夫洛克：《希腊人的正义观——从荷马史诗的影子到柏拉图的要旨》，邹丽等译，华夏出版社，2016，第406页。

式不同，“统一——正义”在古希腊语境中意味着一种伦理共同体的追求，它体现为一种身份认同或角色认同，自我能够认同普遍善观念以与伦理实体统一，那么，自我的正义也被同时证成。

就黑格尔对伦理的可能理解来看，“伦理”的本质是过一种伦理生活，而伦理生活的本质体现为每个人的生活意义与整体性精神的有机统一。那么，如果借用霍耐特等人对伦理的阐发，伦理实体中交往的良善性就是一种“正义”的体现。如丁三东就认为正义与伦理的关联恰好构成了一种对正义的原初考察，他说：“人是社会性的动物，必须要和他人生活在一起，这是一个根本的事实。但人们共同生活的根据何在？‘正义’构想正是对此问题的回答。‘正义’涉及的不是对共同生活具体制度的设计，而是对一切具体制度中人与人之间‘原初关系’（die ursprüngliche Beziehung）的构想。”① 由此可见，伦理与正义体现了一种共同生活中最基础层面上的追问，即在基本的伦理关系中如何体现正义。

所谓人与人之间的原初关系，是指将正义关系还原到人与人的具体交互关系中。这种交互性最初表现为人的伦理生活，伦理生活的实体性为一个共同体的正义提供了可共同理解的背景。伦理实体是指人与人不同交互活动中合理存在的场域。在黑格尔看来，家庭、市民社会、国家是三个最基本的伦理实体。因为三者在交往关系与伦理属性上皆不相同，因而它们体现出不同的正义要求，而家庭实体的原则是自然性的血缘关系，因而，家庭中的正义体现为家庭中对彼此身份和义务的认同和践行。在市民社会中，伦理正义体现为对彼此之间的权利和需要的承认。而在民族实体中，公民认同自己的公民身份，并积极地参与共同体生活，这样这个民族实体内的积极正义才可能实现，如丁三东认为正义的政治生活体现为：“国家政治生活是所有人都参与其中的，所有人的意志都得到了某种程度的表达和体现。不过，各种权力又是有差别的，它们分别有着不同的职能，不共同朝向一个目标、相互促进，形成一个政治有机体。”②

“伦理正义”成立的另外一个依据是对个体与伦理共同体关系的正义理

---

① 丁三东：《正义生活的原初关系——基于“正义”概念对黑格尔法哲学的考察》，《云南大学学报》2018 年第 3 期。

② 丁三东：《正义生活的原初关系——基于“正义”概念对黑格尔法哲学的考察》，《云南大学学报》2018 年第 3 期。

解。这种范式也是来自古希腊。“对于古代希腊人，合法的（to do what is right）=道德的（to be ethical）= 幸福的（to be well-being）。这样一种公民，这样一种国家，这样一种道德政治共同体，就是正义的，就是至善的，就是美好而高尚的幸福生活。”[①]“希腊式”的公共政治和正义观念都充满着伦理的意味，城邦世界的完整性几乎成了理想国家的标本，如席勒（Friedrich Schiller）在对现代性种种对立、分裂的反思上，曾回望到这个希腊世界，他认为古希腊国家就是一个审美国家，是目前为止最完美的艺术品，“在希腊的国家里，每个个体都享有独立的生活，必要时又能成为整体；希腊国家的这种水螅性如今已被一架精巧的钟表所代替，在那里无限众多但都没有生命的部分拼凑在一起从而构成了一个机械生活的整体”[②]。但它的统一性建立在地理上的封闭性和充斥大量神谕的迷思上，这是个精神高度统一却无分化的世界。

由此，柏拉图在对希腊气质的表述中，所使用的正义概念多是一种伦理的正义，如他区分了“大写正义”和“小写正义”。“小写正义”就是指“正义的人”，它指的是个体理性安置各种欲望，形成各种德性，进而实现灵魂的和谐，这是一种“内圣”的正义。而“大写正义”则体现为个体通过城邦中的身份认同而具备相应的德性品质，进而城邦各部分良好协调形成一个正义的共同体。在“小写正义”与“大写正义”的统一中，实现伦理世界的整全性。因而，从伦理的统一性来考察正义思想，其关注点在于：正义是一种群体实践，其本质在于个体“伦理造诣”[③] 的塑造，其目的在于共同体普遍价值的实现。不过自亚里士多德以来这种对正义的理解就消失了，因为伦理生活与政治领域的分离，伦理生活被赋予充分的私人性，它以“良善性”为指称。而政治生活对应的是正义领域，正义的含义被限定在分配、投票、选举等形式中，这种“消极自由”的正义理解形式，旨在为民主自由提供制度保障，但它同时也削减了“社会正义”的伦理精神向

① 薛丹妮：《何以如家般安居于世——黑格尔伦理政治哲学研究》，博士学位论文，吉林大学，2015。

② 〔德〕席勒：《审美教育书简》，冯至、范大灿译，北京大学出版社，1985，第30页。

③ 黑格尔说“德性是伦理的造诣”，其实这对应的是伦理世界和柏拉图式的德性观，个体和伦理生活之间的统一性体现在个体在其伦理生活中的良好塑造上，个体的善和正直都必须在伦理生活提供的价值体系中被理解，这也是伦理正义的古典意义。

度。这也是黑格尔更关注伦理政治的原因。

本书不研究黑格尔的伦理政治，但看到黑格尔政治哲学的一个基本出发点：一个政治体应有其内在的伦理精神，它需要公民具有基本的伦理正义精神。其实，黑格尔伦理体系中能够容纳的对正义的理解也存在分歧（这和他不同时代的作品主旨有关），在霍耐特看来，黑格尔的伦理领域中包含了这样的正义理论：“家庭、市民社会和国家都在不同层次上建立一种交往关系。这些交往关系都能够在一定程度上保证人们之间的平等交往。”① 并且，这些伦理实体中的交往包含着不同的善原则，而正义体现为对主体间“承认”原则的容纳，“承认”包括了爱、法律、团结等不同要求。而邓安庆教授认为黑格尔“伦理”所能容纳的正义就是柏拉图意义上的正义，黑格尔的伦理政治的核心就是“自由+正义”组合而成的。② 而这里的“正义”就可以被理解为共同体生活的伦理参与原则。其实，从广义的伦理的气质而言，伦理可被视为一个共同体赖以获得内在统一的“精神知识的总汇”③，这在一般意义上为研究伦理的正义提供资源。

而就现代社会正在兴起的消极自由和价值多元主义而言，伦理的正义表现在正义原则需要一个伦理共同体的支持，一个伦理共同体内部可以具有代替正义的分配形式。而就社会客观精神形式而言，有“权宜之计”的共识、道德反思的共识、构成性的共识、商谈的共识等，由此，社会正义的道德基础被设定在交往理性、公共理性、反思理性等不同形式的理性要求上。而从伦理的角度来看，一种共同体身份认同的共识才是合乎伦理精神的。那么，现代世界能否依据一种善理念建构公共认同的空间是现代伦理正义的关键。

## 三 “伦理世界”中的正义理念

在古希腊城邦社会，伦理世界的前反思性和原生经验性直接构成了

① 〔德〕阿克塞尔·霍耐特：《不确定性之痛：黑格尔法哲学的再现实化》，王晓升译，华东师范大学出版社，2016，第2页。

② 邓安庆：《国家与正义——兼评霍耐特黑格尔法哲学“再现实化”路径》，《中国社会科学》2018年第10期。

③ 〔英〕霍布豪斯：《社会正义要素》，孔兆政译，吉林人民出版社，2006，第1页。

他们的伦理生活和政治生活。在这个世界中，人依靠习惯和习俗（ethos）共同生活，神话、习俗、宗教共同构建着人对生活本身意义的理解，个体意识和普遍秩序尚未完全分化，个体意识到自己是共同体的一部分，并依照在共同体中的身份去完成自己的义务。日本学者佐佐木毅将这种人类早期的共同体社会称为“都市国家”：“‘都市国家’的规模非常小，自成共同社会（Gemeinschaft），是具有很强的共同体性质的政治社会。……在它独立、不受上一级权力支配这一点上，同时又是一个史无前例的政治社会。”① 在这样的世界中，个人正义与城邦正义紧密关联在一起，对城邦生命力的信仰与个人的善恶关联在一起，它产生了伦理的正义的原生状态。

黑格尔提出的伦理概念对应的正是古希腊的城邦伦理政治形态，他和卢梭、歌德、席勒一样，也将“希腊想象”② 作为诊断现代社会严重分裂的资源范型。黑格尔想用“伦理”的理念说明人的生活是在具体交往结构之中的，启蒙所构想的抽象的个人是对人的“蔑视”。但是他也不同意浪漫派通过直观或非理性的方式去获得一种人与实体的统一。那么，黑格尔就走向了通过理性来论证一种个体与实体、自由和自然、个别与概念取消主客二分的统一的设想，他将这一构想放入历史之中，通过历史来证明人类从原初的自然统一经历否定、分裂，又走向统一的螺旋化历程，最终实现个体与实体、有限与无限、理性和感性之间的和解。以启蒙为代表的现代性所体现的正是一种特殊性与普遍性、个体与实体严重割裂的局面。但是，回到伦理实体不是说要回到基督教或者古希腊的绝对本质里，而是要向前走，必须承认启蒙对人的自由做出的贡献，并进一步构建现代人的伦理生活。黑格尔说现代人具有两栖性：“从一方面看，我们看到人囚禁在寻常现

① 〔日〕佐佐木毅、〔韩〕金昌泰：《公与私的思想史》（第1卷），刘文柱译，人民出版社，2009，第2页。

② “希腊想象”是近代以来回应现代性的一个重要的资源，如卢梭、歌德、席勒等人都分别从不同的角度展开对这一世界的想象，卢梭理想的“永不灭亡的共同体”就是城邦世界，而歌德和席勒更多是从一种美学的角度欣赏古希腊人的共同生活之美，如在歌德看来现代人丧失的最关键的东西就是人性的分别代替了人性的完整性。席勒对古希腊的欣赏最关键的地方也在于其完整性。“那时，精神力正在壮美地觉醒，感性和精神还不是两个有严格区分的所有物……理性虽然升得很高，但它总是怀着爱牵引物质随它而来，理性虽然把一切都区分得十分精细和鲜明，但它从不肢解任何东西。”见〔德〕席勒《审美教育书简》，冯至、范大灿译，北京大学出版社，1985，第28页。

实和尘世的有时间性的生活中，受到需求和贫困的压迫，受到自然的约束，受到自然冲动和情欲的支配和驱遣，纠缠在物质里，在感官欲望和它们的满足里。但是从另一方面看，人却把自己提升到永恒的理念，提升到思想和自由的领域。”① 前者指的是现实，它指的是启蒙时期市民社会兴起导致的贫穷，指具体生命的存在的个人样态；后者是启蒙为人树立的美好理念，人被普遍理解为自由的，理解为具有自然权利的人。两者的矛盾恰恰说明启蒙自由、平等正义理念的自欺。

黑格尔指出，现代生活中存在多方面的矛盾和冲突：在自然界是事物及其属性的规律性与其杂多个别现象之间的矛盾；在心灵领域是灵魂与肉体的冲突；在道德领域是为职责而职责的要求与个人利益、情欲的对立；在人与自然的关系上是内心自由与外在必然性的矛盾；在思维领域是空洞的、死的概念和活生生的生命之间的矛盾。② 在这些矛盾的张力中，黑格尔质疑康德的道德哲学对于人安立自身的作用，因为康德的道德观念是把人的自由寄托在人的自律上，而且从康德要求的知性到实践理性，康德对人的审查都是抽象的。而且，如果按照康德的规划去生活，这些矛盾将永远分裂着个人。

在黑格尔看来，人的本质是伦理关系中的实存，在早期的《伦理体系》和《自然法的科学处理方式》中，他都看到现代对人理解的贫乏，他认为人存在于一切伦理关系之中，从原始的人与物的关系，到劳动中人与工具的关系，到生产、契约诸关系，这些都构成了人的自然伦理，而从家庭到国家，人从自然伦理过渡到绝对伦理。因而，在他看来人的存在就是必然面对伦理天命的过程。而且，伦理中现实存在的不平等的关系、阶层的差异，恰恰说明一个现实伦理的社会所需要的必要的分化。在市民社会中，这种分化在需求体系中达到顶点，市民社会一方面是一个个独立的个体，另一方面这些个体又处在普遍的相互依赖的关系之中，个人的一切需要的满足和权利的实现，都只能建立在“相互依赖的制度”基础之上。他们彼此排斥、互相利用。因此，在市民社会中充满着“自我与他人”、“个人与社会”、“特殊利益与普遍利益”以及

---

① 〔德〕黑格尔：《美学》（第1卷），朱光潜译，商务印书馆，1981，第66~67页。

② 汪行福：《黑格尔：一个“不情愿”的现代主义者》，《上海师范大学学报》2017年第4期。

“贫困与富足”的矛盾。而伦理的意义则是，这些分化是现实的和必然的，但是必须在一个关系的理解中使每个人都能找到自己现实的位置，使其可以在更高的善目的中和对立的他者、阶层和解，并使所有人在这种伦理生活中实现真实的自由。

我们知道黑格尔企图实现的是伦理的正义与自由的统一，因为他虽然批判启蒙的抽象性，但对于启蒙提倡的自由、平等是尊重的，他不认同的是启蒙论证的实现自由的方式，于是他以“伦理”重新构造了自由。如果参照以赛亚·柏林消极自由和积极自由的区分，黑格尔的自由应是消极自由和积极自由的统一，他预设人在市民社会中的不受干涉的自由，虽然这种自由是要被扬弃的，但它的存在仍有合理性。而在国家中，市民需要转变成为公民，如罗伯特·皮平所认为的，理解黑格尔正义的关键就是要解释“市民”与“公民”如何良好转变的问题。[①] 查尔斯·泰勒也认为黑格尔具有一种“市民人文主义”（Civic Humanism）的立场，而这种市民人文主义也是理解黑格尔自由观的关键，“自由就其一种意义而言，承载着这种公民尊严的概念，此处的直观基础是：作为一位公民，我是行动者，即我在世界上行事，我做着有重要意义的（significant）事情”[②]。这可以被视为一种积极的自由，它意味着人努力地参与国家公共生活，在政治参与中实现人的自由、尊严、人生意义。由此，黑格尔论证的自由其实已经悄悄改变了启蒙对自由的理解。在此问题的论证上，黑格尔更多的是从历史辩证的方法上关注到古典伦理世界的自由、正义精神。

其实现代正义论也多有对共同体的回味，就连现代自由主义者也承认一种伦理共同体对于稳定性和正义原则的积极意义，当代社群主义者和共和主义者是对古希腊伦理精神的继承，如麦金太尔、桑德尔，都欣赏古希腊德性生活，以至于认为正义只是“补救性美德”，当然这里所说的“正义”是现代意义上的分配正义等，而不是指伦理正义。由此可见，对古希腊世界的回望与当代政治哲学的反思、发展有紧密的关系，希腊性成为反思当代自由主义原子化问题、公共性问题的重要手段，正如黑格尔曾以伦

① 〔美〕罗伯特·皮平：《在什么意义上黑格尔的〈法哲学原理〉是以〈逻辑学〉为“基础”的——对正义逻辑的评论》，高来源译，《求是学刊》2017年第1期。

② Charles Taylor , “Hegel's Ambiguous Legacy for Modern Liberalism,” *Cardozo Law Review* 10 (1989).

理反对康德的道德，当代社群主义者、共和主义者其实是以伦理性批评自由主义下的生活世界的消极性。就此可以暂且称这种正义为伦理正义。伦理正义不同于政治正义的地方在于，它只是一种个体与共同体统一的精神要求，它体现为公民的正直和公义，公民认同共同体的优先性，并能够承担具体伦理情境中的义务的正义形式。

# 第二章 “现代人”的正义事业

现代正义理论的基本出发点是个体的确定性，由此而阐发的是权利意识和平等意识。这根本改变了以伦理、美德为基础的古代正义论，以灵魂和谐为目的的正义也让位于以“克服利益分歧”为主旨的正义。这一过程包括了近代契约论、功利主义以及罗尔斯当代复兴的新自由主义理论。而当人的独立和自由作为正当性的基础，社会的客观精神也彻底改变，也就是黑格尔所说的原子社会的样态。这和近代城市和市民社会兴起的背景是一致的。契约论和近代自然法理论为这种正义的说明提供了直观的理论依据。国家和政府是契约的产物，它们的权力来自人的“同意”，而其中每个人的意志都必须被当作权利的依据对待。契约本身具有平等、彼此统一的特质。那么，契约的政治喻证实质上是开启了一种论证国家合法性根基的理论。由此，它与法权意识是天然亲近的。

大多数契约论者支持的是一种以消极自由为基础的社会正义观，在契约习俗与重商主义传统下，个体善与社会善都被重新理解。但是个体善被局限在道德善或功效善的一面，它忽视了与社会之间的联动性，而社会善也没有了古典意义上的幸福或至善等含义，它以社会正义为自己的追求。由此个体善与社会善之间陷入了分裂，社会再无整合的依据，个体善被当作私人的专属，而社会善体现为种种对正义制度的追求，两者不再有伦理性的关联。启蒙重功利和效用的另一倾向是功利主义，功利主义通过功利最大化原则把个人善与共同善联系在一起，但是它走向了启蒙确立的个体权利不干涉原则的对立面。就精神的理念而言，在启蒙哲学中一种重视伦理精神的正义理解很难再被确立，这也造成了它纯粹以功用为理解基础的肤浅。

## 第一节 启蒙的世界观与现代精神

在启蒙的世界观中，个体确证了自身是一个独立的实体，它不需要一个外在的实体来作为自我的本质，由此，传统的单一性和普遍性统一的方式，在启蒙中被完全颠覆了。因为每一个主体都是具有本质性的单子，它不需要向外在世界寻求一个本质。于是，在启蒙中，自我意识要求一种外在的自由，它拒绝任何普遍性的整体凌驾于它的企图。这种对人的理解的转变，彻底改变了人对社会正义的理解，正义不再是个体相对于共同体的德性，而是共同体对个体的自由、权利的保护。于是启蒙理性在政治学中体现为一种法权理性，它从自我出发，以抽象的权利为原则，要实现个体自由和不受干涉，并以此作为政治合理性的基础。

### 一 “公开运用理性”的启蒙

启蒙以反思和理性为其本质规定性，它以迷信为反对目标，在启蒙思想家看来，迷信是无概念、非理性地信任一个绝对本质。而启蒙反对这种不经反思的认识绝对的方式，所以启蒙最初就发生在宗教实体内部的怀疑意识和反思意识中，当经院哲学企图以理性证明上帝存在的时候，启蒙就已经发生了。虽然这种理性也仅是为证明一个超越存在者的合理性，但是这种意识传达了一种态度，即理性和经验才是真理的基准，不经反思的认同和信仰，无法增益人类的知识，也无法真正认识上帝。由此看来，启蒙反对的对象只是迷信，而非上帝。

在启蒙世界观中，世界是一个自然的世界，当下的一切都是真实的。但同时启蒙思想家热衷于认为这个现成的自然背后有一个终极的规律，而且他们坚信这个终极的规律可以凭借人的理性被发现。因而启蒙的世界观在开始阶段是和自然神学纠合在一起的。启蒙思想家一方面否定对上帝的迷信，同时又努力地在自然中寻找上帝的替代者。于是上帝成了单子，成了心灵实体，成了自然规律本身。在启蒙的世界观中，个体的理性和自然的真理是统一的，他们不仅相信心灵中的天赋观念，甚至相信自然实体中内含着心灵的法则。贝克尔不无感慨地评价这个时代的思想家：“他们抛弃了对上帝的畏惧，却保持着一种对神明的尊敬态度。他们嘲笑了宇宙是在六天之内创造出来的这种想法，但仍然相信它是被一个至高无上的存在者按照一个合理的计划所设计出来的一架精美的机器。……他们否定教会的权威，但对自然界和理性的权威表现出一种天真的信仰。”[①] 由此可见，这个脱离信仰的国度再次展现给人以自然性和现实性，他们甚至没有迎接光明的准备，对他们来说，这个世界依旧是一座“天城”，它富含本质又有待发掘。

早期启蒙的真理体系是从对“我”的发现开始的，笛卡尔发现“我”是一个最具确定性的概念，较之自然、习俗、法的本真性，“我”才是一切知识的始基。而在新经院主义的自然法理论中，“我”也开始作为权利理论和自由理论的出发点。这些对自我的理解方式奠定了启蒙的基本气质和目的。同时为了区别于信仰，启蒙要求一切推理和认知都必须遵循科学的法则，这个方法论的推测从培根的经验论，到笛卡尔、斯宾诺莎的数学、几何学方法，将一切传统与信仰奠定的知识体系放置在绝对的怀疑与批判之下，并且企图通过严密的知识体系重建人类认知，包括自然的知识体系和伦理性的知识体系。

启蒙的世界观及方法论也为人类重新认识自然和社会提供了新的视角。启蒙思想家普遍认为自然的真实性并非在于具体的表象性，而在于其本质。卡西尔说：“这种新自然观有双重起源，是由两种表面对立的力量造成和决定的。它包含两种冲动，一种昂首朝向特殊、具体和事实的冲动，另一种朝向绝对的普遍的冲动。”[②] 就此而言，个体与外在自然的关系是认识与发现的关系，自然乃是源于事物固有本质的规律，而不是事物从外部接受的规律。因而不存在理智不能认识的昏暗神秘的某物。启蒙哲学家对这个世界提供很多解释，自然世界要么是由单子组成的，要么是机械的，他们普遍认为，这个世界存在某种类似于上帝的基质，这个基质是需要人类运用理性去发现的。自然的真理性在于它呈现在主体意识中的数学性和几何性，笛卡尔、莱布尼兹、斯宾诺莎等哲学家都表现了这种思想倾向，世界的明晰性在于一切自然对象都可以被置换为数学语言。

① 〔美〕卡尔·贝克尔：《18世纪哲学家的天城》，何兆武译，北京大学出版社，2013，第24页。

② 〔德〕卡西勒：《启蒙哲学》，顾伟铭等译，山东人民出版社，1988，第35页。

而当这种数学和几何学的方法开始被应用于实践领域，启蒙哲学家往往通过对某种人类自然状态的设定来演绎一些具有理性依据的社会理论和道德理论。在此语境下，自我与社会、自我与他人的关系都发生了根本的改变，整个启蒙可以说是对亚里士多德主义的经典政治学和伦理学的反叛。因为由“我”出发去理解人，这就导致了一种新的人性观，即人是利益、欲望、自爱的载体，这符合正在兴起的城市资产阶级对人的看法。于是格劳修斯、霍布斯等人宣称人的本质就是自由和自爱，那么对自我而言，社会不再是因共同善而聚集起来的共同体，它是满足人利益要求和自然权利的场域。

但是启蒙运动的思想体系往往带着那个时代的天真，因而，它没有建立真正可替换传统的价值系统，而启蒙主张的纯粹的自然性的人，意味着将一切伦理关系全都“祛魅”，但启蒙哲学家似乎看到了市民社会中自由主义道德的可能性，于是有了康德对启蒙的经典定义：“启蒙是摆脱加之于人类自身的不成熟状态，而走向成熟。”所谓“不成熟状态”就是“不经别人的引导，就对运用自己的理智无能为力”，康德认为人之所以不能运用自己的理智，“不是因为缺乏理智，而是因为缺乏运用自己的理智的勇气和决心”。他说：“有一本书能替我有理解，有一位牧师能替我有良心，有一位医生能替我有食谱。”① 而成熟状态就是自我不受引导地去理解、去有良心、去反思这个世界。康德的启蒙观有很强的时代色彩，它认为启蒙是在人类历史的转折点上，而人的理性自觉和人的尊严的获得是人类历史和目的的必然阶段。②

康德很完善地总结了启蒙的目标和任务，他所谓的从不成熟到成熟其实便是启蒙向“启蒙了的”转变，人独自运用理性是启蒙真正要实现的目标。“启蒙了的”人是能够不受引导地公开运用自己的理性的人。确实康德认为他们的时代还不是一个启蒙了的时代，“但是我们确实生活在一个正在启蒙的时代”③。如赫费对康德的启蒙观所做的评价：“通过‘运用自己理性’的勇气人发现了自身，也把自己发展成为对自我承担责任的人，人对

① 〔德〕康德：《历史理性批判文集》，何兆武译，商务印书馆，2013，第24页。

② 〔德〕康德：《历史理性批判文集》，何兆武译，商务印书馆，2013，第1~22页。

③ 〔德〕康德：《历史理性批判文集》，何兆武译，商务印书馆，2013，第26页。

自己的认知、行动、政治负责，作为具有稳定人格的人，他与所有权威对峙，当然也包括宗教言论和机构。这个人格依照自己的良知行事，恪守自然道德，而非听命于宗教道德。”[①] 所以康德敲掉了人最后的忧虑，他的启蒙观奠定了以后学界对启蒙的基本看法。由此，在古希腊亚里士多德德性伦理体系中欠缺的权利观念，在启蒙时代以法权的绝对合理性得到了确认，在启蒙时代任何奴隶和压迫都在自然法的层面上被否定了。

由此可见，启蒙的任务是为尚未完全启蒙但正在深刻变革的时代提供合理的生活秩序，由启蒙开启的现代性，是一个和传统截然对立的状态。批判、反思、理性，其实都是在解构这个世界，如福柯对康德启蒙观的批判性的解释，没有启蒙的确定结果，启蒙是一个批判反思的过程，并且这个过程可能会无限延续。但是在近代的启蒙时代，它的确切目的是主体性和自由，是人从种种本质主义中解脱出来。从笛卡尔、莱布尼兹、霍布斯到康德、费希特，他们致力于建构一种关于自由的形而上学体系。但是，这一思潮也造就了无限的分裂，关于自我与他者、灵魂与肉体、有限与无限的分裂。因此，这个世界也是一个分裂的世界，二元论主导了这个世界的原则，这些气质和目的构成了现代性的一般特征。而在那个以理性为主导的时代，其实无法消弭这些分裂，而自德国浪漫派、黑格尔开始，就已经将这些分裂作为现代人“痛苦”的根源。

## 二　启蒙个人主义的世界观

其实启蒙忧虑的是传统与现代转变的张力，在古代世界即将崩塌而新的世界尚未找到新的建构方式之时，18 世纪哲学家同样惧怕着启蒙。因为启蒙的世界观的最大特点就是世界不再具有“世界性”，古代世界一切具有世界性的东西，如神话、宗教、伦理，都被作为妨害个体实现的东西而抛弃，启蒙的世界是由单子构成的整体，每一个单子都是一个单点，它不具有和其他单子同在的精神设定。因而单子间不存在一个必须共同依止的“世界观”，任何宏大的东西都被个体自由的敏感性所察觉，每一个理性个体都有对这个世界判断和反思的能力。在此境遇之下，社会秩序和伦理秩

① 黄燎宇、〔德〕奥特弗里德·赫费编《以启蒙的名义》，北京大学出版社，2010，第 46 页。

序何以建立?

在启蒙的观点看来,每一个体都是元逻辑上的个人,古代社会中存在的亚里士多德的第一实体和第二实体的关联性,在启蒙时代也消失了,个体就是具体存在,他的个体性是一种基于基础逻辑的合理性。因而,个体不仅不再需要一个外在本质重新构成一个普遍性的实体,任何政治特权或宗教权威都没有理由强制个体的认同和承认,而且所有外在的法、政府这些存在的普遍物都必须保证“我”的个体性和具体性。现代学者罗尔斯对自由的基本界定是“权利优先于善”,詹姆斯·施密特用这一原则作为启蒙自由观的基本内涵。与启蒙个体性对应的是伦理世界或神学世界中的个体观,在后者看来,个体是承载着历史、习俗、文化、语言的个体,每一个个体都不可能是孤立的原子,他通过自然的方式或“自我教化”的方式与普遍性保持统一。而在启蒙世界中,每个个体都是本质性的存在,换言之,他们每一个人都是一个独立完整的世界,社会是由无限多的“世界”构成的。这就造成一个基本问题:无限分裂中的社会秩序何以可能?

其实在康德之前,在启蒙的限度与社会伦理的持存的问题上,18世纪的学者们也曾陷入分歧,他们争论的焦点在于如何协调启蒙与公共秩序之间的关系:公民应该获得多大程度的启蒙?可否进一步放宽检查制度条例?对一切日常事务加以无拘无束的讨论是否会削弱共同体所依赖的风俗和信仰?[①] 为了保障公共秩序,一个政权是否应该对启蒙的程度加以限制?关于这个问题,同一时期的普鲁士学界众说纷纭,其中,门德尔松企图通过区分“公民的启蒙”与“人的启蒙”来协调启蒙理想与社会现实之间的紧张关系。由于“公民生活中的地位和职责决定了每个成员的责任和权利,因此要求不同的能力和技能,不同的秉性、倾向、社会风俗和习惯,不同的文化和雅趣”[②],因而“公民的启蒙”必须虑及不同社会群体之间的现实差异,笼统地崇尚言论自由难免会动摇共同体赖以存在的某些信念和基础;而“人的启蒙”应该是普遍的,因为它无关共同体秩序的维护问题,但由于“某些对人之为人是有用的真理,对于作为公民的人来说有时候可能是

① 〔美〕詹姆斯·施密特编《启蒙运动与现代性:18世纪与20世纪的对话》,徐向东、卢华萍译,上海人民出版社,2005,第4页。

② 〔美〕詹姆斯·施密特编《启蒙运动与现代性:18世纪与20世纪的对话》,徐向东、卢华萍译,上海人民出版社,2005,第57页。

有害的"[①]，因此他主张对启蒙持审慎态度，开明理性与自由言论并不总是适宜的。

门德尔松这种审慎的态度虽然在当今看来不合时宜，但反映出人们对于世界解体的畏惧。实际上启蒙运动中人的启蒙和公民的启蒙从来都是一体的。如卢梭在回应"科学与艺术的复兴是否有利于敦化习俗"这一问题时指出："我们的风尚流行着一种邪恶而虚伪的一致性。每个人的精神仿佛都是在同一个模子里铸出来的，礼节不断地在强迫着我们，风气又不断地在命令着我们；我们不断地遵循着这些习俗，而永远不能遵循自己的天性。我们再不敢表现真正的自己；而就在这种永恒的束缚之下，人们在组成我们称之为社会的那种群体之中，既然都处于同样的环境，也就都在做着同样的事情。"[②] 由此可见，卢梭认为风俗的合理性恰恰在于对人的理解上，好的习俗应体现出人的自然本性，相反，颠覆或压制人本性的习俗是"邪恶"的。因而，门德尔松主张习俗与人性的分裂，其实是因为他没有将习俗与合理性结合起来，没有看到习俗的本质不仅仅是维护共同体的统一，而是在符合人的自我理解的基础上维持共同体的统一。而这种态度其实正是启蒙对待社会科学的态度。

启蒙思想家往往通过一种自然状态的预设来表达对人的本质的理解，而把文明社会和国家视为对原初状态某种局限性的克服。但不得不承认，原初的自然状态其实是针对文明社会既已呈现出来的状态的设定，即自我意识只有已经意识到理性是自我的本质规定性，才会预设原初状态中的私权与自由的合理性，其实这是对天主教"上帝子民"原初设定的根本反驳。黑格尔说："人根据他本身内在的直接实存是一种自然的东西，对概念说来是外在的东西。只有通过对他自己身体和精神的培养，本质说，通过他的自我意识了解自己是自由的，他才占有自己，并成为他本身所有以对抗他人。"[③] 其实这就是自然状态中人自我理解的基础，人正是因为在现实中意识到自身的某种属性，才会在自然状态中预设某种同质性和关联性。既然在启蒙中意识业已知道"它现在是一种具有自知之明的自我意识，它知道它对自己的确定

① 〔美〕詹姆斯·施密特编《启蒙运动与现代性：18世纪与20世纪的对话》，徐向东、卢华萍译，上海人民出版社，2005，第58页。

② 〔法〕卢梭：《论科学与艺术》，何兆武译，商务印书馆，1963，第9~10页。

③ 〔德〕黑格尔：《法哲学原理》，范扬、张企泰译，商务印书馆，2010，第64页。

性乃是实在世界以及超感觉世界的一切精神领域的本质”①，那么，自然状态反倒成为对某种不受文明限制的、拥有绝对自由的状态的想象。

启蒙中，对自然状态中的自我有三种理解。如果从霍布斯等人的先验预设来看待，自然人也有三种不同的属性，即“人对人是狼”的自利的人，“对自由和财产拥有绝对权利”的人和“自给自足”的人。对应启蒙对人的理解：（1）人是绝对自由和平等的存在者；（2）人以自利和自爱为规定性；（3）人是理性反思的主体。三种理解分别对应法国、英国和德国的启蒙态度。虽然格劳修斯、霍布斯、洛克、卢梭对自然状态的理解各有不同，但是有一点是确定的，就是自然状态下的人都是特殊性的，他们因其特殊性而拥有占据财富、自由的自然权利，所谓自然权利正是一种因个体意识到自我可以“占有自己”，他自然地可以不被任何外在的本质性强行占有的权利，因而他是独立自主的，并通过“占有自身”而占据一切“属己”的东西。在黑格尔看来，正是财富和物权使人的独立性和特殊性得以彰显。因为个体意志必须通过将自我的意志表现在“无自我”或“无主体”的外在中来证明自我原始的无限权利。

但是，在自然状态中，虽然个人可以根据权利的观念或契约的方式而获得外物，但是这种获得只能是暂时的，因为此时个体对其宣说“我的”是无效的，任何人都有对同一物宣说的权利。因而自然状态中的绝对自由和绝对权利都是一种绝对的主观性和绝对的偶然性，它只是自我意识的“主人情结”在一个虚拟世界中的设定。个体意识到外在于自我的物的否定性，并通过这种否定性证明自我的绝对自由，但同时他必须通过对另外一个自我的承认，来证明自我自由的客观性。

由此可见，在自然状态的预设中，人其实就是启蒙运动中宣扬的人的自由、理性、平等等规定性的先验预设，但是这种预设同时也说明，仅仅依靠人的自然属性是无法构成社会的，因为人的理性、自由、财富固然是人的解放，但是这种对人性的理解本身就包含着纷争的可能性。自由、财富其实是权利边界无法自我监控的东西，人在以其为规定性的同时，就必须超越这种自我规定，寻求共同存在的法则。也就是说，这个以个体性为指向的自然世界，一开始就面临着异化，纯粹的个体意识和物权意识必须

① 〔德〕黑格尔：《精神现象学》（下），贺麟译，商务印书馆，1979，第115页。

经历自我否定，重新在外在的社会和国家中来获得自己的自为性。这种“自为性”就是将自我体认的人格性转化为可以得到普遍承认的人格权，如黑格尔所说：“所有权所以合乎理性不在于满足需要，而在于扬弃人格的纯粹主观性。人唯有在所有权中才是作为理性而存在的。”① 他在另一部著作中用“有用性”形容这种意识的转折，每一个个体对于社会对于他者而言都是被“需要”的，这是市民社会的精神写照。因此，人的规定性由人格变为“市民”。同时，既然国家存在，人还必须是公民。那么自我的实现方式就存在两个场域：市民社会和国家。

## 三　人、社会和国家的分立

### 1. 人与社会

刘小枫认为：“‘社会’堪称‘现代’的重大标志之一，换言之，无论是中国还是西方的古代，都没有‘社会’。”② “社会”这个词在古代的模糊含义可追溯至亚里士多德文本中的 koinonia politike，意为城邦中的共同体，后被西塞罗用拉丁语 societas civilis 代替，但是这一古代词语很显然和近代社会的概念完全不同。“社会”在近代政治、伦理中有三重基本含义：首先，乡村向城市转换，传统自然共同体解体，大量陌生群体集聚在一个公共区域，进而产生“自发的公共性生活”，这是社会的动因特征；其次，贸易和需求体系渐趋形成，产业分工也初具形式，农民开始成为市民，这是社会的构成性特征；最后，社会和政治体开始自觉分离，在社会中个人要求私人权利受国家最低限度的干预，社会生活的要求是“激发人们彼此取悦的欲望”③，这和政治的共同体是不同的。

社会是个体权利和自由实现的现实场域，这一发现源自英国经济学家亚当·斯密和李嘉图的古典政治经济学，因为在古典政治经济学看来，社会的性质就是一个相互需要和相互满足的体系，当政治经济学从无数社会个别事实中，发现需要和满足相统一的这一简单原理时，它其实是发掘出了重新整合人类共存的新方式，同时也为人的自我实现提供了一种新的理

① 〔德〕黑格尔：《法哲学原理》，范扬、张企泰译，商务印书馆，2010，第 50 页。

② 刘小枫：《卢梭与启蒙自由派》，《中国人民大学学报》2012 年第 3 期。

③ 〔法〕卢梭：《论科学与艺术》，何兆武译，上海人民出版社，1963，第 7 页。

论可能性。但是他们的学说还仅停留在对经济原理的探索上，没有对社会的这一形态做出进一步的规定，直到黑格尔将这一社会形态概括为“市民社会”（bürgerliche Gesellschaft），并将这一形态规定为现代国家的基础，市场、市民和人的自我实现才获得了一种新的伦理性阐述。

市民社会是欧洲近代资产阶级兴起之后的产物，因而它的原则与资产阶级对人的自由、解放的理解直接相关。就此而言它以利益和需要为原则，但是市民社会同时也为人现实的权利和自由提供了场域，因为“具体的人作为特殊的人本身就是目的；作为各种需要的整体以及自然必然性与任性的混合体来说，他是市民社会的一个原则。……每一个特殊的人都是通过他人为中介，同时也无条件的通过普遍性的形式的中介，而肯定自己并得到满足”[①]。就是说，物质生活需要和满足之间的关系，构成了个体之间内在的相互依赖性。由此可见，市民社会虽以自利为基本原则，但相互之间的需要又为其形成一种普遍性奠定了基础。

其实在一种先验的层面上看，市民社会是对自然状态的扬弃。“在自然状态中，他只有所谓的自然需要，为了满足需要，他仅仅使用自然的偶然性直接提供给他的手段。”[②] 原初自然中的自由和财产其实只是一种“自给自足”的简单状态，在这种语境下，个体虽然拥有权利和自由，但这些原则都是极其贫乏而个别的。而市民社会是对这一偶然性的扬弃，因为偶然性的需求和财富被纳入到一个社会体系之中，彼此都以“有用性”为自我规定性，形成一种功利性的社会精神。

而且，在自然状态中的个体权利的贫乏性，在社会中也得到了改变，因为在交换和占有中，个体开始现实地意识到对物和财产的占有权，比起自然状态中的纯粹的主观占有，在社会的相互承认中开始建立起客观的知性原则，这种建立在主体之间的原则，为个体的独立性和普遍的共在性提供了协调的方案，这就是市民社会中的私法体系。只有在一种互动的知性状态中，个体才能意识到对方是一个自主权利的拥有者，而只有在对权利的相互承认中，权利自身才获得客观性和现实性。如艾伦·伍德所说：“为了能够在市民社会中获得定在，个体必须意识到，他们实施了其客观价值

① 〔德〕黑格尔：《法哲学原理》，范扬、张企泰译，商务印书馆，2010，第197页。

② 〔德〕黑格尔：《法哲学原理》，范扬、张企泰译，商务印书馆，2010，第208页。

为他人所承认的行动。"[①] 因而，"承认"是知性交往原则的核心范畴，也是近代权利科学的核心词语，它在市民社会的形态中企图表达这样一层意义，即"主体只有作为财富的占有者才是一个被承认的主体。通过另一主体的承认，主体才被纳入普遍性的形式中"[②]。

因为纯粹的个人自由只是"任性"，如上文所述，这种自由只是由自由的概念阐发出来的对人的理解，它完全是抽象性的和理念性的。但是在社会的交往承认中，人类自觉地将理性呈现在主体之间的承认中，只有如此，个体的自由才能获得现实性的定在。因为虽然所有权是个体自由的现实证明，但只有当个体能够理性地意识到所有权的占有的转让都应限定在一定规约上，所有权才能够真正地成为所有权，而非物理性的占有。而这一承认发生的可能性在于"自我教化"（Bildung）。而这种主体之间的"知性化约定"在现实之中表达出来就是"私法体系"，康德认为这正是文明社会区别于自然社会的标志，"自然的或无法律的社会状态，可以看作是个人权利的状态，而文明社会状态可以特别地看作是公共权力的状态"[③]。由此可见，在自然状态中预设的抽象的人的理念，在这样一个市场交往的社会中，实现了自我权利的现实性。

市民社会是现代社会个体自我实现的重要场域，因为所有根据理性和自由的概念，构建一种自然法则的理论，都是极其贫乏的。自由和权利不是演绎的结果，而是人在需求和劳动中自我实现的结果。就此而言，市民社会为个体自由和利益的实现提供了平台，以特殊欲望和特殊目的为指向的个体，通过对理性的运用，在一个交往的情境中获得了客观性。

2. 人与国家

在古典政治学中，对人与国家关系的理解往往是延续着亚里士多德"人是政治的动物"这一观点展开的。亚里士多德认为人天生有聚集、交往的倾向，因而人在家庭—村落—城邦过程中的演进是出于人的自然政治性的选择。他对政治性的这种解释受到塞涅卡、西塞罗和爱比克泰德等思想家的拥护，成为古典政治学的主流。但是随着城市和市民生活的兴起，"政治性"与"社

---

① 〔美〕艾伦·伍德：《黑格尔的伦理思想》，黄涛译，知识产权出版社，2016，第 397 页。

② 邓安庆：《启蒙伦理与现代社会的公序良俗——德国古典哲学的道德事业之重审》，人民出版社，2014，第 368 页。

③ 〔德〕康德：《法的形而上学原理——权利的科学》，沈叔平译，商务印书馆，2015，第 132 页。

会性”的词义区分渐渐变得模糊起来。阿奎那在对“人是政治性”的解释中就出现了“人是政治性的社会性动物”的说法，这说明人的政治生活和社会生活开始分离。格劳修斯在《战争与和平的法权》中直接用“社会欲”（appetitus societatis）代替亚里士多德“政治性”一词，并将人的自然状态描述成“人是一个社会性动物”，而“社会性”的意思是“人具有与其同类在社会中生活的共同倾向”，这说明人与政治的关系已经不再被认为是本质性的了。霍布斯也不认为人的自然本性是“政治性”，他认为人天性寻求群落、寻求交往不是出于一种政治性动机，而是因为人的自爱的本性，但人因自爱的需要与他人交往并不是政治性行为，由此可见，社会的出现改变了对人与政治关系的传统理解，而且社会对人而言似乎比国家更有基础意义。

而后洛克、孟德斯鸠等思想家从不同的角度重新审查当时新出现的社会形态与国家或政府的关系，将社会视作一种相对于政治权威的自治性形态，如孟德斯鸠就认为，个人利益与公共利益都是社会的事情，而不是国家的事情。公共利益可以在商业行为和市场行为中自主产生，不应将其视为国家必然全权承担的职能。因而，私人性社会生活要求政府的弱干预，这可以说是社会与国家分离的理论开端。李猛教授认为：“政治性和社会性的区别是理解古今政治哲学和道德观念不同的关键。”[①] 在古代政治中，其实不区别社会和国家，因为政治性和社会性区分的本质是私人生活和公共生活区分开来，但在城邦政治和封建政治中，“社会和政治之间、私人生活和公共生活无法严格区分开”[②]。那么，现代伦理的一个问题就是处理人与社会、人与国家之间的关系问题。

市民社会和国家的关系通常被表述为一种此消彼长的关系，要么是“大政府小社会”，要么是“大社会小政府”，在启蒙运动时期多主张“大社会小政府”，它综合体现为一种市民社会形态上的社会与政治的结合。但泰勒将这种市民社会理论又称为洛克派（L-stream）和孟德斯鸠派（M-stream）[③]，洛克

① 李猛：《自然社会——自然法与现代道德世界的形成》，生活·读书·新知三联书店，2015，第45页。

② 〔美〕梅尔文·里什泰：《孟德斯鸠与市民社会的概念》，汪海涛译，《朝阳法律评论》2016年第2期。

③ 〔加〕查尔斯·泰勒：《吁求市民社会》，汪晖、陈燕谷主编《文化与公共性》，生活·读书·新知三联书店，2005，第186页。

派认为社会先于或外在于政府，孟德斯鸠派主张的市民社会概念的核心是通过不同政治水平的自治团体来实施自我管理。前者以英国市民社会理论为代表，后者以法国市民社会理论为代表。早期的国家和政府往往被视为急需分离，这是因为启蒙思想对人的定义需要私人利益和私人空间的独自发展，但在卢梭之后，也开始了自觉寻求人、社会、国家如何有机结合的理论。

从社会与国家的关系可以发现，人与国家或政治的关系改变了。李猛认为："现代政治的建立，必须基于人与人之间的社会性结合，无论是克服还是保障这一社会性形态，现代政治生活及其权威统治，都必须以'社会性'为其出发点，构成一个'政治性的社会'，而不仅仅是古典意义上的'政治共同体'。"[①] 就是说，现代性以来人与人、人与国家的关系都不再是一种直接性关系，它们之间的关系必须经由人在社会中自我理解才能得以理解，而国家的原则和正义性必须建立在对人的社会性实现的保证上。因为只有局部自治的社会才能代表人的自由和私利，而国家和共同体的公共性应建立在市民社会自发确立的理性原则上，而非对这一原则压制或抛弃，如克劳斯·菲威格所说："市民社会的这一构成性原则，即个体的特殊性及他或她与共同体之相对的和不充分的联系，代表了一个自由共同体的不可或缺的组成部分和现代性的核心原则。"[②]

那么，当"社会"作为一种具有相对独立性的"社会世界"被理解之后，个体与国家之间便多了一层普遍性形态，传统政治中的"家庭—村落—城邦"秩序开始演变为"个人—家庭—社会—国家"的秩序。个人与国家的关系其实就是个人与公共生活的关系，但是启蒙对人的自由和平等的特殊性过度强调，个人如何再与公共生活保持统一成了一个新的课题。对自我而言，国家和政府是自我权利的保障者，是自我受到不公时的矫正者，但是它已不再像古代政治那样是个体的本质，按照洛克的说法，它只是保障个体利益更好地实现的"必要的恶"。但是另外一个极端是霍布斯的国家学说，霍布斯认为国家是承载着所有公民一切权利的利维坦。但这两

① 李猛：《自然社会——自然法与现代道德世界的形成》，生活·读书·新知三联书店，2015，第70页。

② 〔德〕克劳斯·菲威格：《伦理生活与现代性——作为福利国家概念奠基者的黑格尔》，李彬译，《伦理学术》2017年第3卷。

种说法都无法说明人与国家的伦理性关联。

其实启蒙的国家观造成了后世自由主义的一般困境，在黑格尔看来，一个世俗时代需要为个体寻找一个本质，这个本质不再是上帝和教会，而是国家。但国家不同于政府，政府可能是作为一种选举的产物，但是国家是本质性的，它是人的公民身份获得特殊性与普遍性统一的一种方式，国家是最大的普遍物。而启蒙时代的政治思想，尤其是契约主义正义理论，将社会和国家都作为工具性的存在。这就造成了人、社会、国家的对立。契约论将国家视为自我利益实现的场域，市民社会中确立的理性的普遍性原则毕竟是非常局限的，毋宁说它是私人交往中的理性妥协，因而这种普遍性还必须体现在政治生活中，才是自我普遍性的真正实现。

## 四 正义与伦理的分离

社会和国家是人存在的两个场域，对人而言，它们是人的两种存在方式，在启蒙思想家看来，只有人进入社会状态才有了正义与不正义的区分，自然状态中是无所谓正义与否的，因为“事先没有信约的地方就没有权利转让，每一个人也就对一切事物都有权利，于是也就没有任何行为是不义的”[①]。就是说，正义和不正义只能发生在某种事先的约定中。但卢梭和霍布斯虽然都主张正义、公正是自然之后的产物，他们在自然和正义关系上仍然代表了两种不同态度：霍布斯认为原初无正义，是指原初状态人互相争夺，谈不上正义，很显然依靠契约生成的正义生活是超过自然状态的生活的；而卢梭认为，原初状态是美好的，正是因为私产破坏了原初的自足，才需要正义和公正以调节社会秩序。不过，启蒙时期的自然法思想多持霍布斯的态度，如洛克、孟德斯鸠、康德都主张自然状态有某种不足或抽象性，因而需要公正体系的调节。

既然正义是自然状态之后的产物，它就是一种人为的设计，因而正义和自然状态的区别就是抽象的人性与现实的制度、法律之间的区别。如果自然状态是纯粹的利益、欲望，那么正义就是人自觉运用理性产生的秩序。启蒙思想家的贡献在于要承认个体自然性的欲望和自利，又要实现社会整体的秩序、和谐。就前者而言，正义的原则是信约、分配、福利等原则；

① 〔英〕霍布斯：《利维坦》，黎思复、黎廷弼译，商务印书馆，2016，第 109 页。

就后者而言，正义的原则指向的则是法与义务的道德同一性原理。卢梭说："要寻找一种结合的形式，使它能以全部共同的力量来卫护和保障每个结合者的人身和财富，并且由于这一结合而使得每一个与全体相联合的个人又只不过是在服从其本人，并且仍像以往一样自由。"① 由此可见，由启蒙确立的现代世界是一个没有"世界性"的世界，每一个个体都是没有窗户的单子，在此语境下，公共正义必须完成两重向度的要求，即个体独立、追求利益的要求与社会公序良俗实现的要求。

在启蒙的语境下，正义的基础建立在一个"法权世界"之上，既然对人的自我理解是自然权利的拥有者，那么正义论也就成为一种"权利科学"的设计。而权利的科学性就是公共权力如何和个人权利保持统一。对于普遍性的国家和政府而言，它的职能在于保证个体性的东西的实现；而对于个体而言，个体必须遵照普遍性的规约，以完成公序良俗的构建。正义正体现在个体性与普遍性互为对方的原则，任一方独断就会面临"无政府主义"或"专制主义"的危险。如霍布斯主张将个体所有权利转让给国家或君主，这种对个体权利的忽视就不是符合正义原则的。

由于市民社会和国家是人存在的共同场域，因而公正和正义必须体现在这两个领域中，并且因为两者代表着两种不同的普遍性形态，它们的正义原则也是不同的。就政府对个体的正义原则而言，现代性正义论的一个根本特点是正义属性不再是对人的德性要求，而是对政府和国家的合法性要求，因为在个体权利优先性原则的主导下，只有国家以个体为出发点，国家本身才算是正义的。因而国家的正义原则是保障性的，国家开始通过分权的形式来防止自己僭越这一基本原则。康德说："可以把公共正义分为保护的正义、交换的正义和分配的正义。"② 其实这些正义类型正是对政府正义性的职能设置，为了实现这些正义，启蒙思想家开始通过限权等方式来实现政府的正义。从洛克的"外交权、执行权、立法权"的分立，到"司法权、立法权、行政权"的分立，政府的正义通过限权来达到。总之，政治正义体现为个体权利得到正当的对待。

但是，由于社会的出现，人们该如何重新审视社会正义的概念呢？在

---

① 〔法〕卢梭：《社会契约论》，何兆武译，商务印书馆，2016，第 19 页。

② 〔德〕康德：《法的形而上学原理——权利的科学》，沈叔平译，商务印书馆，2015，第 132 页。

古典意义上没有“社会正义”的表述方式，这个表述是19世纪出现的新概念。如果回顾古典意义上类似社会正义的概念，不外乎政治性、法律性或伦理性的正义。因为古代没有明确的社会形态。但是近代虽然出现了社会正义的概念，但是其意义往往也是模棱两可。社会正义所关涉的似乎包含了分配、法治等意义。但是社会正义包含着政治性无法囊括的一点内容，就是社会的伦理和谐。即在市民社会以私利和交换为原则的境遇中，团结和友爱何以产生？这些价值是古典理论依赖的基本社会需要。我们看到这个问题其实也曾深刻地困扰过亚当·斯密，在国民经济学中，亚当·斯密系统地阐释了个体利益与公共利益的可同一性，但前提是个体以追求私人利益为市场的行为动机。而在《道德情操论》中他又试图解决人与人基于同情的社会优良秩序。卢梭和康德都探求过社会共同体的原理，但是他们更乐意通过改造宗教提出一种伦理共同体的理念，社会伦理统一性的理想被排除在启蒙正义事业之外。

现代人不能再通过树立本质性来建立共同体的秩序，因而正义和秩序似乎在一种社会正义和国家保障的同一中，人通过社会建立和谐秩序，国家保证人在社会生活中的平等、自由、公平。这样，个体与国家、个体与社会、社会与国家的统一往往诉诸一种契约性的统一。因而，启蒙时期完成这种正义秩序的基本理论就是契约论。

## 第二节 契约主义的正义建构

契约论的基础是自然法思想，当个体确认自我权利的本真性，他不仅必须通过意志对物的占有来确证这种本真性，同时还需要法权的确认，而契约是活的法权的形式。契约从人的权利自由出发，其正义性体现在政治的合法性以及社会对个体权利的承认。因此，契约的合理性体现在一种“同意”的原则上，即任何强制必须是被同意了的。契约论虽然存在不同的理论形态，但契约本身的互利性、平等性决定了其个人主义特质。这种个人主义的正义观否定了正义的传统伦理意涵，将社会导向一种原子化的理解。这综合体现为人与人、人与社会、人与国家在精神层面结合的理论方式。契约正义论的意义在于代替传统以“类意识”为基础的正义精神，社会正义的基础必须是个体意志的独立性与整体意志的有序性的结合。

## 一　自然状态、家庭与自然正义

### 1. 自然状态下的个人

契约论的基础是自然状态，自然状态说明了人的历史起始的存在状态，说明历史中人的本真状态，并由此推出社会状态应具有的合理形式。自然状态与社会状态是具有对立性的，因为，自然状态追溯的正是社会形成以前的状态，社会意味着某种文明已经扮演着既定规则和秩序的状态，而自然状态往往意味着“原始”。当然，这一“原始”并非真实考据意义上的历史事实，霍布斯、洛克、卢梭都预设过一种原始生活的可能状态，甚至卢梭为了论述他的自然状态，还真的去考察过原始部族的生活状态。但是他们三人对自然状态的描述却大相径庭，因而，有理由相信他们是为了一种结论而预设原始生活，而不是一种历史经验主义的论证。自然状态的论述是从一个“人”开始的，因为这个人是先于任何组织、机构的存在，因而他是绝对独立的；因为每个个人都是独立的，也就不存在衡量两者差异性的人为因素，因而人与人之间是平等的；又因为自然状态下，没有体系化的财产规划，因而人的“占有”就等于人的权利。“自然状态中的人仿佛‘以蘑菇的方式从地里刚刚突然冒出来’，长大以后彼此完全没有任何义务关系，在自然状态中的所有成年人都是平等的，这些人都是自己生活和行为的‘法官’，都拥有对所有东西的权利。”①

霍布斯说：“我要从构成国家的质料入手，然后逐步考察国家的生成，它所采取的形式，以及正义的最初起源。因为对事物的理解，莫过于知道其成分。”② 那么，霍布斯认为在研究国家的权利和公民的责任时，也要以一种拆分的方式去研究。虽然实际上并不能真的将国家拆散，但也要分散地研究它的成分，也就是通过正确地理解人性是什么样子的，去考察国家该如何获取合法性。李猛教授认为：“在人性恒定的情况下，在理性上通过‘离散’或者‘分拆’的方式构成自然状态，意味着自然状态就不仅是政治社会的缺失状态，而且还进一步是一种解体状态。”③ 由此可见，自然状态

① 李猛：《自然状态与家庭》，《北京大学学报》2013 年第 5 期。

② 〔英〕霍布斯：《论公民》，应星、冯克利译，贵州人民出版社，2002，第 9 页。

③ 李猛：《自然状态与社会的解体：霍布斯自然状态方法的实质意涵》，《历史法学》2014 年卷，第 103 页。

其实是要追溯到一个被拆分的人性论上。而霍布斯给出的答案是自然状态的人是战争的状态；并且国家建立前后，人性并没有改变。我们知道霍布斯契约论的核心观点是因为战争状态，所以建立国家，国家的作用是提供安全。这也是当代正义论的现实主义理论要从霍布斯这里寻找资源的原因①，因为霍布斯极其经验性地告诉人一个非常现实的国家成立的理由，就是安全的需要。

那么，为什么霍布斯要设置一种战争状态呢？首先，其实这和自然概念本身的含义密切相关，霍布斯说自然将一切东西给了一切人，即是说在自然状态下一切人都在占有着一切东西。这一观点可以引出两个含义：（1）人自然地占有物品，这是自然权利的问题；（2）因为物的归属权无法界定，人的自利导致了战争。由此可见，人的本性是自然的权利和自利本性。虽然霍布斯和洛克、卢梭的自然状态设定都存在差异，但是自然状态是为自然权利的论证服务的，在这一点上三者其实是殊途同归的。如洛克《政府论》开篇即讲想要正确地了解政治权力，将政治权力上溯至其起源（original），就必须考察人类自然处于什么状态。② 他认为人在自然状态下按照自己认为合适的方式处理自己的财产和人身，不必听从任何外在的权威和意志。卢梭《社会契约论》开篇的“人是生而自由的，但却无往不在枷锁之中”③，更是对自然状态的直观概括。通常认为，对自然状态中权利的个人主义的论证是对人的社会性的削弱，其实它也是对人的伦理和精神的削弱。

在梅因看来，“自然状态”的学说往往以个体在一个“人类的、非历史的、无法证实”的“前社会”状态中的行为表现为论证的前提。梅因认为，这一论证方式将个人主义与理性分析结合在一起，完全误解了古代社会和法的本质特征：古代法几乎全然不关心个人，它所关心的是家族，是集团。④ 其实，不论是霍布斯还是其他启蒙主义者都没有真正把自然状态当作真实的历史。梅因所说的“自然状态”毋宁说是原始状态，或者早期的伦

① 如现代正义论的理想主义与非理想主义问题，往往将正义的现实理论追溯至霍布斯安全保护的合法性模式。见 Bernard Williams, “Realism and Moralism in Political Theory,” in Geoffrey Hawthorn ed., *In the Beginning was the Deed*, Princeton: Princeton University Press, 2005, pp. 1-17。

② 〔英〕洛克：《政府论》（下），叶启芳、瞿菊农译，商务印书馆，2018，第 4 页。

③ 〔法〕卢梭：《社会契约论》，何兆武译，商务印书馆，2016，第 4 页。

④ 〔英〕梅因：《古代法》，沈景一译，商务印书馆，2015，第 76 页。

理世界。这样的状态中是没有个人的。但是，契约论要为个人自然权利提供证明，就必须将一个绝对自由、平等的个人当作出发点。

自然法下的个人是平等的、自利的，但同时也是非稳定的，这样的状态中没有国家的保护，没有法权的支撑，自然权利是脆弱而又抽象的。霍布斯说："这样一种状况还是下面情况产生的结果，那便是没有财产，没有统治权，没有你的我的之分，每一个能到手的东西，在他能保住的时期内便是他的。"① 洛克虽然不认为原初状态互相争斗，但是他认为毕竟需要协调利益纠纷的机构，因而原初的权利也是不稳定的。只有进入国家和法律层面，将个体自然权利上升为客观的法权，这样的人权才是现实的。

2. 自然状态与家庭

在传统向现代的转变过程中，家庭也从传统的自然状态中脱离出来。在传统社会，不论是古希腊还是中世纪，家庭的权力形式是父权制，而在启蒙中，家庭权力被视为契约的产物，这样家庭伦理便以法权的形式得到确认。父权制家庭在启蒙中的一大悖论在于和自然法的冲突，因为自然法规定人的平等和自由，那么家庭中如何实现这种平等性和自由性呢？因为家庭本身就是一种自然状态，其团体中的权力并非来自公共法权。那么家庭中的父权制就是与自然法精神不符。如当时霍布斯的一位仰慕者皮罗（Peleau）就从家庭的角度质疑霍布斯的自然状态学说，他说："既然家庭是小王国，就派生出了自然状态；而且，一旦家庭的父亲不在了，最大的孩子……被视为父亲财产的主人，这就否认了所有人对所有东西的权力。"②

这一疑问的核心在于，自然状态中的基本单位究竟是个体性的人，还是家庭实体，如李猛所说："自然状态中是否存在家庭，实际上意味着政治社会或政治共同体究竟像亚里士多德认为的那样由家庭和村庄这样一些前政治的自然共同体构成的呢，还是由独立于这些共同体的个体构成的呢。"③ 很显然启蒙思想家没有放弃自然法的基本原则，但是他们也开始重新为家庭的权力原则做出新的解释。霍布斯就认为，家庭中的权力关系看似自然

---

① 〔英〕霍布斯：《利维坦》，黎思复、黎廷弼译，商务印书馆，2016，第97页。

② Hobbes, *The Correspondence of Thomas Hobbes*, *Letter* 95. 转引自李猛《自然社会——自然法与现代道德世界的形成》，生活·读书·新知三联书店，2015，第149页。

③ 李猛：《自然社会——自然法与现代道德世界的形成》，生活·读书·新知三联书店，2015，第150页。

性的，但其实也是契约的产物。他首先反驳了父母的权力来自生殖的观点，进而认为“凭借自然权利，胜利者是被征服者的主人，因此，凭借自然权利，对婴儿的支配属于那个首先将婴儿置于其权力之下的人”[①]。由此，他还提出了这种不平等关系的原初契约，即被征服者的默认同意。同样，父权对妻子、仆人的权力也是这样建立起来的。

霍布斯对家庭权力关系的理解虽然匪夷所思，他对家庭支配关系的解释只是为他的君主理论做了铺垫，但是他提出的一种“人为关系”家庭观，是对传统自然家庭观的转变。自此以后，对家庭中权利关系的研究开始以法和人权为视角，即契约家庭观。家庭契约的核心是夫妻之间的契约关系，婚姻契约的目的是使婚姻摆脱任性和实现婚姻双方人格平等，婚姻契约正是相对于父权家庭而言的。虽然霍布斯企图通过契约论来论证父权的合理性，但实际上，只要限定人格权不可转让就会发现，契约的基础在于双方的平等，这正是婚姻契约的题中之义。“婚姻双方是平等的占有关系，无论在互相占有他们的人身以及他们的财务方面都如此。”[②]

而父母对子女是一种监护权转让的契约，这与公民将管辖权转让给国家的意义一样，儿童将监护权转让给父母。就此康德提出一个新的概念，即“有物权性质的对人权”，就是说，父母对子女是一种对物式的占有权，但本质上子女是有人格的，“无论如何不能把子女看作是父母的财产，他们仅仅在下述意义上可以看作属于父母的，如同别的东西一样为父母所占有：如果当孩子被他人占有时，父母可以把他们的子女从任何占有者手中要回来，哪怕违反子女本人的意志。可见，父母的权利并非纯粹是物权，它是不能转让的。但是，这也不仅仅是一种对人权，它是一种有物权性质的对人权，这就是一种按物权方式构成的并被执行的对人权”[③]。由此可见，父母对孩子的权力并不是一种平等身份的契约，同样对仆人也存在这种形式的不对等契约关系。

如果回到霍布斯的基本问题，那么这个问题已经转变为：家庭生活是不是自然状态？而答案是否定的。以契约的形式理解家庭是一种新的方式，

---

① 李猛：《自然社会——自然法与现代道德世界的形成》，生活·读书·新知三联书店，2015，第153页。

② 〔德〕康德：《法的形而上学原理——权利的科学》，沈叔平译，商务印书馆，2015，第6页。

③ 〔德〕康德：《法的形而上学原理——权利的科学》，沈叔平译，商务印书馆，2015，第101页。

契约论的观点是家庭并非自然状态，而是法权业已产生的状态。不论是家庭中的夫妻关系，还是主仆关系、代际关系，当以契约的形式来理解彼此关系的时候，其实是在为彼此划定一种权力界限。霍布斯说正义和不正义只能产生自“人为法权”存在的地方，既然家庭得到了契约论意义上的理解，那么必须承认家庭存在一种关于正义的理解方式。家庭的正义就是，婚姻中的平等自由、财产权、子女教育等要求。

3. 自然正义

“自然状态”将现实存在的社会和国家进行解构、还原，推论出一个原初的自然状态。更本质地来说，是为了寻求关于自然人的知识，进而构建基于该确定知识的社会学说和政治学说。因此卢梭说：在人类所有知识中，对我们最有用但我们研究最少的，是关于人的知识。[①] 只不过，“自然状态”作为一种方法论，其本身就已经导向个人主义的立场，这为启蒙时代的自由观、正义观和政治学奠定了理论基础。如张凤阳说：“不论对这一历史进程做出怎样的评价，至少从方法论上讲，把社会还原为基本的构成要素，然后再探讨这些要素的组装搭配，就不仅是可行的，而且是可取的。由此产生了所谓的方法论的个人主义。”[②]

契约论的正义观正是通过这种还原的方法来确立的，正义源于某种自然性，但是与古代社会为人赋予“神性”不同，近代自然法为人赋予的是“兽性”，“近代政治哲学家同样是在‘正义意味着合乎自然’的路径上把握正义，但近代政治哲学家却给‘自然’赋予了不同于古代正义的特性，不是给自然赋予神性，而是给自然赋予兽性”[③]。所谓赋予“兽性”是将人还原到原始人类可能存在过的兽居状态。这种“自然”理解下的正义是人的本真需要，它包括将人的自由权、平等权、安全权和财产权等基本权利归纳为自然权利。而人权之所以要包括这些基本权利，则是源于人的自我保存的根本权利。滕尼斯说：“自主独立的个体从传统纽带的包裹中挣脱出来，可以看作是现代性生成过程中的头等大事。”[④] 因而，契约论是趋向于

① 〔法〕卢梭：《论人类不平等的起源和基础》，李平沤译，商务印书馆，2015，序言第1页。

② 张凤阳：《现代性的谱系》，江苏人民出版社，2012，第54页。

③ 林进平：《从正义的参照管窥古代正义和近代正义的分野》，《深圳大学学报》2018年第1期。

④ 〔德〕斐迪南·滕尼斯：《共同体和社会》，林荣远译，商务印书馆，1999，第52~53页。

说明个体权利的真实性，必须将个人置于任何社会关系之外给予说明。诸社会关系中，不论伦理关系、道德关系或劳资关系，其实都无法说明人的权利来源问题，只有说明人先于任何社会关系，具有一种自己完全占有自己的状态，才能解释自然权利的来源。这也是为什么家庭明明是一种自然关系，却无法被用来论证人的自然权利的原因。确实，在启蒙声势浩大的世俗化潮流的席卷下，传统伦理宗法关系轰然崩塌，人的此岸感和个人感空前高涨，可以说权利的功利要求与伦理的个人主义一同谋划了西方现代性的开端。而在世俗秩序上，人需要一个新的解释架构，这就是自然法和契约论出现的契机。

## 二 个体权利的先验主义论证

### 1. 权利的占有

从自我出发是德国自然法思想的典型特征，英、法自然法思想家对自然状态的预设往往带有经验主义特征，这种“自然状态”的预设一开始就面临对“历史真实性”的反问，因为自然预设是人类在原初时期订立了契约，即将权利转让给政府和国家，但是这个原始的契约的真实性成为推理的关键，而且就算原始时期人类真的订立过这一契约，现代社会这一契约还有效吗？这个问题对霍布斯和洛克而言都是致命的，因为自然法是契约论的前提，前提一旦无法得到证实，后面的结论都会倾倒。洛克对这一问题的回答是“默认同意”（tacit consent），即只要自愿参与一个社会的生活，就等于默认了人与政府之间的契约性。“只要一个人占有任何土地或享用任何政府的任何部分，他就因此表示他的默认的同意。……只要身在那个政府的领土范围之内，就构成某种程度的默认。”[①] 但很显然这个解释并不具有说服力。因而，经验主义契约论其实没有提出非常完善的社会学体系，但是如果排除这种历史主义预设的论证方式，它的意图是很明显的，即是说明个体某种自明性的权利与外在实现条件的统一性，笔者认为早期契约论和自然法思想的贡献恰恰是模糊地发现了市民社会与个体自我实现的关系。

但是在康德和费希特那里，契约论开始以自我的知识体系作为其先验

① 〔英〕洛克：《政府论》（下），叶启芳、瞿菊农译，商务印书馆，2018，第74页。

前提，因而黑格尔将这种自然法的形式称为“先验主义”自然法，以区别于霍布斯等人的早期“经验主义”[①] 自然法思想。先验主义自然法的特征是以自我为法权确定不移的前提，从关于自我的理性或知识中推论出人类自然权利的合法性和正当性。以至于对于后来的学者来说，从“我”的确定性到“我的”的有效性是启蒙时代权利科学的一条显明的线索。这种自然法不以任何经验假设或默认的历史契约为论证前提，而是以逻辑演绎的形式为法权、国家学说提供自然法的基础。这个自然法的逻辑前提就是人的自由和理性，邵华在《论康德的社会契约论》一文中认为：“法权的根据却不在于现象界，而在于本体界，即人的理性人格或者说具有自由意志的人格。可以说天生的自由法权之所以可能，一方面在于人有自由意志，另一方面在于人的社会性。”[②]

卢梭对私有权的描述称：“谁第一个把一块土地圈起来，硬说‘这块土地是我的’并找到一些头脑十分简单的人相信他所说的话，这个人就是文明社会的真正缔造者。”[③] 其实先验自然法论证恰恰遵循这一路径，由我对物的先验性，推论出“我的”的合理性。只不过私有权的产生在卢梭那里是一个复杂的历史过程，而在康德和费希特这里变成了一种概念之间的演绎，“费希特试图将法权概念演绎成自我意识的一个条件，以便将这个概念的地位确立为纯粹的理性的概念”[④]。费希特把这种基于自我知识的人权定义为“原始法权”：“人在感性世界中只作为原因（而绝不作为结果）拥有的绝对权利，一种在质的层面上作为绝对第一因的能力、在量的层面上没有任何界限、在模态上具有确然有效性的自由。”[⑤] 就此而言，“我”的意识建构起来的就是先验的人格权，即我作为人应具有的平等和自由。如黑格尔说：“唯有人格才能给予对物的权利，所以人格权本质上就是物权。”[⑥] 黑格尔这一联结的目的在于，如果将“我”的确认只作为一种意识之间的承

① 黑格尔在《自然法的科学处理方式》一文中将霍布斯、洛克等人的自然法理论称为经验主义，将费希特基于知识学的自然法称为先验主义的自然法。

② 邵华：《论康德的社会契约论》，《华中科技大学学报》2016 年第 1 期。

③ 〔法〕卢梭：《论人类不平等的起源和基础》，李平沤译，商务印书馆，2015，第 87 页。

④ 〔南非〕詹姆斯：《财产与德性——费希特的社会与政治哲学》，张东辉、柳波译，知识产权出版社，2016，第 2 页。

⑤ 〔德〕费希特：《自然法权基础》，谢地坤、程志民译，商务印书馆，2004，第 117 页。

⑥ 〔德〕黑格尔：《法哲学原理》，范扬、张企泰译，商务印书馆，2010，第 48 页。

认和尊重，那么这是主观的和任意的，只有将人对自我的确认加在物权之上，人的主体性和自我性才真正上升至权利的层面，否则，纯粹的人格权是一种贫乏的道德说教而已。

康德说：“把在我意志的自由行使范围内的一切对象，看作客观上可能是‘我的或你的’，乃是实践理性的一个先验假设。”[①] 就是说，虽然“我的”具有意志加之于物的权利，但这个权利仅是从主观意志生发出来的，基于这种意志的占有还只是一种“物理性的占有”。“物理性”的占有是指必须靠手持或看护来完成占有，当主体离开该物，它就不再是确定性意义上的“我的”了。因而，物理性的占有必须上升至所有权。“如果从理性和意志（根据自由法则而活动）的关系而言，权利是理性的纯粹实践概念。”[②] 理性的占有，就是“我”离开该物，依然可以对该物宣称它是“我的”。卢梭将这一过程称为人类堕落的过程，而康德认为人类能够永恒占有物的权利，恰恰是人类理性契约的体现，只有当所有人承认所有人的所有权，简单占有才能上升为法权。

费希特接续康德的法权理论，明确提出了法权的本质就是承认，他的《自然法权基础》第三定理是：“一个理性存在者不把自身设定为能与其他有限理性存在者处于一种确定的、人们称为法权关系的关系中，就不能假定在自身之外还有其他有限理性存在者。”[③] 这个逻辑是，如果“我”不把他者当作一个法权关系中的存在者，那么他者对“我”来说永远都是“非我”，只有将他者视为“我”的“类”，才能与他者取得和解，这种和解就是承认。亓同惠认为费希特的承认理论包含四层意思：“第一，先把另一个视为理性存在者，才能要求对方也这么做；第二，这种承认的方式可以复制、传播；第三，这种承认是附条件的，条件给自我的自由一个限度；第四，这种承认是相互的。”[④] 由此可见，就自我的知识体系而言，恰恰是因为所有自我有获得承认的需求，法权才会产生。而承认的动机便在于在原始意义上“权力的积极体现而发生的冲突”。就是说，法权是“自我”和

① 〔德〕康德：《法的形而上学原理——权利的科学》，沈叔平译，商务印书馆，2015，第55页。

② 〔德〕康德：《法的形而上学原理——权利的科学》，沈叔平译，商务印书馆，2015，第59页。

③ 〔德〕费希特：《自然法权基础》，谢地坤、程志民译，商务印书馆，2004，第117页。

④ 亓同惠：《法权的缘起与归宿——承认语境中的费希特与黑格尔》，《清华法学》2011年第6期。

"自我设定的非我"在所有权产生冲突之后，互相承认的结果。

法权的本质是自我与他者物权的相互承认，它是自我对自身自然法权的"限制"，因为自然法权的本质是基于"我"的自由，它是无限的，但是所有个体的无限的权力必然带来无限的不自由，于是主体开始意识到自我与另一个具有所有权的"自我"之间的关系，并凭借理性的"先天综合"，自觉"悬搁"起作为经验条件的"时空"，按照"法权"的原则来规定每个自由者的权限，这是自然走向真正自由的必由之路。在这一过程中，先验契约论者认为法权和契约的关键在于人对自身权利界限的知识，康德和费希特都将这一认知寄托在主体的理性能力上。人的理性在道德领域实现的主观自由，只是一种"本体领域的自由"，因而我们可以将康德、费希特的"法权—契约"论视为弥补其道德主义内在自由观的学说，因为在法权中理性开始从所有权展开自我认知，进而发展出一种人与人之间的"外在自由"。由此可见，自我的确证开始产生主体的权利意识，而这个权利意识在所有权中获得了现实性。

2. 权利的转让

既然财产和所有权的本质是相互承认，那么只有在承认中，"个人财产"这一表述才具有合理性，这种承认表现在具体行为上就是交换和物权的转让。因为转让本质上是自我意志对对物的所有权的放弃的自由，因而契约的本质是意志与意志之间的承认。康德说："作为法律行为，不能通过单纯消极的让出或抛弃他所有的东西而实现，因为这样一种消极行为只能表示他的权利的终止，并不表示另一方取得一种权利。这仅能通过积极的转让或让与，才获得一种对人权的肯定，这只有通过公共意志的办法才能做到。"[①] 就是说，只有将契约视为人格和自由意志之间的积极行为，它才能体现出人的自由和平等。就此而言，契约是人权实现的一个积极环节。而没有市民社会和契约精神的国家和法律，不可能具有真正的人权。

康德认为可以作为"我"的意志选择的外在对象只有三种：（1）一种具有形体的外在于我的物；（2）别人去履行一种特殊行为的自由意志；（3）别人与我的关系中，他所处的状态。[②] 第一种意志的占有是直接的我

① 〔德〕康德：《法的形而上学原理——权利的科学》，沈叔平译，商务印书馆，2015，第87页。
② 〔德〕康德：《法的形而上学原理——权利的科学》，沈叔平译，商务印书馆，2015，第56页。

对物的占有；第二种占有是通过契约占有别的自由意志的成果；第三种占有是法人关系或监护人关系的占有。康德说这三种意志对象分别相当于下列范畴：本体、因果、相互关系。所谓本体是指具有“物自体”意味的“无主之物”；因果是指我可以“占有”另外一个自由意志，我的意志是因，别人根据我的意志产生的意志性行为是果；相互关系是对家人的契约关系。可见真正具有“所有权”意味的是第一种和第二种，而第二种代表了契约性的占有，因为这种意志的对象是他者自由意志的对象，相对于第一种的本体性占有，只有两个同等自由的意志处在因果关系中，才能产生正义的契约。就是说“占有另一人积极的自由意志，即通过我的意志，去规定另一个人自由意志去作出某种行为的力量。这种占有根据自由法则，是涉及外在的‘我的和你的’的权利的一种形式，并受到另一种因果关系的影响”①。

因此，在本体层面上，“契约正义”表述的是不同人格的个体在权利的转让与接收中产生的意志间的相互承认。费希特说：“每个人都必须从自己的权利中作出一部分让步，直到他们的意志不再发生争执。这样就形成了双方的共同意志，即双方意志毫无争议地共同存在。他们相互签订契约，或者说他们的意志签订契约，共同存在。”契约起源于为消弭意志之间的争执而寻求合意的方式，即“签订契约是为了实现契约的权利，因此仅仅出于一种自私的原因，契约是相互争执的意志的统一”。② 黑格尔虽然不同意费希特的“争执”的动机性，但他同样认为契约是社会中意志获得普遍性的一种方式。

黑格尔说：“契约关系起着中介作用，使在绝对区分中的独立所有人达到意志同一。它的含义是：一方根据其本身和他方的共同意志，终止为所有人，然而他是并且始终是所有人。它作为中介，使意志一方面放弃一个而是单一的所有权，他方面接受一个即属于他人的所有权。”③ 在他看来，自由意志的法权本质就是所有权，因而所有权发生的变更和转让是意志自由的体现。那么，只要在一场契约中，两个独立的人在意志上形成“同一

① 〔德〕康德：《法的形而上学原理——权利的科学》，沈叔平译，商务印书馆，2015，第 87 页。

② 〔德〕费希特：《自然法权基础》，谢地坤、程志民译，商务印书馆，2004，第 195 页。

③ 〔德〕黑格尔：《法哲学原理》，范阳、张启泰译，商务印书馆，2010，第 80 页。

意志”，这个契约便是正义的了，因为契约是意志和自愿相统一的结果，因而它在本质上是对自我自由人格的确证；同时它也是意志对任性的自由自觉限制的结果，使个体意志具有了一定的普遍性。

因而，契约的正义性的实现源自每个理性主体的“先天综合判断”能力，首先就“综合判断”而言，当“我”说物是“我的”，这其实是一个经验性的综合判断，即自我通过经验的形式验证自己的所有权；而就“先天判断”而言，契约的本质是“因果”范畴中的人与人之间的关系，当通过因果性来反观自己的所有权时，一个契约才能真正生成。费希特将这种判断过程表述为“每个人都有权利做没有违反其他每个人权利的事情，每个人都有权为自己判断自由行动的范围”[①]。只有当“自我设定非我”，即自我从个体的无限自由中推论出必然存在一个外在于自我的无限自由者，才能为“我的”权限找到内在因由。因而，一个契约的完成意味着两个主体之间运用理性能力完成了一次正义性的判断，并且这对自我与他者的和解来说是一次成功的尝试。它代表了主体间共同运用理性寻求相互承认和相互认同的结果。

## 三　契约的喻证

### 1.“契约”的基本性质

“契约”是一个古已有之的概念，指一种商业行为。随着近代欧洲城市的兴起，契约已成为一种人际交往的普遍方式。契约之于社会正义的意义在于，契约精神为社会中的供需体系赋予了法权性，并为人与人之间的关系提供了一个新的解释维度。在广义上说，契约并不只是交易和交换，在社会含义上，它的基本精神是对所有人都是经济主体身份的承认。如黑格尔所说：“它（契约）是一种公开宣布的交换，而不再是物与物的交换，却又与物本身一样重要。交换双方的意志一样重要，意志被再次转化成意志概念。”[②] 所谓“公开宣布”是指，每一个具体的契约都不仅仅是两个意志之间的关系，而是通过契约，单一个体与个体的交换关系、对占有物进而

① 〔德〕费希特：《自然法权基础》，谢地坤、程志民译，商务印书馆，2004，第115页。

② Hegel, *Jenaer Real Philosophie* (1805/1806)，转引自杨伟涛《契约的限度——黑格尔论伦理的契约性和非契约性》，《上海财经大学学报》2014年第5期。

对所有权的关系，变成了个体间的总体性关系，主体被授予了对一切提议的交换表示“肯定”或“否定”的“形式”权利，依靠契约保障普遍权利要求。[①] 由此可见，在先验立场或法理学的层面上，契约都是和个人权利关联在一起的。那么，契约论者要上升至一种国家合法性的论证，其实正是套用了契约中的转让原则和同意原则。契约有以下几个特点。

（1）自愿转让。契约其目的就是“合意”，“合意”是指契约双方相互承认中意志获得的同一性。黑格尔说：“由于契约是意志与意志之间的关系，所以契约的本性就在于共同意志和普遍意志都得到表达。”[②] 这里的“普遍意志”是指通过社会普遍承认得到确认的法权意志，而“共同意志”则是指契约双方达成的共同意志。由此可见，合意的意义在于共同意志借以成立的双方同意，并且，这种“同意”是得到普遍意志的保护的。虽然黑格尔同时说明了契约符号的重要性，但是在契约确立的交互承认中，契约的本质在于自由和平等，即契约双方都是平等拥有权利的人，而且在契约过程中彼此承认对方的权利，因而契约的意义在于除非“我”的同意，任何强制干涉都是非法的。承认和同意是契约的法权哲学本质，它旨在说明“我”的意志的有效性，这种有效性正是存在于“我”可以按照“我”意愿的方式处理“我”的权利。雅赛将这种自愿的自由称为“无支配原则”[③]，只要不是法令禁止，当事人就有订立契约的自由、决定契约内容的自由，以及选择契约方式的自由。

（2）自利互惠。其实法权的个体本质是自利的个体，“契约关系骨子里是利益关系”[④]。桑德尔说契约论有两个理想：“一种是自律的理想，它将契约看作一种意志行为，其道德性存在于契约制定的自愿性质中；另一种是互惠的理想，它将契约看作互利的工具，其道德性依赖于交易的平等。”[⑤] 自律（autonomy）是契约对个人的规定的一个显著特

① 杨伟涛：《契约的限度——黑格尔论伦理的契约性和非契约性》，《上海财经大学学报》2014 年第 5 期。

② 〔德〕黑格尔：《法哲学原理》，范阳、张启泰译，商务印书馆，2010，第 85 页。

③ 〔匈〕安东尼·雅赛：《重申自由主义——选择、契约、协议》，陈茅等译，中国社会科学出版社，1997，第 80~83 页。

④ 张凤阳：《现代性的谱系》，江苏人民出版社，2012，第 61 页。

⑤ 〔美〕迈克尔·J. 桑德尔：《自由主义与正义的局限》，万俊人等译，译林出版社，2011，第125 页。

点，个体是自由的、理性的主体，他有为自己行为负责的能力，有自我确定普遍性目的的能力。而在契约论中提自律性，是在说明每个人意志的有效性，这对应的是以上的自由、平等、自愿原则。而互利意味着完全以是否有利作为行为取舍的依据，契约的目的在于彼此之间有利可图，因而契约开始于对自我的某种功利目的，这个目的可以是物品、金钱，也可以是个体安全。

（3）主体平等。除了同意和互利，契约的一个特质是契约双方的平等性，在此可以反观启蒙之前的主要人类关系，神人关系、家族内的宗法关系、君臣关系等，每一种身份和属性都是一种不平等的关系。但是契约有一个特质，就利益谈利益，彼此双方没有多余的身份干涉，彼此是平等的。就是说，在契约中人格是平等的。其实在启蒙政治学说中，并没有对平等做出过多说明，如罗尔斯就认为启蒙只是论证了自由，而对于平等的正义，启蒙并没有太多涉及，因为平等意味着财富的再分配，而不是宣称平等的口号。而启蒙所做的正是在理念上树立了平等的观念。如果说在伦理世界和神学世界中，正义体现在“我是我们，我们是我”的同一性认同上，那么在市民社会中，契约的作用就是确认“我是他们，他们是我”。[①] 就是说，契约中个体开始意识到每一个契约主体都是和自己一样的自由个体，基于这种自由的理解，他意识到对任一契约的否定就是对所有契约的否定，因而，通过对契约对象的肯定，契约确认了主体之间的法权性质。因而契约双方的关系本质是承认对方的自由人格和所有权。

如上所述，自愿转让、自立互惠、主体平等是契约的一般特征，这些精神在当时新兴的市民社会中已经作为城市自治的一般精神，这些精神激励着契约主义者以契约的类比去论证国家的起源和合法性。

2. 契约的类比与政治正义的论证

社会契约论认为，在原初阶段，个体为了纠正无政府状态中的某一缺陷，被迫订立契约，将自己的全部权力或部分权力转让给一个共同意志，这是政府产生的原因。社会契约论被反驳的主要原因有两点，即自然法预设的历史主义问题，以及经济性契约与国家契约的类比问题。如上文所述，

---

① 杨伟涛：《契约的限度——黑格尔论伦理的契约性和非契约性》，《上海财经大学学报》2014 年第 5 期。

“历史主义问题”是契约的原始签订的真实性问题，而经济性契约和国家契约的类比，是指将一般商业行为的契约作为论证政治权利合理性的方法来使用，这种类比导致的结果是社会契约和国家契约的混淆。因为一般经济行为的契约本质上是一种权利转让的约定，它涉及的权利转让并不是被监管的公民权，而只是所有权的转让，这种转让可以解释市民社会的起源，但是不能解释国家的起源。

康德先验主义契约论要比以上经验主义契约论更为合理，他认为所谓自然状态毋宁说是完全自治的社会状态，它是一种缺乏政府监管的自发的自然状态，这种自然状态不必是历史上的某一具体年代，而是人的理性不需要经验就可以认识到的。“一个人没有责任去避免干涉别人的占有，除非别人给他一种互惠的保证，保证统一避免干涉他的占有。鉴于别人的敌意意图，他无需等待生活经验为他证实这种保证的必要性。因此，他没有责任去等到自己付出代价来获得这种实际的精明知识。”[①] 因而，人进入法律状态并非因为某种原始经验，而是因为人从一种不合乎契约或不法的可能性中，就可以得出权力的让渡必要性。这在一定程度上可以解释经验主义契约论的历史主义问题。

个体与国家立约是为了“完全抛弃那种粗野的无法律状态的自由，以此来再次获得他并未减少的全部正当的自由；只是在形式上是一种彼此相依的、受控制的社会秩序，也就是由权利和法律所调整的一种文明状态”[②]。由此可见，康德认为个体和国家立约是为了获得真正的自由和社会法治的状态。有一点值得注意的是，康德很谨慎地处理了关于权利“转让”的问题，他特意强调“不能说在这个国家中的个人为了一个特殊目标，已经牺牲了他与生俱来的一部分——即外在自由”[③]。这和霍布斯等人的权利转让有所不同。至于他不断强调契约的目的是获得法权的自由，其实是为了阐明一种不同于他在《实践理性批判》中提到的内在自由的外在自由。他的基本观点是契约是强制与自由的统一，这一统一的基础是人的同意。

---

① 〔德〕康德：《法的形而上学原理——权利的科学》，沈叔平译，商务印书馆，2015，第133～134页。

② 〔德〕康德：《法的形而上学原理——权利的科学》，沈叔平译，商务印书馆，2015，第142页。

③ 〔德〕康德：《法的形而上学原理——权利的科学》，沈叔平译，商务印书馆，2015，第142页。

而在费希特的国家理论中已经取消了基于自然状态的契约过程，他直接从一般的财产契约的承认与保护来论述国家的必要性。这里值得注意的是，费希特所谓的契约国家不是关于国家产生的原始契约，而是在人与人之间财产相互承认的需求中自觉引入的强制力量，所以在他的国家契约论中，“同意”的基础是“承认”，他说：“国家公民契约是每个人与国家——它是通过与个人签署各种契约形成的，并通过这些契约而保持自身——这个实在的整体签订的契约，个人由此使自己的一部分权利与这个整体结合在一起，但也因而获得了主权。”①

由此可见，启蒙思想家之所以不厌其烦地将个体与国家的关系视为契约关系，就是因为契约的基础是双方的同意。就是说，任何加诸自身的强制性，必须是个体“同意”转让的部分，否则，就与自然的自由相违背。其实这一原则正是古典自由主义的根本原则，霍布斯、洛克都强调权利转让中的“积极性”，这是个人权利的基础。在此意义上，也可以演绎出选举、公共立法的必要性。就此而言，这构成了政府或国家对个体的义务，权利转让与法权义务的生成是契约论的一大创见。启蒙契约论的“同意”也有“默认同意”和“假设性同意”的区别。“默认同意”是指一个公民要加入共同体的前提是他默认了共同体对其的管辖权力，而“假定性同意”是指国家是每一个理性存在者在原初状态中必然都参与的契约，同时也说明一个国家只要代表了正当性原则，那么它就可以被假定为人们普遍契约的产物。

但是，如果从自然法出发理解国家与个体的关系，其实这两种“同意”的形式并无不同，它们都是从人的自然权利中推论出来的，如洛克所说的：“政治权力是每个人交给社会的他在自然状态中所有的权力，由社会交给它设置于自身之上的统治者，附以明确的或默许的委托，即规定那种权力应当用来谋求他们的福利和保护他们的财产。”② 从而他否定了人类历史上一切专制权力的合法性，“专制权力不是起源于契约，也不能订立任何契约，而只是战争状态的继续”③。就是说，专制恰恰是因为人尚未走出自然状态。

① 〔德〕费希特：《自然法权基础》，谢地坤、程志民译，商务印书馆，2004，第208页。

② 〔英〕洛克：《政府论》（下），叶启芳、瞿菊农译，商务印书馆，2018，第109页。

③ 〔英〕洛克：《政府论》（下），叶启芳、瞿菊农译，商务印书馆，2018，第110页。

而康德和费希特等先验契约论者从形而上学的角度阐释了人的知性能力与原初“同意”的关系，正如墨菲对康德自由主义政治学原则的概括：“唯一能在道德上被证成的强制制度是这样一些制度，即一群理性存在者在选择某些社会制度来规范他们间的关系的时候所能够一致采纳的制度。”[①] 由此，“同意”是一种自我规导群体外在自由的能力，这种能力起源于人的理性特质。

在契约论看来，意志统一是契约正义所要实现的基本精神，而法律和政治制度的设计是为了巩固这一基本精神，那么就此而言，法治和制度可以被视为从理性意志阐发出的一种合理性方式，这在康德和费希特正义哲学中得到了充分的发挥。康德说：“正义是一个人的任性能够在其之下按照一个普遍的自由法则与另一方的任性保持一致的那些条件的总和。”[②] 那么，这是古典契约论的转折点，其实究其本质，这种精神体现出来的就是基于“同意”的政治道德性。国家的正义在于其对个体意志的体现，在主体性和道德性的自我确认之后，个体要求一种自然法权上的平等，这构成了政治道德性的前提。并且，当自我意识到自我的道德性判断其实可以为整体正义提供一个理性的标准时，国家便被赋予了符合主体内心合理期待的正当性要求。由此，同意和正义的关系体现在：只有被普遍同意了的政权才具有合法性和正义性。

## 四　契约主义的社会精神概观

社会正义这一概念在启蒙时代与古代的正义理解有了本质的区别。其实社会正义并非一个古代就有的词语，德国学者何夫内尔认为，“社会正义”是19世纪新近出现的概念，但关于这一概念的使用却是模糊而暧昧的，他汇总了关于社会正义的三种不同定义：（1）社会正义是一种来自自然律的公益诸要求——成文法尚未规定的基本要求；（2）法律正义和分配正义两者被合并在社会正义概念之中；（3）社会正义是正确理解的法律、分配和交往正义之间的和谐。而昆德拉赫（Gustav Gundlach）认为，上述三种正义形式都具有一种静态的特征，社会正义应具有动态特征，它在促成

① 〔美〕杰弗里·墨菲：《康德：权利哲学》，吴彦译，中国法制出版社，2010，第113页。

② 〔德〕康德：《法的形而上学原理——权利的科学》，沈叔平译，商务印书馆，2015，第230页。

三种静态的正义实现的同时实现自己。[①]

而契约论的“社会正义”观更偏向于对社会功能性价值的表述。它对应的是社会对其成员的平等、利益的关怀和保护。契约论者认为，从自然状态过渡到社会的一个原因正是自然状态中有个人智慧不可控的危机，所以需要集结成具有相对体系性的社会。在这种意义上，社会正义多指政治权力的合法性和法律的公正性。但是在纯粹社会概念的描述上，启蒙思想家其实还有另一种观念上的张力，即“社会文明”与“社会正义”，如普芬道夫认为通过政治状态或法律状态来思考自然状态，只能是理解自然状态的形式之一。除此之外，还必须想象一种与文明状态相对的自然状态。就是说将自然状态理解为“前文明”还是“前政治”是有区别的，“前文明”对应的“文明社会”是每个人彼此之间可以和平友善地共处的状态，这也是契约的一个基本动力。在此，普芬道夫就从“社会文明”的概念阐发出契约包含的伦理道德、政治建构等多方面的社会建构要求。

那么，“社会文明”和“社会正义”的关系是什么呢？前文已述，启蒙的一大转变就是社会和国家、日常世界和政治领域的分离，这其实窄化了社会正义的功能性范围。李猛说：“前文明的自然状态与前政治的自然状态，在概念上分离，不仅为自然状态的历史化提供了可能，也为一个与‘政治社会’不同的‘文明社会’或‘市民社会’（civil society）概念的出现开辟了空间。”[②] 确实，在市民社会或文明社会的语境中，它们的意义不同于政治社会，文明社会更在于平面向度的维持群体秩序与和谐的实践模式，而政治社会显然是一个更为专门化的领域。那么就契约论而言，契约正义即体现在文明社会的特征，也是社会正义性的要求。如契约交换中的基本道德是现代社会文明的一大基本标志，也是契约正义的一个基本范畴。

由此可见，契约才是早期“市民”自我理解的主要方式，费希特说：“我在‘社会’这个词中区分了两个主要含义：其一表达许多人之间的一种

① 以上关于“社会正义”的种类与说明引自何夫内尔《基督宗教社会学说》，何夫内尔在这里所说的社会正义是在“社会学”作为一个学科的背景下定义的，也就是说是在现代社会充分发展过程中，诸社会合理性向度被充分研究，“社会正义”被越来越多地赋予合理性与合法性的要求。见〔德〕何夫内尔《基督宗教社会学说》，宁玉、雷立柏译，华东师范大学出版社，2010。

② 李猛：《自然社会——自然法与现代道德世界的形成》，生活·读书·新知三联书店，2015，第206~207页。

自然联系，这种联系不是别的，而只能是人们在空间上的相互关系；其二表达一种道德上的联系，即人们相互之间的权利和义务的关系。大家都是在后一种意义上使用这个词的，并让这些权利与义务由契约加以规定。因此，每一个社会都是而且必定是通过契约产生的，没有契约，任何社会都不可能产生。”① 由此可见，费希特认为一个文明的社会的特质是这个社会提供了一种具有契约关系的交互形式，这是市民道德的新合理形式。那么，在此可以将社会契约还原为契约关系引发的人与人之间的关系。“商品经济基础上的市民社会，契约成为人际关系和社会交往的纽带，契约精神表现为独立的人格、自由平等、理性功利、民主政治等多元文化特征，是市民社会的根本精神和发展支柱。”②

在契约或重商主义习俗中，市民的自我理解是功能性的和职业性的，亚当·斯密为当时人际关系提供了一种新的理解方式，即自我与他者处于一个相互需要、相互满足的总体平衡中，这种相互需求抽象地体现为每个人在社会中所处的职业、行业为每个人的自我实现提供条件。由此，对自我而言，他者不再像上帝子民的身份那样，被强制拉回统一性之中，而是每一个自我依照独立性原则，将他者理解为一种“有用性”，并且这种互为“有用性”为自我与他者的统一提供了一种以自由为基本原则的交互要求。契约社会的积极意义在于，它是社会自主权的实现方式。如费希特所述，人与人之间的群体关系只有经历市民社会的协商性和公议性，才可能真正诞生出符合独立自主精神的国家和法律，否则，从一种自然伦理直接理解国家的意义，就很可能是专制国家。市民社会在契约中诞生的城市法，其实正是诞生在商业习俗（习惯法）的基础上，它是城市商业或契约精神得到普遍认同的产物。这种在普遍认同基础上产生的法律才真正具有了社会正义的意义，因为一个人遭到违法地对待，就是所有人受到违法地对待。

由此可见，工业资产阶级和新兴城市需要契约论来说明这种新型群体的伦理关系。从对人的基本理解来看，在契约关系中，对每一个市民的基本理解是劳动者（职业人）、需要者等。那么，在这样的时代精神中，不可能再容纳一种普遍的善观念去作为社会与个人的普遍目的。个人只能以一

① 〔德〕费希特：《费希特著作选集》（第1卷），梁志学译，商务印书馆，1990，第266页。
② 蔡诗晴：《西欧中世纪城市文明对西方法治的影响》，《法治与社会》2016年第7期。

种原子式的交互形式去理解人际关系和国家关系。伦理共同体式的正义观变得不再可能。

## 第三节　现代正义理想中的个体善与社会善

古典正义论的一个特质就是个人善与社会善的统一，它表现为个人德性和社会幸福的一致性。但是，现代正义论追求的个人善体现在个人利益和作为个人正义的道德善，而社会善体现为消极自由的政治合法性体制，个人善和社会善被严重分离了。功利主义重新建构一种善理论，功利主义和启蒙的重功利与效用是关联在一起的，当以一种功利最大化作为社会的普遍追求，功利主义与社会正义则又难以兼容。

### 一　权利、私产与个体善

1. “效用善”及其抽象性

个体善与社会善的统一是古典正义论的一个重要论题，个人的德性与幸福和城邦的至善是统一的。虽然在古典时期已经有了麦金太尔意义上的“卓越善”和“效用善”① 的区分，但是古希腊正义论的总体特点是卓越善更为优先，亚里士多德政治学的根本目的也在于促进对公民德性的培养。而在启蒙契约论中，个体善更多的是指功利性意义，它在于追求个人自由和自然权利的“应得”、个人需要的满足，以及个人福利的实现等。而社会是个体合理的利益实现的场域，政治是保证利益的手段。由此可见，契约论不仅割裂了个体善与社会善，而且将对个体善的理解局限在“效用善”上。而正义的意义一方面体现在对个体利益正当性的论证，另一方面体现为公共利益在诸个体中的公平分配方案。

但黑格尔却认为，契约正义论局限于其自身的思维方式以及对人的理

① 参见麦金太尔《谁之正义？何种合理性?》一书。“卓越善”对应的是古希腊文 areta 一词，它意指人倾向崇高、和共同善统一的精神品质，而“效用善”指的是满足需要的善，在古希腊社会两种善是并存的，但整体而言卓越善是要优先于效用善的。他认为现代正义论的问题是仅局限于效用善，而卓越善被康德意义上的道德善代替，也失去了它本身的含义。〔美〕麦金太尔：《谁之正义？何种合理性?》，万俊人、吴海针译，当代中国出版社，1996，第 76 页。

解，其主张的个体利益是抽象的。他说：“每个人的福利是一个空洞的表述……我如何能够促进中国人的福利，促进那些生活在堪察加半岛的人的福利呢？当圣经作出以下断言时，它要比这更加合理性：像爱你自己那样爱你的邻人，就是说，爱那些你已经或能够与之建立关系的人。说每个人，这是空洞的浮夸，它只会使思想趾高气昂。”① 黑格尔认为启蒙是一种知性思维。人是概念性的人，他被赋予了自由的共同属性，但是人不是具体的人。正是启蒙对人的这些抽象的理解，使现代人的自由失去了根基。黑格尔说：“从一方面看，我们看到人囚禁在寻常现实和尘世的有时间性的生活中，受到需求和贫困的压迫，受到自然的约束，受到自然冲动和情欲的支配和驱遣，纠缠在物质里，在感官欲望和它们的满足里。但是从另一方面看，人却把自己提升到永恒的理念，提升到思想和自由的领域。”② 前者指的是现实，它指的是启蒙时期市民社会中的贫穷，指具体生命的存在的个人样态；后者是启蒙为人树立的美好理念，人被普遍理解为自由的，被理解为具有自然权利的人。两者的矛盾恰恰说明启蒙的自欺。

因此，黑格尔提出了一个理念，即自然财产权的自由不是一种天赋的或知识性的设定，而是在切实的劳动关系中被确立的。财产权是在一种社会学意义上产生的，确切地说是在普遍承认中被承认的，但是这种财产权的关系不是任意的，而是在劳动对物的占有以及劳动中形成的稳定伦理形式中被确定的。黑格尔极力将劳动阐释成一种“自然伦理”，是想阐明人的财产权不是通过人格或天赋人权这些抽象形式获得的，而是在劳动中“为承认而斗争”的过程中被确立的，它的基础是劳动的历史。“我们必须不是根据一个神秘的自然状态来看待自然权利，而是把自然权利就是自然本身，看作独一无二的特性。人本质上是自由的，但只有在一个长期而复杂的历史进程之后，他才成为自然的。”③

由此，虽然启蒙企图通过种种理论确立个体的自由和权利，但这些被确立的自由、权利的概念终究是抽象的，理念中的人人平等与现实贫富差距形成了鲜明的对比。就算启蒙最终将个人善只理解为一种效用善，启蒙

① 〔德〕黑格尔：《法哲学讲演录》（1973-1974），转引自〔意〕洛苏尔多《黑格尔与现代人的自由》，丁三东等译，吉林出版集团，2008，第 315 页。

② 〔德〕黑格尔：《美学》（第 1 卷），朱光潜译，商务印书馆，1981，第 66~67 页。

③ 〔意〕洛苏尔多：《黑格尔与现代人的自由》，丁三东等译，吉林出版集团，2008，第 76 页。

思想家对每个自由平等的个体如何公平地获得效用善，也无力给出现实性方案。

2. 社会善与个人善的分离

现代意义上的社会善往往被理解为社会的公正、自由，在洛克的契约论看来，鉴于个人执行正义会产生严重的负面效应，这样的事情必须交由公共权力机关去做。当这一机关作为公平的仲裁者和有实力的执行者通过惩罚犯罪来维持正义秩序的时候，它实际上也是在为人的生命、自由和财产诸项自然权利提供有效保护。自由、平等、公平在政治和社会中体现为一种普遍的善追求。休谟在《人性论》中也认为："正义只是起源于人的自私和有限的慷慨，以及自然为满足人类需要所准备的稀少的供应。"① 因而正义作为一种社会德性是为了"应付人类的环境和需要所采用的人为措施或设计"②，它也是一种谨慎而带有嫉妒性的品德。樊浩认为："关于善理念，关于个体的善和社会的善的关系，在道德理想主义之外，有必要考察另一种传统和另一种思路，就是作为社会正义和社会公正的善。"③ 这种公正的善在现代性意义上体现为政治社会的善，而私人领域或生活世界中的共同善在自由主义价值多元论中被消解和稀释。

这种追求正义的社会善是缺乏个人善的支持的。在传统时代，对这个问题的解答是在形而上学的框架内进行的。不论是在古希腊的一多形而上学中还是在中世纪国家学说中，国家权威都是一种本质优先性逻辑，统治权力的合法性渊源最终来自某种独立并高于社会的超验秩序。但是，随着世俗化潮流的高涨，超验秩序被消解，政治统治的正当性根据也就只能到社会自身内部去寻找了。④ 那么，个体善不再是共同善的基础，两者处于一种分离状态：一方面，个体善不必在社会善的语境下来理解；另一方面，社会善也不再是个体德性善集体作用的结果。如霍布斯所说："旧道德哲学家所说的那种终极目的和最高善根本不存在。"⑤ 那么社会善或正义不再能

① 〔英〕大卫·休谟：《人性论》（下册），关文运译，商务印书馆，1985，第 536 页。

② 〔英〕大卫·休谟：《人性论》（下册），关文运译，商务印书馆，1985，第 517 页。

③ 樊浩：《伦理精神的价值生态》，中国社会科学出版社，2001，第 394 页。

④ 〔美〕亚当·塞利格曼：《近代市民社会概念的缘起》，景跃进译，邓正来、〔英〕亚历山大编《国家与市民社会：一种社会理论的研究路径》，中央编译出版社，1999，第 51~52 页。

⑤ 〔英〕霍布斯：《利维坦》，黎思复、黎廷弼译，商务印书馆，2016，第 92 页。

够关涉一种共同利益或共同幸福的理念，因而，个人主义的善理解必然分离于一种虚无的社会善，人追求的更多的是私人善和道德善，而伦理善不再是政治学和伦理学的主流话语。

在“后习俗”意义上，维持社会善的基本原则是正义，因为两者在普遍祛魅之后，可以作为社会必需的东西。因此，正义是习俗力量消弭之后必要的补充力量，它是一种“补充德性”。它关注的是合法性问题、平等问题、自由问题等，并通过制度设计来实现这些正义的现实性。而所谓伦理意义上的个体善与普遍善的统一，被认为无法适应现代多元价值背景下的社会正义要求。因而，现代正义论的发展也逐渐走向了对共识性、道德性、合法性的研究。

## 二 功利主义的方案

功利主义在个人善与社会善的选择上走向了另外一个极端，在道德理论上主张以功利最大化为善之准则。功利主义不像契约论那样将自由、平等等理念作为社会善的准则，而是将整体利益最大化作为社会善的目的，因而这种社会善不再是一种社会公平理论，而是某种被广泛承认的善得到最大实现。而个人善体现在以社会幸福最大化为旨归。功利主义是苏格兰启蒙运动的一个成果，苏格兰经验主义哲学为资本主义发展提供了思想基础，“随着商业社会的来临，古今道德转型的趋向不仅表现为‘个人’的兴起和欲望、财富、利益、竞争的正当化，而且伴随着以‘正义’和产权规则为中心的规则伦理的兴起。在苏格兰启蒙运动的道德哲学中，大卫·休谟和亚当·斯密的正义论，即其为商业社会新秩序建构新伦理的尝试”①。如亚当·斯密的市场规律学说为功利主义提供了经济学基础，两者并进就形成了以苦乐经验和效用为主导的功利主义传统。及至边沁，功利主义发展成一种以快乐最大化为基本目的的统合性学说。

纵观近代学术史，可以发现个体善与社会善之间几种主要关联方式。(1) 至善主义：个人善（德性）与社会善（至善）统一，目标是共同体的有机性和精神性的统一。(2) 契约论：个人善是指个体的正义感，正义感

① 高力克：《正义伦理学的兴起与古今伦理转型——以休谟、斯密的正义论为视角》，《学术月刊》2012 年第 7 期。

是底限道德，个体凭正义感参与契约，以实现社会的正义原则。（3）黑格尔主义：个人利益的追求，社会善（历史进步）自然会实现。（4）康德主义：个人是目的，不能以公共善的名义侵犯个人善。（5）功利主义：个人善和社会善的最大化都是值得追求的。

边沁明确说："共同体是个虚构体，共同体的利益是什么呢？是组成共同体的若干成员的利益总和。不理解什么是个人利益，谈论共同体利益便毫无意义。"① 也就是说，所谓社会最大快乐其实是无法直接计量的，如果个人的最大快乐是基于苦乐感受的算术，那么社会根本不具感受性，边沁将最大快乐直观地理解为个体快乐的"相加"，这种理解带来的追问是个人如何以社会最大快乐为行动准则呢？他提出了两种方案："私人伦理"和"立法艺术"。"立法艺术"是以预设理想立法者存在为前提的；而"私人伦理"是个人的内在道德，"它指导人们的行动，以产生利益相关者的最大可能量的幸福"②。但如果私人伦理是"指引产生最大幸福的技艺"，亦即出于"对他人幸福考虑的动机"而产生的对己"慎重"，对人"正直"和"善良"③，那么它就与立法所设的惩罚判然有别。事实上，边沁对人性的理论可以归结为人性卑劣的部分远远多于高尚的部分，"如果说他期望有一种千年太平盛世的时代来临的话，那么他不是期待这种盛世从四海之内皆兄弟这类境界中产生出来，而是期望有一种巧妙的社会安排，使个人利益和公共利益相符合，然后产生太平盛世"④。可见，边沁更多的是在一种立法的层面上实现个体利益与社会利益的和谐，而功利主义的道德更多的是一种理想要求。

通过立法巧妙安排处理个体善和社会善的统一，不可避免地存在功利主义与个人正义的紧张。因为从立法的功利主义原则出发，法律原则的合理性便可能会强制牺牲个体利益以成就社会最大善。密尔（又译穆勒）认为边沁个体善与社会善的内在紧张在于他将快乐理解得狭隘。如果将善理解为德性和幸福，便可以在精神层面上为个体善与社会善的和解提供可能。既然个体追求的不仅是感官的享受，还包括诸如德性的获得和良心的满足

① 〔英〕边沁：《道德与立法原理导论》，时殷弘译，商务印书馆，2009，第58页。

② 〔英〕边沁：《道德与立法原理导论》，时殷弘译，商务印书馆，2009，第248页。

③ 〔英〕边沁：《道德与立法原理导论》，时殷弘译，商务印书馆，2009，第350~351页。

④ 〔英〕边沁：《政府片论》，沈叔平译，商务印书馆，2007，第20页。

等精神享受，那么，追求社会最大幸福其实便是个人获得精神满足的一个基本的条件。美德不同于金钱、名誉或权力等功利范畴，对后者的过度追求往往伴随着以伤害他人为代价，而对美德的追求则会促进所有人的幸福，以令个人幸福和社会幸福同时得到实现，他说“幸福的繁殖是美德的目标所在”[①]。如此，个人善和社会善便在一种道德约束力中统一起来了。密尔也将这种道德约束力的产生归于两个向度——习俗德性、社会情感，而这两个向度可以支持对正义理念的兼容。

（1）习俗德性。密尔认为美德的功利原理在于，追求美德则会促进所有人的幸福，因为美德意味着人可以按照社会通行的善观念行动。而同时，个人拥有美德也指向人拥有高级快乐。密尔认为美德其实包含着两种功利形式：从主观效果来看，美德对个人而言是一种善，“对美德的渴望要么是因为意识到拥有美德是一种快乐，要么是因为意识到缺乏美德是一种痛苦”[②]，美德本身就是人精神幸福的一个追求项，它本身就是目的，而非手段；就客观形式而言，美德之人在追求自己幸福的同时，也在客观层面上促进普遍幸福的实现。同时，密尔通过拥有美德是一件令人愉快的事而缺乏美德是一件痛苦的事，来证明人对美德产生渴望。由此可见，功利主义美德的动机获得在于外在的习俗和舆论造成成败感，当这种快乐和痛苦被以行为附加结果的经验内化在意识中，对美德与幸福的联结便会成为习惯。这是社会善实现的个体德性基础。

（2）社会情感。社会情感是指人有一种渴望与同类和谐一致的情感和目标，密尔认为社会合作使人与人之间形成统感，通过社会合作，人们把自己的利益和他人的利益统一在一起。密尔说：“只要处于合作中，他们就会视自己的目标与他人的目标是一致的，或者至少有一种暂时的感觉即他人的利益就是自己的利益。”[③] 人们在相互关注和承诺的基础上通过相互交流、学习以及分享经验而不断提高自身，并为共同目标而非私人目的相互协作。在这个过程中日益完善的社会情感，自然而然会把普遍幸福作为道德标准。产生一种与众人融为一体的统一感：“这种情感，倘若臻于完美，

① 〔英〕约翰·穆勒：《功利主义》，徐大建译，上海世纪出版集团，2008，第26页。
② 〔英〕约翰·穆勒：《功利主义》，徐大建译，上海世纪出版集团，2008，第27页。
③ 〔英〕约翰·穆勒：《功利主义》，徐大建译，上海世纪出版集团，2008，第33页。

那么个人就永远都不会再去考虑或惦记如何让自己受益的问题。”①

密尔用德性或精神性的善建构道德约束力，虽然在理论上阐释了个体精神需要与社会利益的目的之间的和谐，但是这种道德理论解决不了政治领域中的个人利益问题。由此他的《论自由》和《功利主义》产生了潜在的分歧。其实密尔是一个地道的自由主义者，在《论自由》以及其他政治著作中他都关注人的权利、社会的贫富差距、底层工人的利益甚至税法研究，等等，可以说他的自由观在一定意义上和罗尔斯是接近的。但是他的功利主义思想在对人的理解上与他的自由主义主张存在一定的罅隙。

由此可见，从时代精神的进程来看，对社会善的理解不能局限在感官的快乐幸福，也不能局限在密尔式的幸福最大化。在西方民主和福利社会充分发展的现代社会，社会整体的公平和平等始终被作为社会善的标准，即正义的善，这是现代新自由主义考量“良序社会”的基本理解。

## 三　以启蒙为标识的现代正义特质

启蒙的正义理论确切地说是和启蒙所体现的时代精神相应的，在启蒙时代，以自由为基本原则，在精神上一切正义原则以个体意志的有效性为合理性基础，即从整体主义的正义原则过渡到以个体为出发点的正义论，正义论首先不再局限于人与人之间如何在一起的问题，而是在于人与人意志统一之中如何实现公正原则。启蒙的正义意味着追求个体权利和自由的正义性，作为普遍存在的政府应该以个体权利为出发点，同时个体利益成为正义的出发点，利益的正当性追求产生了社会功利主义理论，但是在功利和自由的实现上同时有整体利益和个人利益的分歧，这就导致了契约论和功利主义的差异。契约论解决的是个体法权和自我意志之间的关系，它以个体自由和利益为基本目的；而功利主义要解决自我实现与整体善的统一的问题，它通过把契约论的自然法权再分配的形式，实现共同体的最大善。但是功利主义很难真正调和现代性个体权利和整体善之间的关系。

契约的本质是人类对功利与需要的自觉，也是对主体确定性的自觉。近代以“效用”和“需要”为普遍性其实是对纯粹私有财产保护的促进，因为虽然私有财产的天赋化也是功利的一种面向，但是只有实现社会整体

---

① 〔英〕约翰·穆勒：《功利主义》，徐大建译，上海世纪出版集团，2008，第34页。

的财产再分配，才能进一步保证每个人的幸福。因而，在功利主义中福利作为一个政治精神体现出来，福利是最具普遍性的东西，它是最应该作为社会正义评判标准的东西。黑格尔评价说：“把效用当作存在物的本质，就在于把存在物规定为不是自在的，而是对他物存在的，——这是一个必要的环节，但不是唯一的环节。关于这一点的那些哲学研究，是沉没到一种没有生气的通俗性的状态中去了，通俗的东西是深刻不了的。”① 在此，黑格尔对功利主义的评价其实包含两个方面的信息。首先，以效用作为存在物的本质，存在物只是为他的。这个评价其实是对民主问题的评价，功利主义没有体现出个体的绝对价值和尊严。其次，功利主义又是一个必要的环节，因为在黑格尔看来对功利的理解把自我从神学的理解中解放出来，即“天国降入人世”。

就社会伦理而言，启蒙要将个体从诸实体关系中分离出来，将之还原到一种自然存在的主体，我们也看到基于“利益”和“有用”重建社会整体性精神基础的理论，就是现代契约主义的政府和国家理论，个体与整体之间是建立在契约隐喻之上的，该隐喻使个体与国家的关系变成一种消极的关系。个体自由和政府之间被要求一种最低限度的干涉，麦金太尔认为现代正义论割断了对个体的历史理解，因而启蒙的筹划必然是一种虚设，因为现实中的个体是其所处的共同体文化、历史统一中的个体，而启蒙将这些关联性隔断，直接把个体置于一种绝对自我之中，这种合理性注定是无法实现的。另一方面，随着市民社会的兴起，启蒙精神过度关注在利益的层面上理解正义，社会道德在于个体利益不受干涉，但是社会伦理精神如何建立呢？康德提出的教会式的伦理共同体，黑格尔提出的伦理国家，关涉的都是社会的精神统一何以可能，它们是对功利原则的补充，因为追求个体利益本就意味着社会的原子化。但是契约的隐喻也不能很好地解决社会精神统一的形式，如黑格尔所说，契约的意义是个体可以随意毁约，这是一种脆弱的共同体形式。

由此可见，启蒙精神的一个最大特点便是，普遍性的善被具象化为财富或福利，它被意识为一切可增进人类幸福的东西，进而产生了以有用性为自我理解的人。而在功利主义原则中，以福利为普遍性，与以往诸正义

① 〔德〕黑格尔：《哲学史讲演录》（第4卷），贺麟、王太庆译，商务印书馆，1997，第235页。

形态不同，虽然都在寻求有限的善事物的公共分配方案，但是，功利主义的特点是一种最大效益的分配方式。由此可见，功利主义是对启蒙精神的一次总结，不过，它将启蒙功利性和自由性分裂开来，它更为关注的是善的最大化。其实有理由相信，两者的关系和启蒙思维本身具有很大的关系，努斯鲍姆在《诗性正义》中认为，最普遍的理性选择模型包含了四种要素：可公度性（commensurability）、集合（aggregation）、最大化（maximizing）和外生偏好（exogenous preference）。[①] 她认为人的理性思维本身就内含着追求最大化的倾向，由此，由重功利到追求最大快乐，似乎都蕴含在理性的特征之中。但同时，启蒙理性另一线索却是康德实践理性的非目的论。功利主义和实践理性内在地包含着目的理性和价值理性这两重向度，这可谓理性开启的现代性的种种困境之端倪。

从时代历史的进程来看，现代性真正选择的是自由主义，功利主义社会善以最大多数的最大利益为出发点，这被视为与自由主义相悖的原则。但契约式的平等也是不可能的，契约的假设只能停留在形而上学的层面上，它一总充当着西方民主自由的精神依据。但现实的社会必须有一个稳定原则，而兼顾社会最大利益本身似乎就是社会可以普遍接受的一个理念，因而近代西方立法、制度在实用主义层面上，也以功利最大化为标准。这就存在一个现实和理论的区别的问题，罗尔斯在反对哈贝马斯以合法性为正义的时候，就说正义必然包含着道德性，就是说，正义不能停留在经验和制度层面，它应包含这个制度的正当性理想，而边沁的个人快乐的最大化和社会快乐的最大化其实在分裂着社会和个人，它形成了一种不能调和的两种善原则，分别对应个人道德和政治正义，显然很难产生出一种道德政治理想。

那么，这种现实和理想张力之下的本质其实是个体权利的问题，“大多数”与“最少数”似乎成了区分西方经验主义和理想主义的一个标识。我们看到，在当代福利社会充分发展的情况下，罗尔斯站在契约论立场上批评功利主义，他明确将正义确定为权利对善的优先性。罗尔斯说：“功利主义观点的突出特征是：它直接地涉及一个人怎样在不同的时间里分配他的

① 〔美〕玛莎·努斯鲍姆：《诗性正义——文学想象与公共生活》，丁晓东译，北京大学出版社，2010，第28页。

满足，但除此之外，就不再关心（除了间接的）满足的总量怎样在个人之间进行分配。”[①] 而且，功利主义的最大化本身也是一种理想，因为不可能存在一种计量方法去将社会所有成员的幸福叠加。这就又回到以上威尔·金里卡的问题。其实边沁只能选择弱化最大多数人这一限定，毋宁说，它指的是社会最大利益而已。

契约论与功利主义是由传统到现代过渡中的两种比较普遍的正义范式，两者的对立本质上是两种合理性的区别，功利主义认为契约论在自由和平等之间有不可调和的矛盾，而功利主义的问题是最大善和个体善之间在政治层面无法统一。两种正义论都是有其局限性的。而且，在精神层面上，两者对个人和社会的理解都是相互分离的，个人是独立的个人，他和社会善是一种利益相关，这种相关使其缺乏一种内在的伦理精神，它们无法为社会树立一种可共享的善观念。因而，启蒙现代性及其正义论的出发点被批判为一种根的断裂。其实，启蒙以来盛行的依然是一种功利主义的正义原则，个体被置于与整体利益的关联之中。及至罗尔斯，他要恢复契约论的自由主义传统，建构宪政民主社会的政治自由主义。

① 〔美〕约翰·罗尔斯：《正义论》，何怀宏等译，中国社会科学出版社，1988，第25页。

# 第三章　当代自由主义正义论的建构与转变

功利主义与自由主义的对立说明在个体与普遍性之间存在一种介于自由与平等之间的张力。而且，到20世纪下半叶，“功利主义的统治达到了这种程度：除非一种道德体系在某种意义上是功利主义的，否则道德哲学家不会把它看作一种道德体系”[①]。因此，当代自由主义者必须通过更为精细、道德的方式阐明自由的价值，并据此对抗日渐盛行的功利主义。而这种自由主义的现代阐释是以多元论和分配正义理论为核心的。

多元论的观点认为，社会既已存在多元的价值体系，人的自由在于可以自由、自主地选择一种认同的价值理念，不受政治目的的干涉与强制，以赛亚·柏林将这种自由称为消极自由。罗尔斯也认为，在现代民主社会里存在多元合理的宗教、哲学和道德之统合性教说，这种多样性不是一种可以很快消失的纯历史状态，它是民主社会公共文化的一个永久特征。一个符合自由主义原则的社会，其正义性应起码体现在对多元价值教说的兼容与宽容上，以及对个人价值选择的尊重上。[②]

而分配正义理论则是通过社会分配的公平、公正来说明每个人的平等与自由，因为分配的基础依据是个体权利的平等，即每个人的权利份额应得到公平、道德的对待。在道义论和功利主义的对峙中，少数人的利益开始被视为社会道德的基本向度。一个新的时代精神要求一个道义的社会应该寄寓于每一个成员的良心中，这是一种与新时代民主精神相应的正义要求。其实，古典契约论对平等自由的理解还只是一种想象，而在现代发达

① 姚大志：《功利主义研究主持人手记》，《世界哲学》2011年第1期。

② 〔美〕约翰·罗尔斯：《政治自由主义》，万俊人译，译林出版社，2000。“统合性教说”是罗尔斯处理多元论问题的一个名词，国内也翻译作“统合性学说”，本书延续统合性教说这一译法，因为该概念系指不同文化背景及宗教体系下的诸多道德观念。

资本主义中这些基本设想变为可能，比如，在资本主义发展初期，“机会均等”实际上只不过是一种道德吁求而已，在实践上即使不是完全不可能的，也只能是极为有限的。无论是西方资本主义原始积累的残酷经验，还是马克思曾经深刻揭示的早期资本主义的资本剥削和政治压迫本质，都证明了这一点。但在现代西方发达国家，绝大多数人的生存都有了基本保障，机会对所有人的平等开放不仅是可能的，而且也是必需的。[①] 因而，正义被寄托在自由和平等现实而又良好的实现上。这是当代自由主义正义论的显著特点。

但是这种以自由主义为基色的主流正义学说也必然面对个人主义和多元论的问题，这是自密尔、以赛亚·柏林就曾广泛关注强调过的问题，罗尔斯将其表述为自由主义民主文化的“合理多元论事实”。面对这一事实，罗尔斯、德沃金主张一种政治中立的态度，将多元的伦理生活作为公民自主选择其伦理观念的私人领域；而在政治领域中，新自由主义者回应了社群主义的批判，企图建构一种局限在政治社会之内的公民共同体。这一共同体的根本特征是：（1）以政治正义原则为公共善观念；（2）通过公民身份认同的理想体现公民自我理解与政治社会的统一性；（3）背景正义对于个人善而言具有先在性，这使自由主义正义论的伦理优先性具有可能。

在自由主义者的自我反思中，开始重新思考伦理生活对于自由概念的意义，相应地诊断了西方民主多元性、消极自由、民主疲敝等特征。但是在自由主义框架之下，罗尔斯等人提出的伦理理想也是很难实现的。

## 第一节　自由主义的分配正义观

当代自由主义者要以正义的分配来阐释人的自由和平等，罗尔斯、诺齐克、德沃金都提出了独特的分配理论，三者的共同点是从个体的自由和权利出发理解正义与平等，不同点在于对待天赋与平等的观点。罗尔斯主张公平的正义，即在平等的基础上，通过对禀赋、出身等公共资源的再分配去兼顾少数人的利益。而诺齐克反对罗尔斯的再分配方案，他认为私人权利不容干涉，任何再分配都会破坏权利占有的自由。德沃金主张一种平

---

① 万俊人：《罗尔斯问题》，《求是学刊》2007 年第 1 期。

等的分配正义观，他与罗尔斯直接顾及不利人群的利益不同，而是通过人的“抱负”理解平等，提出一种“钝于天赋，敏于抱负”的正义理论。这三种自由主义就其本质来说都主张人的政治权利具有优先性，人在共同生活中的政治身份优先于社会道德的判断，因而它们都体现出个人主义的本质。正因如此，围绕“伦理”的自由主义与社群主义的争论才开启了，这其实是康德和和黑格尔分歧的当代延续。

## 一 自由主义的三种正义理论

### 1. 罗尔斯的公平正义论

虽然启蒙思想家力主自由和平等，但实际上他们仅仅解决了自由的问题，并没有解决平等的问题。如洛克主张私有财产免受干涉，实际上只是在论证个人财产权的合法性问题，而对于社会中实际存在的贫富鸿沟并没有关注。由此，契约论确立的是一种抽象的财产权利理论，这种理论的后果可能是对社会资源占有不公平。但是平等不是和自由对立的，平等的基础是自由，正是早期西方思想家对自由的探讨，使平等的要求成为可能。由此，罗尔斯提出了一种自由主义的分配正义理论。

罗尔斯根据自由主义原理提出符合公平正义的两个原则。(1) 每个人对与所有人所拥有的最广泛平等的基本自由体系相容的类似自由体系都应有一种平等的权利。(2) 社会和经济的不平等应这样安排，使它们在与正义的原则一致的情况下，适合于最少受惠者的最大利益；并且，依系于在机会公平平等的条件下职务和地位向所有人开放。[①] 第一条原则是政治原则，它说明的是个体政治自由的统一性；第二个原则是经济原则，它的本质是公共资源分配上的公平性。并且，按照“词典式的优先规则”，第一个原则优先于第二个原则，公平的机会优先于差别原则。

第一原则的本质其实是已被西方政治文化广泛认同了的自由观念。“大致说来，公民的基本自由有政治上的自由（选举和被选举担任公职的权利）及言论和集会自由；良心的自由和思想的自由；个人的自由和保障个人财产的权利；依法不受任意逮捕和剥夺财产的自由。按照第一个原则，这些

① 〔美〕约翰·罗尔斯：《正义论》，何怀宏等译，中国社会科学出版社，1988，第302页。

自由都要求是一律平等的，因为一个正义社会中的公民拥有同样的基本权利。”[①] 第一原则是权利平等的原则，这一原则主旨在于对个体抽象权利的一般说明，这也是启蒙以来被确立的基本原则。罗尔斯说：“说基本自由不可剥夺，也就是说公民所达成的任何一项放弃或僭越某一基本自由的契约，无论这种契约是否是理性的和自愿的，从一开始起就是没有法律效力的。……进一步说，基本自由的优先性意味着，任何一个人，任何群体，或者全体公民，都不能以这种契约是政治上多数派的欲望，或压倒性的偏好为由，来否定这些基本自由。”[②] 权利平等原则在于任何强制都必须合理合法，该原则规定了抽象权利的平等，并且明确表明了对功利主义的拒斥，以及对契约平等的继承。

第二原则是差异原则，差异原则处理的是实际中的不平等，并且要说明哪些不平等是非正义的。罗尔斯主张平等应该体现在每个人都有公平竞争社会资源与公职的机会，这是机会平等原则；但罗尔斯同时认为这些资源分配是允许一些不平等的。但首先要对差异分配的正当性予以说明。第二个原则坚持每个人都要从社会基本结构中允许的不平等中获利，这意味着此种不平等必须对这一结构确定的每个有关代表人都是合理的，如果这种不平等被看作一种持续的情形，每个代表人更愿意在他的前程中有它存在而不是没有它。而社会差异分配的正当性标准是：符合社会最不利人群的最大利益。

罗尔斯对两个正义原则的论证是契约主义的，他自称他的契约论暗合了一种“康德式的建构主义”。对这两个原则中第二原则的论证是困难的，因为他必须说明一种涉及有利者利益的再分配何以是正当的。他认为在一种“非目的论”的境遇下，人是可以理性地接受这两个原则的，这就是著名的“原初状态”的设定。罗尔斯说明，原初状态对于契约论而言，是通过一种我们在现实生活中尚无法达到的理性程度来模拟一些结论，进而得出哪些正义原则是因其合理性可以被理性的人普遍接受的。“我们希望从原初状态开始的论证是一种演绎推理的论证，即使我们实际上的推理达不到这种标准。”[③] 因而，罗尔斯用代表设置（device of representation）的方案为

① 〔美〕约翰·罗尔斯：《正义论》，何怀宏等译，中国社会科学出版社，1988，第 61 页。
② 〔美〕约翰·罗尔斯：《政治自由主义》，万俊人译，译林出版社，2000，第 387 页。
③ 〔美〕约翰·罗尔斯：《作为公平的正义——正义新论》，姚大志译，中国社会科学出版社，2016，第 103 页。

公众澄清的目的进行了思想实验（thought-experiment）。这一“实验”是从三个公设开始的。

第一个公设是“无知之幕”（veil of ignorance）。所谓“无知之幕”，是指在原初状态下，人们对社会基本结构和正义原则的选择是对自我的社会特性（地位、阶级、出身等）和自然特性（天赋、智力、体育等）、自我的善或合理之生活计划的特殊性，以及在社会客观状况（政治、经济、文化）和文明程度及其有关信息缺乏自觉的情况下进行理性选择。

第二个公设是“互不偏涉的理性”（mutually disinterested rationality）。“互不偏涉”是指在原初状态中，人们进行原则认可和选择的基本推理是基于互不嫉妒、各尽其能的无偏忌心态。它是原初状态中人们谋求独立发展的思维和行动方式。罗尔斯说，他不对人性善与恶做任何猜测，只是肯定人人都具有长远的理性的生活观。人的本性既不损人，也不利他，只是各人顾自己而不关心他人。“各方既不想赠送利益也不想损害他人，他们不受爱或夙愿的推动。他们也不寻求相互亲密，既不嫉妒也不虚荣。他们努力为自己寻求一种尽可能高的绝对得分，而并不去希望他们的对手的一个高或低的得分，也不寻求最大限度地增加自己的成功和别人的成功之间的差距。”① 这样，任何人都能按照公共原则履行契约。

第三个公设是“最大最小值原则”（maximin rule）。这是一个博弈论用语，指使收益的极小值得到最大的策略采用。罗尔斯用它指人们在优先考虑到最劣环境或最差条件的情况下最大限度地实现自己的利益。罗尔斯设定在一种普遍无知的状态下，人会优先考虑如果自己处于不利地位，何种正义可以满足自己的最大利益，该原则可以说明人在无知之幕的情境下会同意第二原则。原初状态下的最大最小值要满足三个条件：（1）当事人没有可靠的基础来估计可能存在的社会环境概率；（2）选择者有这样的善观念：为进一步的利益利用一个机会是不值得的，特别是在它有可能造成重大损失的时候；（3）“被拒绝的选项有一种个人几乎不可能接受的结果”②。这种“无知之幕”下的博弈心态，为所有个体的协作性同意提供了可能。

罗尔斯曾言：“我们可以把传统的自由、平等、博爱观念与两个正义原

① 〔美〕约翰·罗尔斯：《正义论》，何怀宏等译，中国社会科学出版社，1988，第143页。
② 〔美〕约翰·罗尔斯：《正义论》，何怀宏等译，中国社会科学出版社，1988，第152页。

则如此联系起来：自由相应于第一原则，平等相应于与机会公平平等联系在一起的第一原则中的平等观念；而博爱则相应于差异原则。”[①] 就此而言，罗尔斯的正义原则是伟大的，他试图克服启蒙契约论中的诸多现实问题。罗尔斯认为一个“良序社会”（well-order society）是两个正义原则有效规范的社会，他不同意传统社会正义观主张的善的优先性，而认为在一个正义的社会中正义是要优先于善的。因而，我们看到他在《正义论》中更在意一个“基本结构”或“背景正义”的建构，对于个人的道德性对社会善的作用关注得并不多。

2. 诺齐克的资格正义

诺齐克的正义思想源自对罗尔斯的批判，尤其是对罗尔斯分配原则的批判。对罗尔斯的批判往往被认为有内在批判和外在批判的区分，外在批判主要批判罗尔斯的第一原则，而内在批判主要批判他的第二原则，即关于再分配的批判。诺齐克从极端个人主义出发，认为一切权利都是神圣不可侵犯的，正当性必然建立在自愿和同意的基础上，任何正义都不得违反一个基本原则，就是自我是财产的占有者，并拥有不受干涉的使用权力。那么，他自然会反对任何以社会善的名义去侵害个人权利的观点，或将个体财富用于社会再分配的观点。

由此，诺齐克提出了他的资格理论（the entitlement theory）。资格理论主要是论证个体权利与分配正义的思想。分配问题也就是财产占有的问题，财产占有的正义主要包括三个基本论题：（1）财产的原始获取（the principle of justice in acquisition）；（2）财产的转移（the principle of justice in transfer）；（3）对财产占有不正义的矫正（the principle of justice in rectification）。第一种论题关涉对尚未持有之物的占有，第二种论题关涉的是财产的转手，第三种论题关涉的是对财产占有不正义的纠正。因而，转换成资格理论就是，（1）一个按照正义原则获得某种财产的人有资格占有某物；（2）一个按照转让原则获得财产的人有资格占有该物；（3）除了反复运用（1）和（2）的情况外，任何人都没有资格占有该物。[②] 进而，诺齐克提出他的分配正义原则，即“如果每个人都可以在分配条件下占有自己的财产，这个分配就是

① 〔美〕约翰·罗尔斯：《正义论》，何怀宏等译，中国社会科学出版社，1988，第101页。

② Robert Nozick, *Anarchy, State and Utopia*, New York: Basic Books, 1974, p. 151.

正义的"[1]。

诺齐克认为占有的原则规定了分配的基本要求，一切分配形式具有正义性的基础就是必须依据个人的财产占有资格。诺齐克的这种正义观很显然是针对罗尔斯的"再分配"原则的。他反对任何形式的再分配，认为财产分配只能按照占有和交换原则进行，只有"我"出于自愿地转让"我"的权利才是合法的，如"我"可以基于慈善或关怀，自愿帮助另一个人，在这一过程中主导的是转让正义原则，在这一过程中"我"的占有资格没有受到强制。由此可见，诺齐克的正义其实就是市场契约原则，在市场契约中，只存在两种权利行为，即占有和转让，这两种权利形式构成了衡量一切对待权利方式的合理性问题。那么，由此出发，诺齐克对罗尔斯提出了三个方面的批判：

（1）罗尔斯的正义论是非历史性的，不能产生出一种分配正义的资格概念或历史性概念。在罗尔斯那里，正义原则的产生首先以原初状况的假设为前提，他认为原初状态下人会遵守最大最小值原则，将人与人视为平等，并同意差异原则。诺齐克认为这种论述是没有根据的，为什么原初状态中人会选择群体原则而不是关注个体原则呢？再就罗尔斯设想原初状态中人可以理性地选择平等分配，在诺齐克看来这也是不可能的。诺齐克认为罗尔斯的原初状态论证的根本问题是只把利益获得作为分配的结果，而没有把利益获得视为一种获取资格的过程。

（2）诺齐克对罗尔斯的第二点批判在于说明罗尔斯仅关注社会基本结构，宏观原则或宏观制度，而忽略微观境遇和个人。诺齐克认为罗尔斯过于强调社会总体善和共同善，主张社会资源的再分配，忽视了个人权利和个人生活。罗尔斯在政治上偏向于国家和政府的结构、运行与稳定，在经济上与福利主义主张的再分配理论接近，在道德哲学上偏向于康德主义原则。

（3）诺齐克批判最多的是罗尔斯分配理论，即罗尔斯正义论中提出对"自然的和社会的偶然因素"的分析。罗尔斯认为人的天赋、才能、出身、教育状况和社会地位等偶然因素是现实存在的，公平的分配应通过后天正义安排去将这些人的自然不利因素降至最小。诺齐克认为人的天赋是不能更改的事实，人运用其才能创造财富是天经地义的，符合资格理论中获取

① Robert Nozick, *Anarchy, State and Utopia*, New York: Basic Books, 1974, p. 151.

之正义这一首要原则。这里诺齐克提到了个人选择和个人奋斗的意义，这一点后来被德沃金所发掘，罗尔斯只强调社会对不利者的政治帮助，其实忽略了每一个体积极运用自己的天赋都是对个体权利的确证；另外，如果最初的财产是合法的，那么分配就只能按照转让正义的原则进行，就是说只能建立在人的自愿交换或合法转移的基础上，人可以通过人道援助、契约等方式处理自己的财产，而不是通过社会总体的再分配去追求一种平等或平均。

诺齐克对罗尔斯差异原则的批判影响非常大，桑德尔对罗尔斯这一原则的批判也是按照诺齐克的思路来的。按照诺齐克的看法，罗尔斯其实是主张个人天资作为公共资源去分配。那么，再结合他的权利平等原则，就会产生一种奇特的设定，即个人和个人能力是分离的，因为罗尔斯一方面主张个人应平等地分享公共财富，但另一方面个人的天赋高低应被考虑进平等分配的因素，以令一些自然的不平等因素可以通过后天制度获得平衡。诺齐克认为罗尔斯的一个根本问题是，罗尔斯把平等作为论证的出发点，主张个体之间应平等地占有，所以已经独断地将道德和正义导向某种平均主义了。他反问：如果论证的出发点是权利，上述推理就可以被推翻了。由此，根据权利正义原则，诺齐克提出了自己的相反推理：

a. 人们对他们的自然天赋是有权利的。

b. 如果人们对某种东西是有权利的，那么他们对由它产生的任何东西都是有权利的（通过某些具体的程序）。

c. 人们的持有产生于他们的自然天赋。

因此，

d. 人们对他们的持有是有权利的。

e. 如果人们对某种东西是有权利的，那么他们就应该拥有它。[①]

诺齐克和罗尔斯是现代自由主义阵营中两个重要代表人物。罗尔斯正义论是一种社会协调型的正义伦理，它所追求的是如何安排和调节社会权利与义务，注重如何公平公正地安排社会权利或义务，以为社会寻

① Robert Nozick, *Anarchy, State and Utopia*, New York: Basic Books, 1974, p. 225.

找一个稳固的政治与道德基础。而诺齐克的正义论则“只关心个人权利的产生、获取和维持（所谓‘历史的’状态）；不关心社会秩序的稳定和协调，只关心如何使人们所处的社会保持个人自由竞争的活力；不关心如何调节人们之间的各种利益关系和增进社会普遍善或总体善的合理增长，只关心如何维护个人权利或利益的安全和最大限度地实现”[①]。两种思想带有不同的偏重，他们的争论在一定意义上反映了西方极端自由主义和社会善之间的分歧。

3. 德沃金的平等正义

罗纳德·德沃金是自由主义阵营的另一代表，他和罗尔斯一样是一个平等主义者，但是与罗尔斯不同，他的平等观更绝对，他认为平等比自由更抽象、更一般，正义论的关键是要由平等演绎出自由。德沃金的核心正义思想是“资源平等”理论。

德沃金认为罗尔斯的公平正义论并不能满足差异分配的原则，他认为一种平等观至少需要考虑人的选择和抱负的问题，而后者其实关涉到个人良善生活和人生追求的问题。罗尔斯所说的个体只是静态的政治性个体，被赋予了自然差别的个体，在此存在有利或不利的天赋差异。但是，德沃金认为，罗尔斯没有考虑到个体的自我抱负，“德沃金批评罗尔斯只看到自然天赋和社会文化环境的不应得，而忽视了通过个人努力所产生的应得。他也批评诺齐克只关心同个人努力联系在一起的应得，而对自然天赋和社会文化环境的偶然性和任意性麻木不仁”[②]。德沃金所持的是一种资源平等的正义观，他首先承认人在权力上是平等的，也同意人的才能、天资应成为社会资源分配的考量对象。但是，在分配中还应考虑人的抱负，他提出两个分析工具：“假想的拍卖”“虚拟保险市场”。

分析工具一：“假想的拍卖”。

设定一群人移民到一个荒岛，要对荒岛上的资源进行平等分配，在这种“原初状态”设定下，一些基本原则也同时被设定：第一，任何移民对于岛上的资源都没有占有权和优先权，资源必须在每个人中间平等分配；第二，荒岛上的资源分配是否平等要通过“嫉妒测试”（envy test）来验证，

---

① 万俊人：《现代西方伦理学史》（下），中国人民大学出版社，2011，第990页。

② 姚大志：《何谓正义——当代西方政治哲学研究》，人民出版社，2007，第122页。

就是说“分配一旦结束，如果有移民宁愿选择别人的份额，而不是按照伦理、契约与平等的要求去占有自己所属的那份，那么这样的资源分配就不是一种平等的分配”[①]；第三，移民平等地进入市场，其间不存在勾心斗角和偷盗。为了满足“嫉妒测试”可以采用将资源统一化的方案，如将所有资源到隔壁岛上换成葡萄酒，这样每个人得到的东西都是一样的，但是，毕竟有人不喜欢葡萄酒，只要有一个人不喜欢葡萄酒，这样的分配就不是平等的。于是，德沃金提出一种“拍卖”的分配方案：将岛上的贝壳作为货币平等分给移民，岛上每一件物品都作为拍卖的对象，物品的定价取决于物品是否会被清场，即物品是否只有一个人购买，或者一个物品是否为多人同时竞拍，直至所有物品都能被拍卖出去。

“拍卖”方案达到的是资源分配的“初始平等”，所谓初始平等，是指在初始阶段上，每个人都获得自己满足的物品。但在接下来的资源使用和个人选择上会产生新的不平等。这一阶段的平等被称为“历时平等”。这要分为两个方面来看待：第一，个人抱负，即每个人要为自己的选择负责，即每个人应追求成功的人生，这是个人责任问题，因为选择造成的不平等不应被划入资源平等的范畴；第二，人在天资上的差异，如能力、才能的差异造成的不平等，这是由原生运气带来的不平等，是“不应得”的，这是集体责任应负责的。

分析工具二：“虚拟保险市场”。

在集体责任调控上，他提出了“保险”的方案。第一，残障保险。移民可以通过“虚拟保险市场”这一分析工具来实现资源的平等分配。假定移民不知道自己是不是天生残障，也不知道有多大概率在将来会导致残障，那么，会通过保险的方式规避可能风险，并可以通过虚拟保险市场把发生某种风险的原生运气转化为选项运气。这相当于一种“无知之幕”的预设了。比如在保险市场上可以购买到针对某种风险的保险，在德沃金看来，应该排除原生运气对分配的影响，但人们应对选项运气承担责任，即每个人都有残障的可能。第二，智力或精神的禀赋差异。依然开始于一个“无知之幕”的设定：每个人都知道计划中的收入结构，不知道自己的技能会

① Ronald Dworkin, “What is Equality? Part 2: Equality of Resources,” *Philosophy and Public Affairs* 10, 4 (1981): 285.

使自己处在哪个水平上，但知道每个人处于特定收入水平的概率是相同的。保险预计收入达到 X，但最终你的能力却只让你达到 X-Y 的水平，那么保险公司会补给你 Y，让你达到 X，这个时候的保费是 Z。[①] 由此，有一种基本理由让人在自身能力不确定的情况下，同意天赋的公共分配。

德沃金的平等主义在追求一种人与人之间的资源平等分配，他把资源分为外在资源和内在资源，外在资源指的是公共物资，内在资源指人的抱负以及人的禀赋。这样他就把伦理和政治结合起来了。伦理是指个体的自尊和个人责任，它涉及个人对一种追求成功的人生态度以及在节点上的选择，这是个人的选择，其后果应由个人负责。而政治是要为原初运气的差异负责，这是集体责任。值得注意的是，德沃金和罗尔斯虽然都从一种类似的原初状态出发，但是对于“原初状态”中的人有不同的设定，罗尔斯将人视为无知之幕下的个人，而德沃金将个人视为（1）权利平等的人；（2）知道自己具体喜好和追求的个人，并且“敏于抱负”，为选择负责的个人，这些个人的特质都是参与正义分配的条件。[②] 而平等的这一层含义正在于：每个人的人生抱负应得到平等的尊重。

## 二 自由主义正义论的哲学基点

罗尔斯证明原初状态其实是对人的自由进行一种康德式的说明，人会选择两个正义原则的条件。就是说，只有人具备这些基本品质和能力，两个正义原则的普遍性才是可能的，在此，罗尔斯其实是用康德的抽象人性论来论证一种普遍适用的正义原则。确实，在这三个条件下，对比于一种功利主义的正义原则，罗尔斯的正义原则更符合具有实践理性的自由人的选择。而且，这三个条件其实也是对人的特定道德能力的预设，这正是罗尔斯所谓的“康德式的建构主义”的特征。“康德式建构主义的独特之处在于：它设定了一个独特的个人观念（Conception of the person）作为一个合理建构程序的基本要素，这个程序的结果决定着首要正义原则的内容。”[③] 由

① 〔美〕罗纳德·德沃金：《至上的美德》，冯克利译，江苏人民出版社，2003，第 100 页。

② Ronald Dworkin, “What is equality? Part 2: Equality of Resources,” *Philosophy and Public Affairs*10, 4 (1981): 283-345.

③ John Rawls, “Kantian Constructivism in Moral Theory,” *The Journal of Philosophy* 9 (1980): 88.

此可见，原初状态下的个体本身就是一种道德主体的预设。

桑德尔认为原初状态实际上显现了一种道德主体（Moral Subject）观念。它是必然的，而非偶然的，且优先于任何特殊经验。这一道德主体理论的特点是个人的多样性，个人是一个占有主体（Subject of possession），他说："在占有关系中主体不必要任何分离就依然与其目的相区别。"① 在桑德尔看来，占有是主体与主体之间的目的关系，是个人主义的，排除了任何依附或迷恋（Obsession）的可能性，而这种依附或迷恋能够成为我们身份本身。更一般地说，这种解释排除了自我理解的主体间（inter-subjective）的形式的可能性。共同体的意义只是一个有序社会的属性而非组成要素。

这种道德主体通过契约的形式，在原初状态下模拟了推演过程。原初状态在古典契约论中是对自然人性的一种寻求，就是说为一种单纯个体性的样态寻找一个根据，这个根据既是自然法的历史主义方法，也是自由主义合理性的基本依据。在契约中，原初状态的个体放弃纯粹的个别性，通过道德规约达到一种普遍存在，个体的特殊性在契约中被扬弃了，他仅有基本的善观念和正义感，对个体的特殊的需求和目的都被遮蔽了。其实，罗尔斯的原初状态继承的是康德先验主义契约论，这种契约论的特点是原初状态的非历史性，他们以一种人性的原初设置为推理的出发点，当个体被预设为一种纯粹的理性主体，这本身就是一种普遍性的预设，即纯粹的理性的个体是具有道德理性的个体，他们可以通过运用自身理性实现通过契约的形式实现共识，进而推论出自由主义制度的合理性。由此，契约不仅是实现制度普遍性的形式，同时也是契约中的个体自我的普遍性的一种实现方式，他们通过公开运用自身理性实现自身的自由和权利。

那么，原初状态中的人首先也是道德性的人，他以理性为出发点，不以任何特殊目的和特殊价值立场为出发点。康德说："你意志的准则始终能够同时用作普遍立法的原则。"② "要只按照你同时认为也能成为普遍规律的准则去行动。"③ 这说明个体不是被预设为某一社团性的存在者，他被要求具备一种纯粹的道德能力，即可以凭借自身的公共理性做出判断。它的意

① 〔美〕迈克尔·J. 桑德尔：《自由主义与正义的局限》，万俊人等译，译林出版社，2011，第 70 页。

② 〔德〕康德：《实践理性批判》，韩水法译，商务印书馆，1999，第 31 页。

③ 〔德〕康德：《道德形而上学原理》，苗力田译，上海人民出版社，1986，第 72 页。

义在于在非社团性的政治社会中，在诸身份信息不在场境遇中，实现契约共识。

同作为自由主义者，诺齐克和罗尔斯在权利问题上的很多见解其实是一致的，两者的分歧主要集中在差异原则上。与罗尔斯相比，诺齐克更偏向洛克的传统，他主张权利的绝对性。诺齐克认为政治和道德的首要问题不是权利分配问题，而是权利保障问题。他在《无政府主义、国家和乌托邦》中，主张一种最低限度的国家，这种国家的基本职能是确保公民的安全以及强制履行契约。诺齐克的权利理论具有一种极端的个人主义色彩。

他说："个人拥有权利，有些事情是任何人和任何群体都不能对他们做的，否则就会侵犯他们的权利。"① 诺齐克捍卫的是个人拥有的各项权利，特别是指洛克所说的生命权、自由权和财产权，这些权利是每个人都拥有的。财产的占有产生了财产保护的需要，在自然状态下，人们最初采取的方针是自我性的道德约束和"互不干涉政策"（policy of nonintervention）。但是，财产冲突在所难免，所以才有了财产保护的需求，这和洛克契约论的"自然状态"设定是相似的。人在寻求保护的过程中，创立了"私人性保护代理者"（private protection agency）、保护性联合体（protective association）、支配性保护联合体（dominant protective association）等形式。

对于诺齐克自由主义来说，个人是唯一实体，人的生命和存在都具有无可超越的价值，而社会、国家这些构成着个体存在的整体性领域，都是不具有本质性的，它们都是工具性的，是为保护个人权利而被需要的。诺齐克说："不存在任何一种本身具有某种善而要求个体牺牲的社会实体。存在的只是个体的人，他们都有自己的个体性生活。高谈一种总体的社会善以掩盖这一事实：他是一个分离的人，他是他所拥有的唯一生命。他想以其牺牲去换取某种失去平衡的善，而任何人都没有资格把这一点强加于他。"② 由此，个体权利是国家合法性的基础，而国家的工具性也只限于对于个体权利的保护以及对于权利冲突的调解。他说："我们的结论是：被证明是正当的国家是一种最低限度的国家，它只限于发挥防止暴力、盗窃、欺诈，限于契约实施等等这样一些狭隘作用；任何较为广泛的国家都会侵

① Robert Nozick, *Anarchy*, *State and Utopia*, New York: Basic Books, 1974, p. ix.

② Robert Nozick, *Anarchy*, *State and Utopia*, New York: Basic Books, 1974, pp. 32-33.

犯人不应受到侵犯的权利，因而被证明是不正当的；而最低限度的国家才是令人鼓舞的。”[①] 最低限度的国家有基本要求，即国家不能强迫一些公民帮助其他公民，也不能为了令特定群体利益实现而限制另一些人的合法权利。由此，他从两个方面阐释了其极端的个人主义观。

首先，“单方约束”（side constraints）。康德认为人是目的，而不仅仅是手段。诺齐克继续强调说“不仅仅是手段”依然包含着作为手段的可能，即为了善去侵犯个人利益的特殊性，而“单方约束”的含义则是最低限度地用特殊化的方式把人作为手段来利用。诺齐克这一观点表达了极端个人主义的立场，把社会视为非实体的存在只是对 18 世纪爱尔维修所代表的社会是个人之总和这一观点的重新诠释。

其次，道德约束。道德约束是谈人与人之间的关系的。“在我们中间不可能发生任何道德平衡行动（moral balancing act），不存在任何为了导向一种较大的总体社会性善而把人的价值看得比我们生活中的某一个人的价值更重。不存在任何为他人而牺牲我们中的一些人的正当牺牲。这是一个根本性的观念（root idea），即不同的个人有着相互分离的生活，所以任何人都不可能为他人而遭受牺牲，这一根本性观念奠定了道德方面约束之存在的基础，而且我以为它也导向了一种自由主义方面的约束，即禁止侵犯他人。”[②] 自我和他者不存在必然的道德义务，也不存在自我为了他者利益而牺牲的道德理由。而诺齐克认为人与人之间不存在道德的本真性，但是，从非本真性就推论自我对于一切道德义务的抛弃，或者对于他人灾难的冷漠，这是一种只重权利而不重义务的极端个人主义的正义观。

由此可见，现代西方正义论重新树立的理想价值仍是建构在个人主义的消极权利之上的。社会正义的道德性和价值性在于公平、公正的社会德性，而对于人的理想、精神等实现则持一种消极态度。而人的理想能否与共同事业同一则是对“伦理”的基本考察向度。

## 三　围绕伦理问题的相关论争

罗尔斯的正义论一开始就建立在康德道德立场上，它是康德道德学说

① Robert Nozick, *Anarchy, State and Utopia*, New York: Basic Books, 1974, p. 26.

② Robert Nozick, *Anarchy, State and Utopia*, New York: Basic Books, 1974, p. 33.

程序式地再实现。因而，它一开始也面临着黑格尔对康德提出的问题，而且我们看到罗尔斯外部批判最强劲的对手就是黑格尔立场上的社群主义。

自由主义和社群主义的冲突有一个基本问题：自由主义正义论提出的对人道德境况的描述，是不是他们所主张的道德生活观。罗尔斯在《正义论》中将自我设置成一种康德意义上的道德自我，他可以“非目的”地去参与契约，进而把自我的准则普遍化为法则。而在《正义论》“良序社会”的论述中他又论述了良好的社会对于人的道德养成的关系，以此构成互为前提的正义王国。而他在道德养成目标中，其实延续了科尔伯格（Lawrence Kohlberg）和皮亚杰的道德心理学的观念，他要通过心理学的方式论证最终人要超越在家庭、团体中养成的团结、爱等德性，去趋向一种可以为公共生活提供可能的“正义感”。由此可见，罗尔斯主张的道德理论，是要超越黑格尔和社群主义一般意义上的“伦理”生活的，他认为恰恰是我们伦理生活中获得的道德情感和自然态度，最终促成了公共生活中的正义感的形成。在此，他与康德的立场一致。诺齐克更为极端的是连主体之间的道德都加以边界约束，道德不能构成侵犯权利的理由，遑论对社会普遍善的追求了。

按照自由主义者的自我观，个人被认为拥有这样的自由：既可以质疑所参与的社会常规，又可放弃这样的参与——只要那些常规不再有被追求的价值。因此，不能通过个人在特定的经济、宗教、性或娱乐等社会关系中的成员身份来界定个人，因为个人有质疑和拒绝任何特定关系的自由。罗尔斯对这种自由主义的自我观作了这样的总结：“自我优先于由自我确定的目的。”[①] 他的意思是，我们总是能够跳出任何一种具体目标并追问自己是否愿意继续这种追求。没有什么目的能够免于自我的可能修正。这常被称作“康德式”的自我观，因为康德坚定地捍卫下述观点：自我优先于它的社会角色和社会关系，并且，仅当自我能够与它的社会处境保持一定的距离并且能够按照理性的命令对其进行裁决时自我才是自由的。[②]

而要和社会关系及社会处境保持距离，就需要一种实践理性的程序，或者说一种“绝对命令程序”。罗尔斯在《康德式建构主义》一文中说：“始终都要记住康德只关注充分合理而理性并且真诚的行动主体的道德推理

---

① 〔美〕约翰·罗尔斯：《正义论》，何怀宏等译，中国社会科学出版社，1988，第181页。

② 〔德〕康德：《道德形而上学原理》，苗力田译，上海人民出版社，1986，第38页。

过程。绝对命令程序是刻画这种行动主体在其道德思考中所隐含运用（use implicitly）的审思框架的一个图式。他把运用这一程序所预设的某种作为我们共享人性之部分的道德感知能力，视为理所当然的。”[①] 关于合理（rationality）和理性（reason）两者的翻译，国内往往不统一，但是两者在罗尔斯的构建中从始至终都有一个优先顺序，理性是康德式的实践理性，而合理性则是关涉个体利益、欲望以及各种善观念的考量，“合理而理性”就意味着诸种我们已经认同的或者生活于其中的价值观念，要通过理性去衡量它们能否成为普遍法则。由此可见，康德式的建构寻找的是一种普遍主义的正义论，它要排除文化因素的影响，推导出人的道德理性和实践理性可普遍共识的正义原则，因而他要求公民可以自找一种道德理性去悬置自己认同的但可能与其他善观念冲突着的善观念，去完成一份纯粹政治分配方案的契约。

罗尔斯正义论面对的质疑最多的是，是否有一种纯粹意义上的个体？又有没有一种彻底排除社会历史环境影响的正义理解？这两种质疑确切地说来自桑德尔代表的社群主义。罗尔斯的论证程序中以“无知之幕”的形式预设了人的绝对命令形式，人对自己的身份、地位一无所知，他在无知之幕中仅具有一些“弱善”的知识，如知道哪些东西是善的因而是值得分配的、可以良好运用理性能力等，这些前提支撑了他得出对两个正义原则的论证。就此而言，我们可以理解为，对于两个正义原则但凡是有理性的人都会认同，因为它们是从实践理性出发的。但是也存在预设好论证目的，再去设置前提的嫌疑，这种根据结果去设置前提的论证在逻辑上是无效的。这一嫌疑暂且不表，那么，从一个绝对理性的个体去说明正义原则，这样的个体如果不存在，由其推导的正义原则也必将崩塌。

罗尔斯在伦理性上受到的质疑为：（1）不存在一个脱离具体文化和社团的道德主体；（2）对正义的理解和特定的文化、历史相关；（3）自由主义只是一种立场，它只是诸多善观念之一种而已；（4）在权利自由优先的前提下，无法推导出禀赋、出身等作为公共分配资源的结论。关于社群主义对罗尔斯的具体批判下一章会展开。总之，社群主义的批判是基于亚里士多德和黑格尔的资源的，他们认为罗尔斯等自由主义者没有考虑到社会

---

① John Rawls, “Kantian Constructivism in Moral Theory,” *The Journal of Philosophy* 9 (1980): 498.

伦理对于社会正义的影响。我们将看到，社群主义的这一批判影响是巨大的，罗尔斯、德沃金、拉兹等自由主义者都从不同方面阐释了自由主义体系下一个伦理共同体的可能性。

## 第二节　后期罗尔斯理论中的伦理要素

罗尔斯在“后正义论”时期渐渐放弃了康德式建构主义，有学者认为是受到社群主义的影响，他确实认真地对待黑格尔与康德对立的资源，转向自由主义民主文化的政治建构主义，在《政治自由主义》中显然多了黑格尔主义的痕迹。罗尔斯从社会合理多元论事实出发，认为人的私人伦理生活有自主选择善观念的自由，而在政治共同体中通过重叠共识达成多元的统一，他开始考察人的社会文化基础、政治社会的公共善观念以及公民身份认同等问题。

### 一　罗尔斯对黑格尔“伦理”概念的理解

#### 1. 作为“和解”的“伦理”

通常认为罗尔斯是一个康德主义者，而且社群主义对他的供给基本上是沿着黑格尔对康德的批判来的，但是，在《正义论》以后的作品中，他的理论渐渐呈现出黑格尔主义的色彩。如应奇说：“这一点使我们注意到一个有趣的现象，那就是尽管罗尔斯经常遭到如桑德尔（M. Sandel）那样从黑格尔那里借用资源的社群主义者的批评，实际上罗尔斯自己发展的理论却带有颇为浓厚的黑格尔主义色彩。这并不是说罗尔斯拥护黑格尔的社会、政治哲学……而是指罗尔斯与黑格尔一样认为应当从现实存在的社会开始我们的道德探究……通过引出潜在于它的公共政治文化中的合理的直觉来理解自由民主的美国社会。”[①] 就是说罗尔斯后期看到黑格尔对于自由主义政治批判的积极作用。罗尔斯本人也曾自言他在《正义论》中“把社会的基本结构看作正义的首要对象，其实正是在遵循着黑格尔的思路”[②]。其实，

① 应奇：《后〈正义论〉时期罗尔斯思想的发展》，《浙江大学学报》1998 年第 3 期。

② 〔美〕约翰·罗尔斯：《道德哲学史讲义》，顾肃、刘雪梅译，中国社会科学出版社，2013，第 319 页。

不论是《正义论》还是《政治自由主义》，罗尔斯的整体学术气质都是康德式的，但是，他在政治自由主义中做出的很多改变令其和黑格尔的伦理概念接近起来。如《道德哲学史讲义》的编者说："让罗尔斯感兴趣的是黑格尔的伦理概念。这个概念让黑格尔得以为道德详述一个具有广泛社会作用的观念。……从某种意义上看，黑格尔讲义在康德道德思想和罗尔斯本人作品中的自由主义之间搭建了一座桥梁。"[①]

另外一个富含这种转折意味的是"杜威讲座"，罗尔斯认为杜威和黑格尔一样是反对康德二元论的思想家，这让杜威更接近于黑格尔，"在依照有点黑格尔式的路线来阐述他的道德理论的时候，杜威反对康德，有时候表现得非常明显，而经常在同样的地方也正好是'作为公平的正义'背离康德之处。因此，就克服康德学说中的二元论这个共同目的来看，'作为公平的正义'与杜威的道德理论有许多相似之处"[②]。而杜威讲座中《道德理论中的康德式构造主义》正是题献给杜威的。在罗尔斯看来，杜威创造性地将黑格尔唯心主义与美国有价值的文化内容结合起来，这是杜威的伟大贡献之一。在《重叠共识的观念》（The Idea of An Overlapping Consensus）一文中，罗尔斯表示，他现在为之辩护的观念和霍布斯主义是有矛盾的，但在黑格尔的权利哲学中处于中心地位。据此，罗蒂也断定："罗尔斯能够完全赞同黑格尔和杜威而反对康德。"[③] 那么，罗尔斯究竟在哪些方面靠近了黑格尔呢？又在何种程度上发挥了黑格尔的"伦理"概念呢？

罗尔斯将黑格尔视为一个"温和进步的自由派，我把他的自由主义看作是《自由之自由主义》中的道德和政治哲学的一个重要范例"[④]。就是说，罗尔斯对黑格尔"伦理"的兴趣其实也是在自由主义之下的。他将伦理理解为"和解"（vorsohnung），而和解的内容在于市民社会的特殊性分化和利

① 见〔美〕约翰·罗尔斯《道德哲学史讲义》，顾肃、刘雪梅译，中国社会科学出版社，2013，序言第4页。

② John Rawls, "Kantian Constructivism in Moral Theory," *The Journal of Philosophy* 9 (1980): 516.

③ Richard Rorty, *Solidarity or Objectivity? in Objectivity, Relativism, and Truth*, Cambridge: Cambridge University Press, 1991, p. 30.

④ 〔美〕约翰·罗尔斯：《道德哲学史讲义》，顾肃、刘雪梅译，中国社会科学出版社，2013，第318页。

益冲突。伦理的意义在于将分散的个体统一起来。黑格尔认为适合人类的最佳制度已经存在，政治哲学的目的就是把握这个方案，黑格尔认为我们一旦做到这一点就与生活世界和解了。但是和解不是顺从，在这一点上他和泰勒的观点是一样的——“人只有从自然、社会、上帝及命运中脱离出来时，才能获得他具有自我意识的、理性的自律；他必须修炼他的自然冲动、打破社会风俗对他所造成的盲目习性勇于向上帝及政治统治者的权威挑战，并拒绝接受命运的安排，他才能得到内在的自由。黑格尔对这一点了解非常清楚，这也就是他极力反对单纯地把对立‘解开’，回复到原始的统一当中的理由。”① 就是说罗尔斯的和解是建立在个体充分自觉和反思上的和解，并非单纯地顺从现实中的不快和痛苦。

事实上，和解对应的是一种完备性道德学说向真实的生活世界考量的转变，康德、罗尔斯都曾深切地去建构一个理想的道德世界，但是这样的世界无法忽视现实生活世界中无法消弭的痛苦，真实的态度是对于一个合理的社会生活世界既要保持持续的责任和反思，又能在这一世界给定的制度框架中安身立命。就此而言，康德哲学就显得有些狭隘了，它在一定意义上限制了我们对生活世界中善的渴望，如爱和友谊、家庭或共同体的共同目标等，进而去追求一个完美的道德世界。而黑格尔首先承认了这个世界不可能完美，我们如何在现实中使这些不完美、冲突“和解”，如罗尔斯所说：“与我们的社会生活世界和解不是要认为每件事都称心如意，每个人都幸福无忧……不存在这样的世界，也不可能有。偶然和意外事件是这个世界的元素，社会机制无论如何设计都不能根除它们。”② 合理的制度只是在最低层次上保证人的自由，让人在自由中运用自己的幸运和明智去获取幸福。这也是黑格尔和解理论给予现代自由主义正义哲学的启发。

2. 对黑格尔式批评的参照

罗尔斯认同黑格尔对启蒙时代的自由主义者的批评，但是他也认为这些批评和主张是可以在自由主义架构中实现的，就是说黑格尔的这些批判在自由主义政治文化中是可以调和的。

---

① 〔加〕查尔斯·泰勒：《黑格尔与现代社会》，徐文瑞译，吉林出版集团，2009，第 24 页。

② 〔美〕约翰·罗尔斯：《道德哲学史讲义》，顾肃、刘雪梅译，中国社会科学出版社，2013，第 293 页。

（1）自由主义没有“普遍的、集体的目标”，用社群主义者对自由主义的批判的语言表达，就是自由主义无法共享一个集体善观念。罗尔斯认同黑格尔的这一批评，如霍布斯用以确立主权的社会契约就不包含共享的目标，“国家机构只在它们是实现每个个人独特幸福或安全的手段意义上才是共同目标”[①]，因而这样的社会不存在真正意义上的统一，它排除了社会中心智的成分，只会导致平行，因而这是一个原子式的个人主义社会。但罗尔斯认为黑格尔对康德的批判并不真切，因而康德的契约论实际上包含着一个公民共享的共同目标，即“正当和公正的合理原则”。罗尔斯说：“这是一种合理和公正的政治生活形式。当然，正是为了公民善，才尊重他们的权利和自由，而尊重这些权利正是公民们作为他们共和体制的共同目标而相互应当给予的东西。”[②]

（2）罗尔斯说：“对自由主义的第二个批评是它未能看到人们在其政治和社会机制中深厚的社会根基。在这方面我们的确从他（黑格尔）那里学到了东西，这是他的伟大贡献之一。”[③] 这是黑格尔对启蒙抽象的人性论的批判，即将人理解为一个脱离社会生活的抽象个人。罗尔斯赞同这一点，他认为人的概念与社会的概念相互契合；每一个都需要另一个，没有任何一个概念能够独自成立。但是，他不认为黑格尔这一批判能够根本地否定自由主义，因为，实际上自由主义框架之内是可以建构起个体的社会根基的，如每一个角色都是公共政治文化的一部分，每个人都是分享着现实公共政治文化的个人，因而他不是抽象的和普适的，而是与特定文化甚至历史联系在一起的，这也算是对“伦理”的一种政治自由主义考量。

（3）黑格尔对自由主义的第三个批评是，不能说明这样的机制和社会实践的内在价值。黑格尔认为社会形式必须超越个体的目标和追求。集体的善具有不可简化为个人善的价值。使得国家成为合乎理性的，并且使得自身即是一个目的的东西，正是对其实现了个人主观自由和私人善的制度

① 〔美〕约翰·罗尔斯：《道德哲学史讲义》，顾肃、刘雪梅译，中国社会科学出版社，2013，第 318 页。

② 〔美〕约翰·罗尔斯：《道德哲学史讲义》，顾肃、刘雪梅译，中国社会科学出版社，2013，第 319 页。

③ 〔美〕约翰·罗尔斯：《道德哲学史讲义》，顾肃、刘雪梅译，中国社会科学出版社，2013，第 319 页。

的系统的认同。但罗尔斯认为私人善和公共善的目的并不冲突，个人可以完成在家庭、社团中的目标，也可以把国家作为公共目的，“作为公民和政治人物的个人也许会致力于为制度本身的缘故而确立一个自由体制的设计。这样做成就了对公共正义的热望，他们奉献于民主的理想”[①]。

这不能理解为罗尔斯反对自由主义的建构方式，恰恰相反，他认为黑格尔的批评和自由主义实际上是可以兼容的，但是黑格尔思想本身也不能全盘接受，因此罗尔斯实际上没有选黑格尔也没有选康德，而是提出第三种出路，即个体良心自由和伦理统一的结合。其实黑格尔在其早期作品中就表达了对伦理的基本期许，即个体自律和伦理的统一，他认同康德哲学对人的理性的理解，但是不同意启蒙契约论对国家的轻视。因而，罗尔斯提出“第三选项”其实正是企图结合康德、黑格尔甚至卢梭的政治学来重新建构自由主义政治社会的伦理性。

3.《政治自由主义》对“伦理”的借鉴

（1）从个体的多元现实出发。个人不再是原初状态下的抽象个体，每一个体都被视为承载着具体善观念、统合性教说、文化价值的个人。一个多元合理性的世界中的政治建构，必须正视人的这一现实性特征。因为罗尔斯努力的目标是在存在宗教、道德大量分歧的社会，正义而稳定的社会如何可能[②]，所以，他论证的出发点必然是承载着具体身份、角色的人，并且这些个体是存在深刻分歧的个人。如伯库森所言：“罗尔斯自觉地与克服现代社会原子主义特征的黑格尔式的谋划保持一致。而且，像黑格尔那样，罗尔斯将深层的多元论视作稳定统一的先决条件而非障碍。”[③]

（2）基于西方政治文化直觉的探讨。麦金太尔等自由主义者对罗尔斯的正义论的一个重要批判就是罗尔斯企图建构一个普遍主义的正义学说，就是说，他忽略各文化、传统的差异提出一种普适的正义观。罗尔斯《正义论》是一种普遍主义的正义观，他自称为“统合性学说”。而在后期政治自由主义中他放弃普遍主义追求，即不去追求任何时代、文

① 〔美〕约翰·罗尔斯：《道德哲学史讲义》，顾肃、刘雪梅译，中国社会科学出版社，2013，第321页。

② 〔美〕约翰·罗尔斯：《政治自由主义》，万俊人译，译林出版社，2000，第454页。

③ Jeffrey Neil Bercusonr, “Reconsidering Rawls: The Rousseauian and Hegelian Heritage of Justice as Fairness,” *Doctoral* 8 (2013): 64.

化下的真理性正义，而是追求局限在特定文化下、政治领域中的有限共识。在“杜威讲座”中他就坦诚地表明他所致力于发现的并非普遍的正义原则，而是适合于像美国这样的现代社会的原则。“把我们的注意力集中在民主社会中自由和平等的明显冲突的一个直接后果就是我们将不再致力于发现适合于所有社会而不管其特殊的社会或历史环境的正义观。我们要解决的是现代条件下的民主社会中关于基本制度的正义形式的基础性冲突。”[①] 这一承诺其实宣告了他从普遍主义向特殊主义的转变。他在《政治自由主义》中表明作为公平的正义是一种政治概念，它是从西方政治传统出发的，它所考虑的是关于西方民主政治制度的直觉观念。罗尔斯的这些说法旨在说明正义观念不是凭空臆造出来的，而是源自共同的政治传统和政治文化。这种共同的政治传统和政治文化为正义原则的合理性奠定了基础。

（3）公民身份认同的理想。罗尔斯说：“公民身份的根本性政治关系具有两个独特的特征：其一，它是社会基本结构内部的公民关系，对于这一结构，我们只能因生而入其中，因死而出其外；其二，它是一种自由而平等的公民关系，这些公民作为一个集体性实体来行使终极的政治权力。”[②] 个人是享受着公民身份之政治权利的现代民主社会的政治个人，他与其他政治公民有着一种政治关系。当然，这种公民也是一个道德的行为主体，这种公民道德可以被视为基于政治自由主义共同善目的认同的公民德性。“为了发挥其政治角色的作用，公民被看作是具有适合于这一角色的理智能力和道德能力的，诸如，由一种自由主义观念所给定的政治的正义感的能力；一种形成、遵循和修正其个体善学说的能力；还有他们具有维持正义的政治社会所需要的政治美德能力。当然也不可否认，他们还具有超出这一范围的其他美德和道德动机。”[③]

## 二 私人性的多元伦理与政治社会中的伦理感

在关于共同体的态度上，罗尔斯在《正义论》中区分了“社会联合”

① John Rawls, “Kantian Constructivism in Moral Theory,” *The Journal of Philosophy* 9 (1980): 518.

② 〔美〕约翰·罗尔斯：《政治自由主义》，万俊人译，译林出版社，2000，导论第29页。

③ 〔美〕约翰·罗尔斯：《政治自由主义》，万俊人译，译林出版社，2000，导论第30页。

和“社会联合的社会联合”两种形态，前者指的是私人领域的伦理生活，后者指的是政治社会。而他在对政治社会和共同体的称谓上保持谨慎态度。在罗尔斯看来共同体的意义可以被限定在一种“社会联合”的意义上。它的特征是：（1）在“社会联合”中，所有人都拥有一种共同的最终目的；（2）在“社会联合”中，人们把他们的共同制度和共同活动看作善本身。社会联合的基本社会性基础是，每一个个体都不是一个在目的和能力上与他者互不相关的个体，罗尔斯认为共同体的意义在于“其中每一个成员都相互分享着由自由制度所激发出来的卓越和个性，他们认识到每一个人的善是全部活动中的一个因素，而整个体制则得到了一致赞同并且给所有人都带来快乐”[①]。

在罗尔斯看来，政治社会中的“政治共同体”是应该与普通社会联合体区分开来的。所谓“共同体”一般是指社团、教会等机构，这些联合体确实在一定意义上符合对于共同目的和共同善的需要。当代共同体主义通常所指的也是这些领域。但是，罗尔斯认为国家或政治社会与这些共同体有些许不同，虽然政治共同体也必须具有社会联合意义上的善的特征，可它需要比这些共同体更为本质的特征。罗尔斯同样提出两条“社会联合的社会联合”的特征：（1）在一个秩序良好的社会中，成功地实行正义原则是所有社会成员共有的最终目的；（2）这种秩序良好社会的制度形式本身就被看作是善的。[②]

在《政治自由主义》中，罗尔斯将政治领域视为一个特殊的领域，这一领域的特殊性在于“它阐明了主要的政治价值，而无需依靠其他的非政治价值”[③]。就是说，应有一个领域其价值原理不同于理想性的或形而上学性的诸种道德观念或宗教观念。那么，就必然需要一个特殊公共领域的划分。他在自由主义立场上强调政治中立原则，因而本质上是反至善主义的，政治领域是独立于伦理生活领域之外的。但是，政治领域作为一个“封闭的政治世界”，它深切地体现了人的生活向度。在这一点上，他承认了公民身份政治生活应是共享共同的善目标，就是政治正义观念，“秩序良好的社

---

① John Rawls, *A Theory of Justice*, Cambridge, MA: Harvard University Press, 1971, p. 523.

② John Rawls, *A Theory of Justice* , Cambridge, MA: Harvard University Press, 1971, p. 527.

③ 〔美〕约翰·罗尔斯：《作为公平的正义——正义新论》，姚大志译，中国社会科学出版社，2016，第319页。

会不是私人性的社会；因为在公平正义的秩序良好的社会中，公民确有共同的终极目的。如果说他们确实不会认肯相同的完备性学说的话，那么，他们却可能认肯相同的政治正义观念”[①]。这种政治社会公民身份——政治正义认同其实也是在构成一种基本的伦理模式，由此可见，他虽然不主张黑格尔式的共和模式，但是，在一个政治领域中，仍是企图建构一种伦理性或社群性，这算是对社群主义者批判的回应。罗尔斯说：

> 如果我们现在所说的共同体是指一个社会，其中包括政治社会，那么政治社会就是一种共同体，这种共同体的成员——在这种场合就是公民——共同拥有某些终极的目的，而且他们也赋予这些终极目的以极高的优先性，以至于达到这种程度，在公开地表达出他们想成为的那种人的时候，他们认为自己拥有这些目的是一件极其重要的事情。显然，没有任何事情完全依赖于这些关于共同体的定义，它们不过是一些文字的规定而已。重要的事情在于，由政治正义观念所规定的秩序良好社会使公民具有这样一种特性，即他们共同拥有某些必要的终极目的。[②]

由此，在罗尔斯看来，“古典共和主义”在某些向度和自由主义是可以兼容的，“民主自由的安全，需要那些拥有维护立宪政体所必需的政治美德的公民们的积极参与。如果这样来理解古典共和主义，那么，作为一种政治自由主义就没有任何根本性的反对意见了”[③]。就是说，他认为古典共和主义并不是一种统合性学说，而是一种政治观念，它要求公民积极参与政治生活。但是罗尔斯明确表明了“市民人道主义”和政治自由主义的对立，市民人道主义主张更偏向于卢梭的公民自治观念，罗尔斯认为这种共同体模式有一个缺陷，就是政治公共参与“不是作为保护公民的基本自由所必需的，也不是作为诸多善中的一种而加以鼓励

① 〔美〕约翰·罗尔斯：《政治自由主义》，万俊人译，译林出版社，2000，第187页。
② 〔美〕约翰·罗尔斯：《作为公平的正义——正义新论》，姚大志译，中国社会科学出版社，2016，第240页。
③ 〔美〕约翰·罗尔斯：《政治自由主义》，万俊人译，译林出版社，2000，第190页。

的……相反，参与民主政治被看成在善的生活中占据特权地位”[①]。就是说公民人文主义的危险在于公共参与被引向一种特定的善，而非商定的善。

那么，罗尔斯声称的古典共和主义和自由主义相容的部分是什么呢？罗尔斯给出的答案是政治领域公民依照政治美德的普遍参与，以实现这一领域的稳定、团结以及共识的理想。罗尔斯说：“在一种优越的公民权中，政治生活作为整体的社会善来说具有普遍意义，一如它也普遍有益于人们发展各自不同却又相互补充的才能与技艺，并介入互惠互利的合作一样。这导致了一个更深刻的善理念：作为诸社会联合体之社会联合的秩序良好的社会理念。”[②] 在此也可以看出，罗尔斯对于政治领域共同体属性的保守态度。查尔斯·泰勒和威尔·金里卡更愿意称罗尔斯和德沃金的这种对政治共识的追求为“弱的伦理共同体感”。因为在罗尔斯看来，政治领域中并没有桑德尔所说的那种“构成性的自我”，该领域必须保证公民修改善观念的能力。并且，公民也没有被预设为具有政治正义以外的认同形式。就是说政治社会不能被视为一个优先于个体的共同体。而政治观念之所以能够担得起共识的善目的，是因为它自身表达社会内在的善观念，也就是一个秩序良好的社会的内在要求，它与每一个公民都存在深切的相关性。“政治观念表达了政治社会本身可以成为一种内在善的那些方面；该内在善是在政治观念范围内被具体规定的，而其所表达的内在善既适宜于作为个体的公民，也适宜于作为合作实体的公民。”[③]

政治生活的伦理性体现在政治文化与公民德性的互动上，如缪哈尔认为：“罗尔斯强调他的人的观念来自宪政民主的公共政治文化，阐明作为公平的正义的一般理论至关重要的是文化特殊的。”[④] 政治文化是影响着公民自我理解的背景，麦金太尔、沃尔泽认为，自由主义中的主体是脱离具体历史文化的个体。在政治自由主义中，罗尔斯显然寻找到一个公民社会中人的自我理解与背景文化统一着的政治公共文化，如他在关于公共性的一个证明中说：

---

① 〔美〕约翰·罗尔斯：《政治自由主义》，万俊人译，译林出版社，2000，第190页。

② 〔美〕约翰·罗尔斯：《政治自由主义》，万俊人译，译林出版社，2000，第191页。

③ 〔美〕约翰·罗尔斯：《政治自由主义》，万俊人译，译林出版社，2000，第192页。

④ 〔英〕史蒂芬·缪哈尔：《自由主义者与社群主义者》，孙晓春译，吉林人民出版社，2011，第170页。

> 政治观念承担一种广泛的作用，成为公共文化的一部分。不仅该观念的首要原则具体体现在各种政治制度和社会制度之中，体现在解释这些制度的公共传统之中，而且，公民的权利、自由和机会的推导也包含着一种自由而平等之公民观念。通过这一方式，公民们得到了改造，能够意识到这一观念，并受到这种观念的教育。他们以自我尊重的方式来表现自己，否则就极可能永远无法怀有某种理念。意识到充分公共性的条件，也就是意识到一个社会世界，在这一社会世界内部，公民理想是可以为人们习得的，也可以引起人们产生一种有效的想要成为这种个人的希望。①

就是说，这种公共政治文化其实还扮演着某种教育的角色，以帮助公民获得适应该文化的基本德性和政治观念。由此可见，关于公共性的这一论证中，罗尔斯似乎预留了人在政治生活世界中自我理解的范式，即通过共同的政治文化和生活于其中的社会实现自我理解，这说明“罗尔斯对于某种特定社会环境对于自由主义公民资格理想和政治自律理想的重要性感觉”②。

但是以正义为共同目的不是统合性的，就是说它更可能是一种“程序性”的，因为善目的是在不断的共识和契约中被确定的，在这些程序中，共同体的正义得到了实现，个体的价值也得到了实现，也就实现了一种特殊性与普遍性基于公正的统一。由此，罗尔斯认为正如游戏者的共同目的是玩一种公平的游戏一样，秩序良好社会的成员们也有一种共同的最终目的，这就是按照正义原则行事，即在合作中以正义原则所允许的方式来实现自己和其他人的本性。这便是一种理想的、秩序良好的社会的伦理共同体属性。

## 三　政治生活中的公民伦理理想

### 1. 个人正义感在何种意义上具有伦理精神

在《政治自由主义》中，稳定性问题有两种证成方式，即正义感和重

① 〔美〕约翰·罗尔斯：《政治自由主义》，万俊人译，译林出版社，2000，第66页。

② 〔英〕史蒂芬·缪哈尔：《自由主义者与社群主义者》，孙晓春译，吉林人民出版社，2011，第165页。

叠共识。罗尔斯说：“稳定性包含着两个问题：第一，在正义的制度（这些制度是按照政治正义观念来界定的）下成长起来的人是否获得了一种正常而充分的正义感，以使他们都能服膺这些制度。第二，考虑到表现一民主社会之公共文化特征的普遍事实，尤其是理性多元论的事实，该政治观念是否能够成为重叠共识的核心。”① 两种论证其实针对不同的语境，前者针对的是具有普遍实践理性的个体，是对通过正义感的获得完成公平正义之社会稳定性的说明；而后者是要在政治自由主义语境中说明理性多元论中的社会合作中维持稳定的可能性。在此拟分别说明两种稳定性的实现方式。其实在《正义论》中，罗尔斯对正义原则的稳定性的论证主要是通过契合论证确立的。所谓契合论证，是指理性行动者即使只考虑个人生活目标的满足，他也会赞同“把公共的正义原则当作他们生活计划的调节性因素来追求是符合理性选择原则的”这一结论。这就是说，即便人们的一些生活目标会与正义原则发生冲突，但只要他们是足够理性的人，就会发现遵从正义原则对于实现自己整个生活计划来说是更为可取的。所以，他们最终会选择支持正义原则，而不是本来的生活目标。②

罗尔斯对稳定性问题的一个直接表述是：“稳定性问题的实质在于作为公平的正义如何能够产生出对自己的充分支持。”③ 所谓“对自己的充分支持”实际上就是政治人有足够的欲望和意志来维持公平合作体系的世代相继。因而，稳定性最终落实在公民的主观意向上。这和亚里士多德对社会稳定性的看法是相似的，亚里士多德认为：“一种政体如果要达到持久稳定的目的，必须使全部各部分的人民都能参加，并且怀抱着让它存续的意愿。”④ 这是一种古典共和主义的表述，其核心含义是一个政治的稳定在于公民对其维持的意愿，在中国语境中其实也就是“民心向背”的问题。罗尔斯自言这一部分是《正义论》最难写作的部分，因为描述一个秩序良好社会中的公民何以恰好拥有支持社会持存的德性，这包含着大量道德心理

① 〔美〕约翰·罗尔斯：《政治自由主义》，万俊人译，译林出版社，2000，第 130 页。

② 惠春寿：《重叠共识究竟证成了什么——罗尔斯对正义原则现实稳定性的追求》，《哲学动态》2018 年第 10 期。

③ 〔美〕约翰·罗尔斯：《作为公平的正义——正义新论》，姚大志译，中国社会科学出版社，2016，第 218 页。

④ 〔古希腊〕亚里士多德：《政治学》，吴彭寿译，商务印书馆，1965，第 88 页。

学的说明，它可以分解为社会与个体美德的形成的关系问题、具体道德和正义感关系的问题、正义的社会和正义感的相关性问题，所以论述起来需要广博的内容和合理的方法。实际上罗尔斯确实是用了大量道德心理学的知识来论证这些复杂的问题。

显然，在政治正义论中，重叠共识和正义感共同构成了稳定性的部分。这也可以反映出罗尔斯吸收黑格尔的“和解”的理解去应对公共政治文化大量分歧的事实。而只有分歧能够在一定程度上得到和解，这个社会的稳定才是可能的，这也是政治建构主义的基本任务。稳定性不仅体现在一种正义原则下公民生成的正义感，而且也体现在合理多元分歧的和解（reconcile），如杰弗瑞所说：“罗尔斯的思想存在显著的转变……从康德式的建构主义转向黑格尔式的和解。”[①] 但是，罗尔斯的和解一个最重要的前提是个体不被要求是一种宏观社会正义风尚的缩影，它必须以个体自由为基础。如果对照罗尔斯与柯亨（Joshua Cohen）的观点，可以更清晰理解罗尔斯在和解、共识以及意志普遍性上所持的观点。雅克布·李维（Jacob T. Levy）说：“在罗尔斯-柯亨关于基本结构的辩论中，是柯亨而不是罗尔斯，主张宏观社会道德和微观个人道德的同构……柯亨的理论确实具有将整个社会的规则引入个体灵魂的结构；它是一种从宏观到微观的缩小，而不是相反。激励柯亨式的公正社会公民的精神是个人对整个社会规则的承诺。”[②] 显然罗尔斯没有坚持这种稳定性方案。柯亨认为共识产生自正义风尚充分内化为个体意志，而罗尔斯认为稳定性需要以社会制度的正当性来证明自身的吸引力，使其具有可欲性，而非相反。如果正义原则不能通过自身的吸引力获得普遍支持，那么这个正义原则就需要修改，重新达成共识。

由此可见，稳定性的基础是一个社会可以支持自身具有意志的统一性。罗尔斯认为这种统一是从个体良心自由出发的，而非将政治领域作为一个专门的善领域，在这里又可以看到他对待古典共和主义和市民人文主义的差异态度。以公民正义感的养成来巩固政治社会的稳定性，其中之关键在于主体自觉对社会稳定的作用。这种以公民自觉为出发点的稳定性，其对立面是政府强制下的

① Jeffrey Neil Bercusonr, “Reconsidering Rawls: The Rousseauian and Hegelian Heritage of Justice as Fairness,” *Doctoral* 8 (2013): 35.

② Jacob T. Levy, “There Is No Such Thing As Ideal Theory,” *Social Philosophy & Policy Foundation* (2016): 320.

稳定性，或对异见、异教镇压下的稳定性，罗尔斯在描述政治社会一般事实时说，宪政民主社会的一般事实就是民主多元与强制力不得不对其进行压制的事实。他认为，在建立了公平合作体制的政治社会，应最大程度地降低政府的干涉或强制，而将正义的主动性挂靠在公民的政治自律上。而政治自律的原理是指在合理多元论事实下，个体按照政治理性和正义感积极参与政治生活，这种内在精神才能维持自由政治的世代相继。罗尔斯说："由于一个组织良好的社会是持久的，它的正义观念就可能稳定，就是说，当制度公正时，那些参与着这些社会安排的人们就获得一种相应的正义感和努力维护这种制度的欲望。"[①] 由此，一个普遍正义感的社会其维护的欲望自然大于毁损的欲望，这就直观地解释了正义制度与个体正义的心理关联性。在《正义论》中，罗尔斯从心理学的角度分析了个体道德的发展论的理论模式（见表2）。

**表2　各类别道德内容和道德心理**

| 道德类别 | 适用场景 | 道德内容 |
| --- | --- | --- |
| 权威道德 | 家庭 | 家庭权威养成的道德 |
| 社团道德 | 社会团体 | 正义、公平、忠诚、信任与正直等道德 |
| 原则道德或正义感 | 政治领域 | 维护正义的制度安排，旨在建立正义制度、改革制度、实现社会正义的安排的道德 |

罗尔斯借用皮亚杰的道德心理学解释了这些道德发展的过程：（1）假如家庭教育是正当的，假如父母爱那个孩子，并且明显地表现出他们关心他的善，那么，那个孩子一旦认识到他们对于他的显明的爱，他就会逐渐地爱他们；（2）假如一个人由于获得了与第一法则相符合的依恋关系而实现了他的同情能力，假如一种社会安排是公正的并且被人们了解为公正的，那么，当他人带着显明的意图履行他们的义务和职责并实践他们的职位的理想时，这个人就会发展同社团中的他人的友好情感和信任的联系；（3）假如一个人由于形成了与第一、第二条法则相符合的依恋关系而实现了他的同情能力，假如一个社会制度是正义的，那么，他就获得了原则的正义感。[②]

正义感更为本质的体现是一种公民美德，它既是道德人格（a moral person）

① 〔美〕约翰·罗尔斯：《正义论》，何怀宏等译，中国社会科学出版社，1988，第456页。

② 〔美〕约翰·罗尔斯：《正义论》，何怀宏等译，中国社会科学出版社，1988，第491～493页。

的体现，也是个体与社会正义精神统一的基本道德能力。其实关于正义感的论述，罗尔斯前后期并无太大变化，因为这本来就是一个道德心理学论证，这是他一贯的通过道德心理学论证稳定性的特质。“那些在正义制度下成长的人们能够获得某种通常足够的正义感遵守那些制度吗？罗尔斯对此问题的回答基于他所谓的道德心理的东西，这种道德心理在终极意义上有这样一个主张：理性的人们将愿意实现自由主义公民的理想。”[①] 在这里罗尔斯隐含了一个重要观点：公民理想和政治社会善的统一性。正义制度本身是一种政治社会善，它是所有共同体成员的有价值的目的。由此，在自由主义正义文化中，公民认同普遍善观念，并将自由主义的正义感作为自我善的人生理想。由此，自由主义正义原则需要公民支持的正义感，就演变成了自由主义政治文化中公民形成的正义美德。在此意义上，正义感不仅是道德的，而且是伦理的。不过罗尔斯没有论述，个体以“公”为理想展现出个人的精神性与厚重感，他一直关注的是自由公民出于利益或理性而做出的关于理想的选择。

2. 重叠共识对公民身份认同理想的需要

重叠共识（Overlapping Consensus）是罗尔斯政治自由主义的核心理论，它在一定程度上也反映了罗尔斯后期的转变。罗尔斯自言重叠共识是《正义论》中尚未关注到的理论，在《政治自由主义》中，这一理论成为他思考正义社会稳定性的一个新的视角。重叠共识是指公民在政治合作中获取意见一致性的方法，它旨在说明在理性多元主义下人与人如何通过一种普遍的统一性来实现一种恒久的正义，即“一个因各种合理的宗教、哲学和道德教说而产生深刻分化的自由而平等的公民所组成的正义而稳定的社会如何可能长治久安？”[②] 由此可见，在一个自由主义的宪政民主社会，它的内在颠覆可能性在于价值的多元和对立，这也是自由主义多元论与共同体主义长期以来争论的问题。罗尔斯对这一问题的思考显然看到了康德式的处理多元主义的局限，如李彧可说：“罗尔斯后期的政治自由主义同样地假设了现代社会多元主义的事实，但他的解决方案在于放弃康德式的人的概念，将私人领域与公共领域截然分开，将价值选择局限在政治领域中，将

① 〔英〕史蒂芬·缪哈尔：《自由主义者与社群主义者》，孙晓春译，吉林人民出版社，2011，第 150 页。

② 〔美〕约翰·罗尔斯：《政治自由主义》，万俊人译，译林出版社，2000，第 123 页。

多元论设置为合理多元论，企图以之排斥掉不可调和的冲突于政治领域之外，以这样的一种妥协折衷的方式达到人类精神某种相对低的层面的重叠共识。"[①] 这种转变贴合美国实用主义风格，也是罗尔斯企图一劳永逸地解决大量争端的方式。可见，罗尔斯已经放弃了某一种统合性学说可以得到广泛共识的想法，共识只能局限在政治领域之中："由于在一个民主社会中人们有不同的信仰、哲学主张及人生理想，要在这样一个社会中建立一种统一，只能靠一个政治上的公正思想体系，而这个公正思想体系必须得到不同宗教、哲学及人生理想的主张者支持，这就需要一种共识才能达到。"[②]

罗尔斯认为，现代民主国家的理性多元论的事实，决定了这一政治文化传统中的实质性的政治正义观念必须具备三个特点。首先，尽管这一政治正义观念必定是一种道德观念，但重要的是此种观念是通过一些特殊的主题被激发出来的，如政治、社会或经济制度，尤其是罗尔斯所说的"社会基本结构"。其次，政治正义观念不是一种统合性学说，因为民主政治文化中的合理多元论事实致使这些完备性学说中无法引申出一种被广泛接受的正义原则。所以政治正义观念不能被视为是从任何普遍的原则中推导出来的。最后，政治正义观念是根据隐含在一个民主社会的公共政治文化中的某些基本直觉理念来加以阐述的。由此可以看出重叠共识的两个基本要求——（1）普遍性。正义原则应该为民主社会所有公民普遍接受，而不论公民个人持有任何一种宗教、哲学、道德的统合性学说，所以相对于这些统合性学说而言，政治正义观念应该保持中立和独立。（2）经验性。政治正义观念既然不来自形而上学的制定，它隐藏于民主社会经验性的日常政治生活之中。但这里所说的经验性并不是指个体零散的、杂乱的日常生活经验，而是指共享着政治公共文化的合理直觉。罗尔斯说：

> 重叠共识不只是一种对接受某些建立在自我利益或群体利益之基础上的权威的共识，或者只是对服从某些建立在相同基础之上的制度安排的共识。所有认肯该政治观念的人都从他们自己的完备性观点出

① 李彧可：《一种替代罗尔斯的正义论的正义观念：一种黑格尔式的探讨》，"面向实践的当今哲学：西方应用哲学"国际学术会议论文，哈尔滨，2010。

② 石元康：《当代西方自由主义理论》，上海三联书店，2000，第 207 页。

发，并基于其完备性观点所提供的宗教根据、哲学根据和道德根据来引出自己的结论。①

重叠共识需要对公民道德能力和理性能力做出预设。罗尔斯从人的理性能力出发分析了这些特殊性存在的原因，特意区分了理性的（reasonable）和合理的（rational）这两个概念。他认为两个概念的分异可对应于康德的绝对律令和假设律令的关系，“理性的”与正义观念相关联，它是一种包含着公共理性的品质，而“合理的”与善观念相关联，它往往代表着基于特殊立场和目的的推理。罗尔斯认为理性的要优先于合理性的，从后者不能推出前者，正是通过理性我们才能平等地进入他人的公共世界，而合理性的着眼于实质性的功利目的或现实价值。

重叠共识的另一重要论题是共识的广度和深度的问题。罗尔斯自由主义可容纳三种形式的共识——权宜之计、宪法共识、重叠共识，它们分别代表了共识的不同的深度层次。权宜之计是指在没有任何共识的情况下，纯粹为了避免毁灭而接受一个政治原则；宪法共识则是宪法的普遍同意原则；最后是一种理念意义上的重叠共识。这种理念意义的重叠共识对罗尔斯而言意味着从不同的理性学说中都能推演出他的正义观念。但显然罗尔斯不认为权宜之计是非常粗浅的共识层次，这种划分让他不同于许多传统自由主义者。② 他着重探讨的是宪法共识和重叠共识。

本书关注的是重叠共识的伦理共同体基础，即考察重叠共识需要的伦理环境和伦理氛围。罗尔斯认为政治自由主义原则是有可能通过自身的实效性来得到各公民的认同和肯定。而这种认肯又会反过来促使人们按照宪法的原则而行动，因为他们有足够的理由确信他人也会遵守宪法的原则。而在以后持续的政治合作中，公民之间的信任和信心便会日益增长，罗尔

① 〔美〕约翰·罗尔斯：《政治自由主义》，万俊人译，译林出版社，2000，第136页。

② 以赛亚·柏林和约翰·格雷都表达出“权宜之计”的想法，格雷认为“自由主义国家源于对‘权宜之计’（modus vivendi）的追求”。在《自由主义的两张面孔》中，格雷梳理出两种不同的自由主义理论：一种把宽容作为寻求人类关于最佳生活方式之理性共识的工具，洛克、康德、罗尔斯、哈耶克是这种理论的代表；另一种则寻求不同生活方式的和平共存，格雷将其称为“权宜之计”，这种自由主义理论以霍布斯、休谟、以赛亚·柏林、奥克肖特为代表。他认为“权宜之计”是当代自由主义面临多元价值论挑战的出路所在。见〔英〕约翰·格雷：《自由主义的两张面孔》，顾爱彬译，江苏人民出版社，2002，第6页。

斯说，这样我们就可以推测，当公民开始赞赏自由主义观念所取得的成就的时候，他们就开始了对它的忠诚。于是，在这一信心的驱动下，公民们会理性地和明智地考虑将自由主义作为一种确定的政治正义原则，而在使民主制度成为可能的完全有利的条件下，这些政治价值通常超越可能同它们发生冲突的任何统合性价值。这是罗尔斯通过道德心理学的经验主义方式给出的重叠共识的氛围的问题。但是，本书认为这一伦理氛围在更广的层面上，应追溯至罗尔斯对于一个共享共同善的政治共同体的可能性的论述。这是一个公民身份认同理想的问题，而且公民身份认同这一问题近来得到越来越多的关注。

社群主义者通常认为一个善的判断必须在一定的共同体中才能完成，但是罗尔斯认为重叠共识的基础只能是公民的良心自由，这就排除了任何善观念可以独立地作为一种政治正义的可能性。政治正义价值是程序性的，它的合法性来自普遍认同。那么，良心自由能否真实地以公共善为目的参与政治生活，并自愿地修正自己的善观念以达到一种公共层面的共识呢？实际上罗尔斯在《政治自由主义》中为《正义论》的契约加上了更厚的“幕纱”（veil），这也就遭到了更多的质疑①，一个更少受到善观念影响的良心自由何以可能呢？就此而言，本书认为，公民的身份认同的理想其实在共识基础上占有更大的份额。即必须承认共同体善的优先性，每个人认同公民的身份，并将此作为一种共同事业，其实才有可能实现一种“集体慎议”，这决定了政治社会生活中一种伦理精神的必要性。他说：“它（两个正义原则的第二论证）所关注的不是公民的个人善。而是由两个正义原则所体现的公共政治文化的本性，以及这种文化对公共生活的道德品质和公民的政治性格所产生的有益影响。当事人实际上试图塑造某种类型的社会世界……能够在自己充分的社会空间内来思考各种完全值得公民为之忠诚的（可容许的）生活方式。”② 在此再次看到罗尔斯在个人善和共同善联结

① 如布鲁斯·艾克曼就认为，“加厚”幕纱实际上也在加厚判断负担，薄幕纱的意义在于通过理性准则确立具有真正普遍性的正义原则，但是罗尔斯后期转向却试图完成一种现实中的、基于大量分歧的完全共识，这与其说是现实建构，不如说是另一种乌托邦。因而，艾克曼认为加厚幕纱试图得到完全共识是不可能的。见 Bruce Ackerman, “Political Liberalisms,” *The Journal of Philosophy* 7（1994）：364-386。

② 〔美〕约翰·罗尔斯：《作为公平的正义——正义新论》，姚大志译，中国社会科学出版社，2016，第 144 页。

上做出的努力，其实这正是共和主义和社群主义具有吸引力的地方。如苏利文（Sullivan）所说："自我实现、对个人身份的确定以及在世界中的方向感，都依据某一共同事业，这种共同的变化就是公民生活。"[①] 金里卡也表述了罗尔斯的这一企图，他说："集体行为和对善的共享阅历处于'有着不同利益的各种共同体的内部自由生活的中心，个人与群体在这种生活中，通过与平等自由相一致的社会联合体的形式，去努力吸引他们的目的和卓越'。"[②]

在这里公民身份认同和国家认同似乎有着紧密的关系，自由主义者必然要关心自由主义国家的目的性问题，一个政治社会的善是集体目标，但是罗尔斯认为这种集体目标是人在加入自由主义社会后通过自由主义文化而慢慢获得的，这是为了杜绝国家权力的压制性后果，但是，公民认同自己身份令其获得一种义务的理想，这是一种伦理态度，它有利于集体慎议变为可能，同时也有利于一个伦理共同体形式的确立。由此，黑格尔和罗尔斯的距离被拉近了，如张铁瑶所说："在黑格尔的术语中，表现为'伦理'的那种'主观的善和客观的、自在自为地存在的善的统一'；而在罗尔斯的语境下，它表现为'合理性'，即那种'要求将包容原则运用于哲学自身'，并'能够帮助公民同胞在政治争论中提供一些道德辩护，而且这些道德辩护也能够是公共的政治概念。"[③]

## 第三节　个体善与共体善统一的两种取向

"伦理"的观点认为人应持守一种价值理想作为个体善的依据，而伦理的正义在于这种人生理想能与共同体统一，进而形成共同体中个体善与伦理善之间的精神统一性。自由主义必然面对多元论的问题，而德沃金和罗尔斯一样主张政治领域的中立，造就私人伦理生活和公民政治生活的两端，如此是为保证自由主义正义原则有其民主共识基础，自由主义正义原则要

---

① Sullivan, *Reconstructing Public Philosophy*, Berkeley: University of California Press, 1982, p. 158.

② 〔加〕威尔·金里卡：《当代政治哲学》，刘莘译，上海三联书店，2004，第 458 页。

③ 张铁瑶：《从理性到合理性：罗尔斯自由主义思想之嬗变》，《东南大学学报》2017 年第 4 期。

优先于诸多伦理善，因为个人成功同时需要一个良好的制度正义背景。在此基础上，德沃金同意正义原则可以作为政治领域的一个共享的善观念，这就是自由主义共同体的伦理优先性。拉兹主张至善主义，他认为政治应促进公民自主选择善生活的条件，令公民有足够的广泛的选择。可见，自由主义在实现伦理性上也存在分化，但它对多元与统一的调和的谨慎，体现了社会正义对伦理精神的需要。

## 一　德沃金论自由主义政治的伦理共同体

### 1. "伦理的个人主义"

德沃金和罗尔斯一样在多元论中持政治的中立性。但德沃金认为中立性更应该被看作一个法则，某种可以从更为基本的命题中推导出来的东西。这是回应罗尔斯从政治建构主义的方法论述中立性的进路。德沃金明确地说，罗尔斯的辩护策略其实是一种伦理与政治分割的"非连续性策略"，而他的"连续性策略"则是关注一种从人们有关好生活的更为普遍的直觉中生长出来的政治观点。德沃金的这一改变，提出了一些偏向于共同体主义的观点，这可以被理解为为其自由主义正义原则获得一种共同体伦理性而做出的完备性论证。他关于共同体和伦理优先性的思想更像伦理和政治结合起来的研究，在其思想体系中并非占据核心地位。但在此本书考察的是自由主义对伦理氛围的需要，因而注重考察的是这一部分内容，参考的资料是《至上的美德》一书中"自由主义共同体"的部分，德沃金自述中的《正义与生活价值》一文，以及唐纳德讲座中的《自由平等的基础》系列文章，分别涉及伦理个人主义、伦理与政治的关系以及共同体的伦理优先性的问题。

实现平等分配的基础在于对个人的理解，德沃金借此提出他的"伦理个人主义"（ethical individualism）。伦理个体是指追求良善生活的个体，它要求人要过一种具有高度伦理价值（a life with high ethical value）的生活。德沃金说："过一种具有高度伦理价值的生活并不意味着是过一种道德的生活（a moral life），即对别人尽到职责和义务。"① 伦理价值的生活是自我的

① 〔美〕罗纳德·德沃金：《正义与生活价值》，张明仓译，欧阳康主编《当代英美著名哲学家学术自述》，上海人民出版社，2005，第 150 页。

自尊和责任，它关涉的是自我对幸福的追求，它集中体现在人生活的成功。因此，“伦理个人主义”中的个人不是罗尔斯意义上的个人，而是奋斗的、努力实现自己理想的、对自己负有责任的个人。伦理个人主义是德沃金平等理论的基石，它有两个前提：“伦理个体主义的第一个前提是价值平等和客观的原则（the principle of equal and objective value）。每个人都生活得好，每个人的生活都是成功的，每个人的生活都没有虚度，其重要性是客观的、平等的。第二个前提是特殊责任（special responsibility）原则。每个人都有特殊的、不可转嫁的（non-delegable）责任来对他的成功生活的内容做出自我决定，并在他力所能及的范围内争取他所设想的成功生活。他不是为其他人的生活承担这种责任，而其他任何人也不能为他的生活承担这种责任。”[①] 第一个前提属于价值平等原则，它旨在说明每个人的生活都有着平等的重要性，每个人追求人生成功都值得得到平等的尊重。这是伦理学的根源问题之所在。第二个前提体现了抱负原则，个人对于其生活之成功与幸福负有首要的、不可推卸的责任。

那么，伦理个人主义必然面对的问题是多元论的问题，何种幸福、何种抱负是值得追求的呢？德沃金认为在存在伦理和道德多元的情况下，将某种单一价值作为伦理价值的标准是与自由主义原则相悖的。但德沃金认为，虽然如此，仍有可能建构一个完备的理论。在德沃金看来，寻找这种伦理原则会面临两个方面的危险，一是伦理原则足够抽象，在存在重大分歧的情况下，仍能获得广泛的接受，但是，如果这些伦理原则过于抽象，那么它就有可能面临毫无用处的危险；二是伦理原则足够具体，能为政治论争提供支撑，但是，如果伦理原则过于具体，那么它就很难获得广泛认同。德沃金认为千差万别的价值中，客观价值是“人人都追求成功”，他举例说：“难道你没有一些你看得很重要的利益吗？如果有，那么，你确实已经认为，你是否具有适当的人生目标，因而你生活得成功而不是失败或虚度，这对你具有客观的重要性。”[②] 由此可见，对德沃金来说，“伦理个人主义”的幸福观是每个人必须能够确定自己认为重要的事情，并据此产生一

① 〔美〕罗纳德·德沃金：《正义与生活价值》，张明仓译，欧阳康主编《当代英美著名哲学家学术自述》，上海人民出版社，2005，第148页。

② 〔美〕罗纳德·德沃金：《正义与生活价值》，张明仓译，欧阳康主编《当代英美著名哲学家学术自述》，上海人民出版社，2005，第148页。

种人生规划。对德沃金来说，这一原则既是客观价值也是平等价值，不管你是不是存在人生的堕落选择，“对于成功人生的追求”都是一种客观的价值，就是说，伦理价值是个人追求幸福生活认同的价值，它对个人而言具有决定生活价值与理想的作用，同时它也是多元的，因为每个人对幸福与成功的理解都是与其所处的特定的生活经验史相关的。

由此可见，每个人都会有不同的生活挑战，这些挑战来自文化环境和历史环境，因而一般来说它们包含的价值是具有相对性的。但是，德沃金认为虽然这些环境是相对的，但是在这些环境中追求成功的生活是恒定的，追求成功生活需要的禀赋和能力也是恒定的。无论在何种背景下，它们都具有客观的重要性。伦理个人主义开启的是一个私人领域，这个领域是多元的，每个人对成功的规划都和一定的社会文化背景相关。但同时，每个人追求自己的成功，又是多元价值中的客观价值。而这一生活领域的共同价值，是沟通私人和政治领域的关键。因为，人追求自己生活的成功除了需要个人禀赋、能力，还需要一个正义的社会环境。

回到德沃金提出的“连续性策略”，即他不要像罗尔斯那样通过政治去分离伦理生活和政治客观价值，而是通过一种统合性的或阐释性的理论建构将良善生活和正义重新关联起来。德沃金说：“当公民承认自己的政治共同体有共同的生活时，他们的个人生活的成败在伦理上取决于这种共同生活的成败，这时他们便会认同这个共同体。因此，所谓的充分认同，取决于怎样理解共同生活。我打算介绍的自由主义一体观，对政治共同体的共同生活的内容持一种有限的观点。但是它并没有因此而成为一种被稀释的共同体一体化观点。恰恰因为它作了区分，它才是一种真实、充分而牢靠的观点。”[①] 在此，个人成功的理想和一个自由主义共同体的理想是统一的。

2. 自由主义共同体的“伦理优先性”论证

威尔·金里卡说：“罗尔斯与德沃金暗示，对自由主义的正义原则的共同信奉，可以解释这种伦理的共同体感：因为持有同样的正义原则，我们才感觉自己共同属于某个单一的伦理共同体。”[②] 确实，德沃金和罗尔斯一

---

① 〔美〕罗纳德·德沃金：《至上的美德》，冯克利译，江苏人民出版社，2003，第261页。

② 〔加〕威尔·金里卡：《当代政治哲学》，刘莘译，上海三联书店，2004，第467页。

样，他将一体论和自由主义的调和寄托在一个公共性的政治领域，自由主义的原则是政治不干涉个人善观念而保持中立，因而社会的伦理一方面体现在社群小团体中，它们具有基于信仰和价值观的社团的统一性，这是私人领域的伦理构成形式；另一方面体现在政治公共领域，它是所有社会成员以公民的身份去参与一种公共生活，并在政治文化中形成共识和统一。这种政治共同体思想体现了自由主义多元论与理想的良善生活之间的张力。

德沃金简单回应了社群主义对自由主义的批评："坚信政府用强制性权力落实伦理同质性是错误行为的自由主义的宽容精神动摇了共同体，因为一部共同的伦理法典是共同体的核心。"① 社群主义将共同体的正义观念和共同体的文化与历史关联在一起，而自由主义将自由主义政治原则作为共同体共享的善观念，其实是通过政治原则落实伦理同质性的进路。社群主义认为共同体的精神性体现在成员基于德性和公共精神去追求共同善，因而社群主义不是多元论，它要求私人生活和公共生活的一贯性。但德沃金则认为，恰当解释的自由主义宽容是最吸引人的共同体观念中必不可少的要素。共同体主义是一种"一体论"，但是一体论也分为化约性的一体论和实质性的一体论，在此德沃金区分了四种共同体，并认为这四种共同体具有越来越多的实质性意义，越来越少的化约性意义。（1）第一种是多数决定论的共同体，它主张民主共同体的伦理环境问题应由多数公民的意志来决定。（2）第二种是家长主义的共同体，这种共同体将共同体与个人的关系视为家长和子女的关系，家长有责任关心子女的幸福，而共同体也有责任关心其成员的幸福，也有将幸福观念强加给每个成员的权力。（3）第三种是利益共同体，人们出于自利需要共同体，或出于物质利益需要一个经济共同体，或出于精神需要一个文化共同体，或出于道德需要一个伦理共同体，本质上都是以某种需要为目的。德沃金认为社群主义所持的正是这种共同体。但是他认为这些目的对于共同体而言并没有真正优于自由主义的优势。（4）第四种是共和主义的共同体。这种共同体否认个人主义，主张共同体优先于个人，个人生活与共同体无法分开，人的行动必须以共同体的健康为出发点。

---

① 〔美〕罗纳德·德沃金：《至上的美德》，冯克利译，江苏人民出版社，2003，第216页。

德沃金是想把公民共和主义共同体的观念中合理部分整合进自由主义，以形成更好的自由主义政治共同体观念。① 他要在区分私人领域和公共领域的情况下，建构一个政治领域的共同体，他关注到了公民共和主义的优越性。共和主义主张的是一体论，“不同于家长主义的论点以及另一些以良好的公民会关心他人幸福的观念作为起点的论证。一体论并不假定良好的公民会关心其公民同胞的幸福；它假定他肯定关心自己的幸福，而恰恰是因为这种关心，他才会关心他是其中一员的共同体的道德生活”②。由此可见，共和主义保留了个体自利的前提，个体对共同体的责任和道德的关心基于个体幸福的需要。他提出一种实践和态度的共同体观，他举例说：“一支交响乐团具有集体生活，不是因为它在本体论上比它的成员更具根本性，而是因为他们的实践和态度。音乐家承认人格化的行为单位，他们不再作为个人而是作为成员存在于其中；这个共同体的集体生活是由他们认为构成了它的集体生活的活动组成的。这种认为一体化依靠社会实践和态度的一体论解释，我把它称为实践的观点，以区别于认为一体化依靠共同体的本体论优先性的形而上学观点。”③ 这种基于“实践和态度”的理念旨在说明一个伦理共同体是可以从个体的人出发而得到理解的，而不是将个人的成败寄托在他在伦理上从属的单位上。④ 显然，德沃金的自由主义共同体的出发点正是个人实践和态度。

德沃金的这种集体政治生活意义上的共同体其实也就是罗尔斯所说的政治公共领域。“由于现代民主政治是一种全民性的政治，从而也可以说这一政治共同体就是这一社会本身。”⑤ 当后期罗尔斯把他的正义原则看作政治的正义原则时，其适用的范围也就是政治的公共领域。罗尔斯的政治公共领域与德沃金的政治共同体都是一个具有相对边界的领域，这一领域与其他领域相对区别开来，但对于公民的生活和价值追求有着极为重要的影响。在德沃金看来，只要我们把政治共同体的共同生活限定在它的正式的政治决策，一体论就不对自由主义原则构成威胁。因为如果人们有了这种

---

① 姚大志：《何谓正义——当代西方政治哲学研究》，人民出版社，2007，第144~145页。
② 〔美〕罗纳德·德沃金：《至上的美德》，冯克利译，江苏人民出版社，2003，第253页。
③ 〔美〕罗纳德·德沃金：《至上的美德》，冯克利译，江苏人民出版社，2003，第255页。
④ 〔美〕罗纳德·德沃金：《至上的美德》，冯克利译，江苏人民出版社，2003，第254页。
⑤ 龚群：《追问正义——西方政治伦理思想研究》，北京大学出版社，2017，第391页。

一体论，并以一体论的立场来对待共同体的政治生活，就不但是与自由主义的原则相合，而且比没有这种一体论的人更加关注政治共同体的政治生活，并且，会把他的私人生活的意义与政治共同体的德性和生活价值联系起来。①

德沃金赞同柏拉图的理想，即“在一种正确的伦理学中，道德观和幸福观是相互依存的”，“当我们想到的是反省的利益时，柏拉图的观点似乎更为合理。反省意义上的良善生活的标准，似乎不能脱离背景加以定义，不能认为历史上任何时代的任何人都有相同的标准。当人们对自己的环境作出恰当的反应时，他就是在过一种良善的生活。伦理学的问题不在于人们应当怎样生活，而在于处在我的环境中的人应当怎样生活。因此问题在很大程度上就变成了如何定义我的处境，说公正应当在这种说明中发挥作用似乎是有说服力的”。② 于是，德沃金认为如果一个人的行为不公正，他就相应地过着更可悲的生活。个人的良善生活应和共同体的公正是一致的。德沃金认为这其实关涉着两种伦理理想。“第一种理想支配着我们的私人生活。我们相信，对于跟我们有特殊关系的人，我们自己、我们的家人、朋友和同事，我们承担着特殊的责任。与陌生人相比，我们把自己更多的时间和资源花在他们身上，我们认为这是正确的。我们相信，在自己的私生活中对政治共同体的全体成员表达同等关切的人是有缺陷的。第二种理想支配着我们的政治生活。公正的公民在其政治生活中坚持给予所有的人以平等关切。”③ 这两种伦理理想存在不同的甚至相对立的目标，一个追求私人生活的目标，它要求放弃共同体的普遍公正；另一个追求公共正义的目标，它要求平等地关切对待共同体成员。但德沃金认为：“足够完备的伦理学必须协调这两种理想。”④ 而协调的方式便在于政治按照公正的要求成功地分配资源。他说假如公正的分配得到保障，那么人们控制的资源无论从道德上还是法理上都属于他们；他们按照自己的愿望，根据具体的信念或设想来利用它们，丝毫无损于他们承认全体公民有资格得到公正的份额。相反，当共同体中的不正义相当严重的时候，这两种理想就会陷入冲突，

① 龚群：《追问正义——西方政治伦理思想研究》，北京大学出版社，2017，第391页。

② 〔美〕罗纳德·德沃金：《至上的美德》，冯克利译，江苏人民出版社，2003，第265页。

③ 〔美〕罗纳德·德沃金：《至上的美德》，冯克利译，江苏人民出版社，2003，第266页。

④ 〔美〕罗纳德·德沃金：《至上的美德》，冯克利译，江苏人民出版社，2003，第266页。

就会牺牲某一种理想。

由此，一个自由主义共同体的“伦理优先性”论证便成型了。这个论证的结论是只有当我们的共同体生活是正义的时候，个人私人领域的成功和理想才不会和政治平等的理念相冲突。因而，每个人在追求个人成功的同时，应对一个自由主义共同体的正义持有道德责任。这就是德沃金的“伦理优先性”的思想：“我们每个人都有强有力的理由要求我们的共同体是正义的共同体。一个正义的社会是尊重这两个理想的前提条件，而这两个理想都是不应该放弃的。从这一有限然而有力的角度说，我们的私人生活，我们在使他人拥有同我们一样的生活方面的成功或失败，都依赖于我们在政治上的共同成功。政治共同体具有相对于个人生活的伦理优先性。”①

这也假定了，一个人的生活的价值或者个人生活的善在某种程度上是他所生活的共同体生活价值的函数。德沃金说：“我感到，最基本的伦理单元是集体而不是个人，就我们作为某成员的某一组织来说，我的生活是否变得更好的问题，从属于我们的生活是否变得更好的问题。”② 政治共同体有着一种与它的公民生活整合为一体的生活，他们之中任何人生活的至关重要的成功都是作为整体的共同体之善的一个方面，因此也依赖于这种共同体的善。这也体现了德沃金中立主义的特质，政治领域的伦理共同体保证了某种伦理健康的国家行为，而不是使共同体衰退的国家行为，这也体现了他反至善主义的自由平等观。因为他不认为多元善价值可以超越正义的价值，正义价值是在调和良善生活的层面上具有共同体中的伦理优先性的，因而它值得公民对其付出人生理想与德性努力。这算是自由主义正义的伦理性的一种取向。

## 二　至善主义多元共同体的伦理建构

### 1. 对自由的另一种理解：个体的幸福与自主

自由主义的至善主义体现为某些善价值可以作为社会普遍价值，政治价值不必高于这些价值。至善主义改变了政治正义作为第一美德的立场，它是要在多元论中建构人的自由、美德与幸福。至善主义改变了将个体权

① 〔美〕罗纳德·德沃金：《至上的美德》，冯克利译，江苏人民出版社，2003，第267页。

② 〔美〕罗纳德·德沃金：《至上的美德》，冯克利译，江苏人民出版社，2003，第286页。

利作为个体自由根本属性的理解，将自由的内涵转变到个体可以自由地追求幸福和伦理价值。至善主义认为，对自由的保护应是在多元论立场上支持个人更好地选择和实现他们自己想过的生活。在这里，自由主义走向了与诺齐克、早期罗尔斯、德沃金中立态度不同的一面。至善主义重要代表人物有约瑟夫·拉兹、威廉·盖尔斯顿、克劳德等。

拉兹认为自由主义对自由或个体善的理解不能是自利，而应是幸福。个人幸福在很大程度上在于“（1）全心全意地和（2）成功地追求（3）有价值的（4）活动”[①]。那么，什么是有价值的活动呢？拉兹认为有价值的东西指的是为家庭的付出、事业中的职业道德、良好的邻里关系、尽社会义务等善价值，这些价值是肯定性价值。由此也可以看出，所谓有无价值往往是由环境和约定决定的，这是一种多元论的视角，因为不同的价值系统不可能存在完全相同的价值理解。因而，对有价值的东西的理解，不能脱离一种共同生活的语境。就是说“一个人的幸福在很大程度上依赖于被社会的定义和决定的追求与行动的成功”[②]。在此，拉兹的自由主义观已经初步呈现出来了，与罗尔斯和诺齐克的自由观不同，拉兹吸取了社群主义的观点，将人理解为追求幸福和特定善价值的人，这些价值与社会结构紧密相关，这使他的个人观变得丰盈起来。而同时，意志自由决定选择何种良善生活，这又是对个体自由的说明。由此，便引出了自主（autonomy）的观念。

拉兹认为如果一个人要全心全意地、成功地追求有价值的活动，他就首先要成为一个“自主”之人。拉兹说如果一个人的生活在相当大的程度上是由自己创造的，那么，他就是自主的，就是说自主的人具有创造和控制自己生活的能力。因而，拉兹进一步说明：“个人自主性的理想就是一种特定的个人福祉观”，即个人的自主性是个体追求幸福的基本能力和态度。值得说明的是拉兹自主观和康德式的道德自律（moral autonomy）的差异性。在拉兹的语境中，个人自主与道德自律之间是有一种间接的联系的，道德自律强调的是道德的自我立法能力，它关涉的是善良意志可以作为绝对命令的实践理性本身；而个体自主性关涉的是人们选择自己理想生活的自由，

① 〔英〕约瑟夫·拉兹：《公共领域中的伦理学》，葛四友译，江苏人民出版社，2013，第 4 页。
② 〔英〕约瑟夫·拉兹：《公共领域中的伦理学》，葛四友译，江苏人民出版社，2013，第 7 页。

是一种特殊的道德理想，如果这种理想有效，它可以成为道德学说的一个组成部分。[①] 他说："自主的人不仅是在相对信息中理性评估并在多项之间做出选择的理性行动者，而且他们也是能够选定个人的计划、发展各种关系、承担对事业的承诺……作为自我道德世界的部分计划、关系以及事业的承诺，这些事业将影响那种对他们来说有价值的生活。"[②] 缪哈尔认为拉兹认识到社群主义对自由主义自律主体的批判，提出新的自由可能，"他警觉到了麦金太尔所强调的个人生活的叙述性统一的重要性，远远不是包含抽象的存在瞬间、任意的与急进选择观念的自律，我们生活包含着目标追求……自主的生活可能是由多样的和异质的追求解构"[③]。

就自主性的自由性质而言，拉兹认为自主性意味着每个人必须拥有诸多选择，这些选择有能力支撑他的全部活动。那么，就幸福而言，三种活动是自主性应当追求的——（1）自主性以善为目的，这就要求人在各种善中做选择，而不是在善与恶之间做选择，那么，它的价值也就仅体现在对善的追求中，如此就可以避免"自主地选择恶"的诘难。（2）自主的生活强调，自主的人必须是一个正直的人：他必须能够清楚自己的选择，并且必须能够忠于自己的选择。这又体现为两种样态：a. 认同自己选择的生活；b. 通过对个人事业、社会关系的忠诚来体证对自我的忠诚。（3）自主的生活是通过不断地创造价值来体现的，即人在履行承诺、追求目标、关注各类事务的过程中，也在逐渐地塑造自己的生活。拉兹承认这种追求成功和人生价值的自主性是现代性的产物："自主性本身是资本主义和现代化的产物，这样一种奠基于劳动的流动性和技术与变化的社会使得自主性既是可能的又是必要的。……它是一个在当代后工业社会中，对成功的生活必要的伦理理想。"[④]

关联其对幸福和价值的学说，拉兹想表达的是人自主地追求幸福和价值。如上所说，对幸福和价值的确立是和一定社会文化相关联的。那么，

---

① 〔英〕约瑟夫·拉兹：《自由的道德》，孙晓春等译，吉林人民出版社，2006，第 380 页。

② 〔英〕约瑟夫·拉兹：《自由的道德》，孙晓春等译，吉林人民出版社，2006，第 380 页。

③ 〔英〕史蒂芬·缪哈尔：《自由主义者与社群主义者》，孙晓春译，吉林人民出版社，2011，第 306~307 页。

④ Roberto Fameti, "Philosophy and the Practice of Freedom—An Interview with Joseph Raz," *Critical Review of International Social and Political Philosophy* 9, 1 (2006): 71-84.

自主地追求一种客观价值，再次拉近了自由主义和社群主义的距离，因为他把个体的人以及人的“应然”最大程度地囊括在社会文化之中了，而且又主张对善价值的追求是自己的选择。这已经使他接近社群主义了。如缪哈尔所说：“尽管他认为，可以在特定情境下判定，一种不自律（不自主）但在道德上值得的亚文化，要劣于其社会成员可能生活于其中的主流的自由主义文化，但他明显感觉到了个人福祉与社会的或文化背景之间的关系。”①

既然存在不同的良善生活的观念，存在不同的伦理价值，人才能自由地选择，才能够拥有自主，就此而言，自主理论不可避免地主张价值多元论。如努斯鲍姆所说：“拉兹认为，容忍宗教和世俗共存，应当建立在自治的理想和道德多元论的真理基础之上。所以，拉兹赞成一种双重理想：自治是核心价值，但也正如他所理解的那样，自治要求接受另一种富有争议的价值理论，也即多元论。”② 拉兹说道德多元论是这样一种观点：存在许多不同的生活形式和方式，它们体现了不同的价值，并且是互不相容的。

拉兹将多元论又分为两种，即弱价值多元论和强价值多元论。强价值多元论有三个特点。第一，各种不相容的价值不能完全依据个人来加以排列，如果能这样排列，一个人就可以追求对他而言最高的价值。第二，各种不相容的价值不能完全按照非个人的道德价值标准来加以排列，也就是说不存在排列这些价值的客观标准。第三，各种不相容的价值体现了不同的基本关系，但是这些关系并不拥有一种共同的根源，也不是根据一个共同的终极原则。拉兹认为强多元论容易导致价值相对主义。弱价值多元论是一种“竞争性多元论”，竞争性多元论承认不仅各种道德价值是不相容的，是互相冲突的，而且它们的不相容和相互冲突是正当的，拉兹认同的是弱价值多元论。就是说存在诸种互竞的价值理念或幸福主张，每个人可以自主地选择一种认同的善观念，他通过成功或失败的努力去追求这些善和幸福的实现。不论人选择何种善，都必须被认为是正当的，以维持社会的多元合理性。

---

① 〔英〕史蒂芬·缪哈尔：《自由主义者与社群主义者》，孙晓春译，吉林人民出版社，2011，第 304 页。

② 〔美〕玛莎·努斯鲍姆：《至善自由主义和政治自由主义》，叶会成译，《法哲学与法社会学论丛》第 20 卷，法律出版社，2016，第 18~58 页。

2. 多元善生活中伦理正义的可能形式

多元论本质是一种伦理多元的生活世界，这个世界是由诸多持不同完备性观念的共同体构成的，它们可能是互竞的，这是现代社会的一般事实，每个人都可以选择共享的善观念，它们的价值观念受这些分立的社团的影响。罗尔斯说合理多元论对应的是共同体内的价值认同和身份认同。因为不同的共同体中存在分歧的善观念、宗教、道德教说，它们构成了伦理的生活世界的总体性，但是，这一生活世界中的多元伦理生活恰恰是自由主义证明自身的体现，因为只有对这一领域不干涉，才能证明人具有自由选择任一种善观念的自由意志。这种自由主义和多元论的关联自以赛亚·柏林开始就已经成型。我们看到诺齐克、罗尔斯、德沃金都持这种观念。

而自由主义者理想的政治世界则是完善正义原则，以及自由主义国家的稳定，自由主义看重的是人的正义感和与自由主义精神相配套的个体道德，这些个体善能够推进政治共同体的精神同一性。同时，在这种自由主义社会结构中形成的宽容精神，也有利于多元价值之间的和谐。德沃金的观点和罗尔斯是相似的，他也认为政治世界需要一种“伦理优先性”，这个优先性有利于一个公共领域内的社会统一性。金里卡说：“自由主义的正义在有边界的共同体内才得以运行，而它还要求公民们视自己的边境具有道德意义。边境的功能就在于，为了正义和权利的要求，把‘我们’与‘他们’区分开来。但是，靠什么来解释或维系‘伦理社群’的这种‘边界感’呢？……罗尔斯与德沃金暗示，对自由主义的正义原则的共同信奉。”[①] 由此可见，自由主义也拒绝不了一个伦理共同体的“诱惑”，这种诱惑一方面来自自由主义正义论中无法克服的原子化倾向，另一方面也说明一个共同体的有机性有利于公共文化在普遍合作中的良性发展。

但与罗尔斯、德沃金不同，至善主义不准备建构一个围绕自由主义政治原则的伦理共同体，而是着手通过政治去推进多元价值的发展，进而建构社会的多元的统一。拉兹确实兼顾到社群主义的影响，认为每个个体都是社会结构中的人，因而他们存在不同的关于客观价值和成功的理念。而且，每个人追求这些理念的时候，也在潜移默化地推进不同道德、宗教共同体的善的实现。拉兹赞同传统自由主义的一般看法，即多元论是自由主

① 〔加〕威尔·金里卡：《当代政治哲学》，刘莘译，上海三联书店，2004，第467页。

义的一般体现，但是不同于一般自由主义立场的是，他赞同政治对本应属于私人领域的伦理多元的积极干涉，这显然和自由主义一贯的中立原则是不同的。政治应为人自主地追求善提供条件。在至善主义看来，政治正义不再是“至上的美德”了。那么，它能否支持一种伦理共同体的正义精神呢？拉兹在对待伦理的态度上更偏向于社群主义，他偏于个人与社会结构诸善的统一性，他说：

> 个人必然要从对他们来说可靠的社会结构的府库及其适当的变体中获得他们生活的目标。如果那些形式在道德意义上是正当有效的，如果他们铭记着健全的道德观念，那么，对于通常意义上的人们来说，为他们自己发现并且为他们自己选择目标便是十分容易的，这些目标在他们自己的生活中导向某种道德与个人信念的大体一致。在他们的事业、人际关系与其他利益中，他们将在同一时刻从事满足他们自己和他人的行动。通过成为一个教师、产业工人、司机、公务员、忠诚的朋友以及家庭成员，忠实于他们的共同体、天性之爱等等，他们将追求他们自己的目标，增进他们自己的福祉，同时也服务于他们的共同体，并且大体上以一种在道德上值得的方式生活。[①]

但是，至善主义与社群主义也是不同的，“如果社群主义者的主张是，有一种有着浓重的公共性的有价值的生活方式，那么，拉兹便会拒绝这种生活方式”[②]。至善主义坚持个人对价值和幸福选择的自主，而社群主义预设了某种强公共价值，这种价值可能来自传统或共同约定。克劳德将这种多元论称为“保守主义”的多元论，他以凯克斯为例是要说明，“对于传统的最好保护不是来自自由主义——它倾向于一种质疑并侵蚀所继承的实践的普遍主义——而是来自于保守主义”[③]。保守主义认为在价值不可公度并冲突的时候，传统往往发挥着积极作用。克劳德并不同意保守主义的立场。

① Joseph Raz, *The Morality of Freedom*, Oxford: Oxford University Press, 1986, p. 319.

② 〔英〕史蒂芬·缪哈尔：《自由主义者与社群主义者》，孙晓春译，吉林人民出版社，2011，第308页。

③ 〔英〕乔治·克劳德：《自由主义与价值多元论》，应奇译，江苏人民出版社，2006，第127页。

但是，多元善生活却也不可能完全撇开传统，如盖尔斯敦所说："虽然多元主义保障选择，但它并不坚持认为，所有生活的有效方式必须体现选择。从一个多元主义者的角度看，许多人的生活是以广泛的合法性之下的习惯、传统、信仰为基础。"①

而且，在缪哈尔看来，拉兹的理论是可以支持个人善的公共性的，拉兹"有关个人利益将与共同体中的其他人的利益趋向于一致而不是冲突的主张，可以被理解为有价值的生活方式在内容上将是公共的这一理念的变种。通过在一定程度上指出，我们作为个人所拥有的目标，这些目标的获得构成了我们的个人福祉，是与他人的服务和我们共同体的服务密切相关的"②。就此而言，个体自主地追求有价值的生活，追求人生的规划、完善以及品格的塑造，在特定意义上也关涉着诸共同善群体的善的实现。如果个体追求的善价值是完备性的，如宗教团体或政治共同体，那么，个体善与普遍善之间是需要一种伦理正义精神作为联结的。

## 三　自由主义伦理共同体的有限性

自由主义伦理生活的形式被理解为多元而又具体的。对此，自由主义提出了两种政治设计，中立主义和至善主义，它们同时也体现为对不同的伦理生活的设想。两者的共同点在于都承认人们选择良善生活或善理念的自主性，不同点在于是否存在一个优先于诸善的政治正义领域。伦理生活在中立主义中体现为私人伦理与政治共同体的伦理设计的分离性。它们承认政治共同体中需要伦理生活的理念和形式，以维持人心机制与制度认同的统一，至善主义的伦理生活体现为多元论善价值具有优先性，人可以自主地选择一种伦理价值，而不必是某种社会要求的价值。但在道德的立场上，个体应伦理地对待自己的良善生活和价值理想，这样的伦理生活上升到政治层面要求公民具有包容冲突的德性，以实现政治领域中的和谐。政治或政府应保护公民自主选择伦理价值的权利，但是政治本身并非一种绝对的善原则。

① 〔美〕盖尔斯敦：《自由多元主义的实践》，佟德志等译，江苏人民出版社，2010，第213页。

② 〔英〕史蒂芬·缪哈尔：《自由主义者与社群主义者》，孙晓春译，吉林人民出版社，2011，第309页。

由此，就个体善与普遍善的关系而言，自由主义的个体善被预设为追求幸福或人生理想，它体现了个体追求自己价值认同的自主性，麦金太尔称之为“善的私人化”。每个人的偏好和欲望是不同的，因此也导向了不同的对善的理解。不论是中立主义还是至善主义，都要求社会尊重个体的善的选择。而当从一种共同体理论考察个体善时，罗尔斯意义上的政治共同体个体善勉强可以和“自由主义德性”或正义感关联起来，但是这种个体善和普遍善的关联更多是自利意义上的，它只能支持正义感作为共同体中的个人道德善，而其他价值和德性只能是个体在多元伦理生活中的自主选择和认同。那么，政治意义上的共同善更多的是能够令社会有更好的处理分歧的能力，麦金太尔和德沃金都没关注到个人伦理善与自我精神成就的统一性。

其实罗尔斯等人所论的自由主义的伦理共同体仍是康德式的，罗尔斯说：黑格尔对自由主义的一个批判就是没有共同的善理念，因而不能构成共同体。[①] 罗尔斯认同对于一个共同善目的的需要，但是也认为，康德哲学中已经提供了一种共同善目的的理论，他说：“这种批评对康德并不真确。他假设所有公民都把社会契约理解为一种理性的理想，他们都以其义务性的共同目标在政治上建立了一种社会联盟。按照他的学说，公民们持有为其他公民，同时也为他们自身保障基本宪法权利和自由的同样的目标。”[②] 康德思想中确实存在罗尔斯所表述的这一倾向，康德在《论通常的说法：这在理论上可能是正确的，但在实践上是行不通的》结尾处说：“在每个共同体中，都必须既有根据强制法律对于国家体制的机械作用的服从，同时又有自由的精神，因为在有关普遍的人类义务问题上，每一个人都渴望通过理性而信服这一强制是合权利的，从而不致陷于自相矛盾。”[③] 康德这种对于义务、德性、共同体的看法可以说是罗尔斯政治世界的共同体理论的雏形。

自由主义建构一个共同体是服务于自由主义正义原则的良好贯彻和政

---

① 〔美〕约翰·罗尔斯：《道德哲学史讲义》，顾肃、刘雪梅译，中国社会科学出版社，2013，第318页。

② 〔美〕约翰·罗尔斯：《道德哲学史讲义》，顾肃、刘雪梅译，中国社会科学出版社，2013，第319页。

③ 〔德〕康德：《论通常的说法：这在理论上可能是正确的，但在实践上是行不通的》，载《历史理性批判文集》，何兆武译，商务印书馆，2013，第201页。

治社会的稳定持续的，一个社会的正义原则必须得到公民的支持和认同，并且公民能自觉到对于一个自由主义国家的义务和责任，以此积极参与公共生活，以形成一个良性互动的共同体。德沃金认为，我们的私人生活，我们在使他人拥有同我们一样的生活方面的成功或失败，都依赖于我们在政治上的共同成功。因而政治正义本身较个人的目的是具有优先性的。这说明，在自由主义的正义体系中，是需要以一个正义社会的结构为前提的。社会的自由和多元的事实，不能掩盖这一政治正义需要的事实。就此而言，自由主义的伦理性，就是对于正义原则的共同信奉。其实，很显然的一个事实就是，自由主义追求一种伦理性是在与社群主义分歧的境遇下产生的。他们接受了一个伦理共同体的理想对于任何社会都是需要的，但是他们也不同意社群主义在否定正义的优先性的基础上去建构伦理体系的做法。因而，不管罗尔斯、德沃金是否提出了“伦理优先性”，自由主义以权利和正义为本质出发点的立场是不变的，而“伦理性”只是依附于其上的。

但是，一个问题是：对这种政治正义原则的信奉能否支持一个公民社会成为伦理共同体呢？查尔斯·泰勒认为：“共同的政治原则的确是政治团结的必要条件——人们要是在正义的问题上分歧过大，也许就会造成内战。但共同的政治原则却不是团结的充分条件。仅仅是这个事实——人们共享类似的正义信念——还不足以维系社会团结或政治合法性。”① 在这里泰勒认为自由主义原则不足以成为社会团结与合法的条件。从伦理的概念可知，伦理性的共同体必须具有其内在精神因素，即公民能够在一定的社会结构影响下形成稳定的德性品质，进而形成单一性和普遍性统一的状态。这一要求既是共同体理论的危险，也是共同体理论的吸引力。其危险在于可能形成一种集权主义或国家主义，其吸引力在于它是社会团结以及良好生活追求的精神要求。我们看到，自由主义者为了避免某种潜在的压迫，宁愿选择一种消极的自由主义观，将社会伦理生活完全交给个人去打理，而只求在政治领域找到一个政治稳定必需的弱共识的共同体。这也是泰勒不认为正义原则的善目的可以作为共同体的因素的关键所在。威尔·金里卡也认为：“自由主义试图包容社群主义镶嵌自我观的首次尝试是不成功的。自由主义信奉理性的可修正性，而拒绝该原则的社群主义群体既不会接纳综

① 转引自〔加〕威尔·金里卡：《当代政治哲学》，刘莘译，上海三联书店，2004，第465页。

合自由主义也不会接纳政治自由主义。”[①] 就是说自由主义对于正义原则是持一种理性和反思的态度的，如重叠共识，在这一过程中伴随着自我对善观念的修改，他毕竟是一个理性主体。而社群主义则认同善目的的“构成性”或不可修正的本性。

那么，自由主义正义原则如果要成为一个共同体的追求该需要何种条件呢？金里卡举例说瑞典和挪威的边境并不表示这两国在正义观上的界线，同样，比利时与荷兰的边境、西班牙与葡萄牙的边境或澳大利亚与新西兰的边境都不表示正义观的不同。但“这里的每一个国家都会把自己当作一个独立的‘伦理共同体’，这个共同体之内的公民对‘自己的’公民同胞的义务，要远强于对作为邻居的‘外国人’的义务。但是，这种独特的伦理共同体感，却不可能建立在对特定政治原则的信奉上，因为作为邻居的外国人也持有类似的原则”[②]。而且，显然大部分西方国家都认同自由主义的正义原则，那么这种认同却没有令其形成取消国别的共同体。所以，自由主义国家想要建立一个政治性的伦理共同体，并使该共同体具有伦理性，仅仅将认同限定在自由主义政治原则上是不够的。就是说，自由主义的正义要求一种共同体感（a sense of community）：公民们感到他们共属于一个单一国家，他们感到应该集体管理自己的事务并且应该感到彼此之间团结一致。自由主义或许也可以支持大卫·米勒（David Miller）所说的那种民族国家“伦理共同体”（ethical communities）形式。但显然，这种民族认同的预设，并不一定能够论证公民可以据此支持自由主义政治原则。毋宁说，支持的是符合本国具体情境的政治文化。

由此可见，自由主义设想的公民在政治领域中以积极自由的形式去积极履行自己的政治义务的共同体，缺乏一定的情感认同的基础，显然是脆弱的。而且自由主义对于善多元论的立场显然也阻挡着社会统一性。不放弃多元论是自由主义的必然结果，也是它的合理之处，其实自由主义在与社群主义的论辩中，在坚持自由主义立场的同时企图实现一种政治领域的伦理性，以为正义原则提供稳定的社会伦理基础。这种设想要比单纯的分配正义考量有意义。

---

① 〔加〕威尔·金里卡：《当代政治哲学》，刘莘译，上海三联书店，2004，第465页。

② 〔加〕威尔·金里卡：《当代政治哲学》，刘莘译，上海三联书店，2004，第468页。

# 第四章　社群主义的伦理与正义

现代社群主义是在对自由主义的批判中发展起来的。在对人的理解上，社群主义认为不能离开特定的社群、共同体去理解个人，人是被“嵌入”共同体之中的。因而，在道德实践上，个体必然受到传统与文化的影响，人的善恶观念与价值认同都与共同体中的善观念相关，它构成了个体道德的起点，而非像康德主义那样自己可以反思一种普适性的道德原则。因而，社群主义注重个体德性的养成，注重成员对共同体的认同。在政治学说上，个体德性参与的良善生活和政治建构是一体的。

在正义论上，社群主义并没有明确的分配正义主张，它只是在批判罗尔斯分配正义时，提出一种基于善的分配方式。因而，它认为正义应与共同体的善具有一致性，反驳了罗尔斯正义与善的分离。社群主义反对正义优先于善，认为正义是一种“补救性德性”。可见，它们认为共同体中的良善生活会自发形成一种正义理解，而非要去“高屋建瓴”地设定一种代表普遍道德理想的正义理念，正像罗尔斯所做的那样。社群主义对罗尔斯正义的不满包括：自由主义普遍性正义、自由主义的自我。社群主义主张正义和特定共同体的文化与习俗相关，一个共同体共享善观念，而正义则与对公共文化的理解相关。因而，社群主义的正义观体现了一种多元论特征，一方面是传统的多元带来的多元性，如麦金太尔；另一方面是社会领域的不同善理解带来的多元性，如沃尔泽。

因而，社群主义者在正义问题上关注的是“应得”、“美德”、“成员资格认同”以及“伦理认同”等理念，而非一种普适化的正义原则。善与正义的统一，不仅说明正义与共享的善观念相关，而且说明它需要被成员在伦理生活中广泛认同，就是说，公民要拥有支持这种正义需要的伦理德性和伦理正义感。只有如此，才能体现出共同体良善性。也就是说，社群主义在正义建构和实施上需要其成员的伦理正义精神。如他们对美德、责任、爱国、仁爱的强调，都是一种基于对普遍善目的认同的伦理公正。

但个体如何与共同体统一有两种情境，即公民共和主义和市民人文主义。显然，保守主义的社群主义更倾向于“市民人文主义”，因为它主张善的特殊性和完备性。但桑德尔在政治学说上转向公民共和主义，他强调公民德性参与政治，追求政治的公共性。“社群主义”认为正义的原则以及正义在共同体中的作用形式，都与传统或良善生活中的善以及公民对这种善的认同相关，公民支持一种正义并愿意为之付出美德、理想，是因为其成员在这种良善生活氛围中被赋予的“伦理正义感”；而共和主义也将良善生活和政治领域重合起来，伦理正义感体现在个体愿意为良善生活本身或良好的伦理习俗、民族精神贡献自己的德性努力，并体现为一种德性参与的积极性。两者都需要成员伦理正义精神的参与。

## 第一节　社群主义的特质及缘起

社群主义的一个理论出发点是将个人理解为处在一定伦理关系中的个人。伦理的意义是个人认同与共同体的统一。社群主义表现出了对抽象自我理解的拒斥，在他们看来，个人从属于共同体，并且有着自身的特定传统，个人受到共同体的历史文化以及生活背景的限定，这为人的道德提供了依据。社会文化、文化中对人际关系的理解、人际关系中普遍约定的义务，这些方面构成了个体道德与伦理共同体的一致。自我的道德、义务都只能在共同体伦理的理解中获得现实化。

### 一　“社群”的伦理性

社群主义的特质是承认习俗、文化对个体理解的必然作用，认为个体不是抽象的原子存在状态，正和黑格尔对康德的批判一样。当代社群主义对罗尔斯为代表的自由主义的批判也是如此，如金里卡所述：“事实上，在社群主义对现代自由主义的批判与黑格尔对古典自由主义理论的批判之间，确有许多相似之处。古典自由主义者如洛克和康德，都试图对人类需求或人类理性作出某种普遍的理解，然后再诉求这种非历史的关于人的观念去评价现存的社会和政治结构。按照黑格尔的看法，这种方法——他把它称作‘Moralitat’（道德）——过于抽象和过于个人主义化，以至于不能提供多少指引，因为它忽略了人是如何必然镶嵌于具体的历史常规与关系之中的。”[①] 而黑格尔提出伦理的概念，是想用它说明人的生活是在具体结构之内的，启蒙所构想的抽象的个人只是对人的“蔑视”。

社群主义者的一个重要灵感正是黑格尔的伦理（Sittlichkeit）概念，社群主义和黑格尔相同之处正在于对人的具体理解上。黑格尔认为启蒙将人理解为纯粹的个人，这种抽象性理解其实将人的特殊性消弭掉了，他认为人是处于具体伦理关系中的人，将人概念性地宣称为自由或平等都忽略了现实中人的具体差异，只有在具体关系中考察人才能看到现实的、活生生的人。社群主义同样认为自我必须在一定的社会结构中才能得到理解，自我是承载着具体共同体身份和特定传统的自我。如麦金太尔将人理解为历史中的人：“我是历史的一部分，一般来说，不论我是否愿意，不论我是否意识到这一点，我都已经是传统的一个承担者了。”[②] 他认为人对身份、善恶、正义的理解不可避免地会受到传统和历史的影响，而共享着共同传统的群体就可以构成一个共同体。由此，共同的历史意味着文化的代际传递，只有基于共同文化和历史的认同，人才能在社群中实现自我理解，共同体也获得了其精神性。桑德尔对自我的“构成性”理解，也体现了自我的社会结构本性。

丹尼尔·贝尔认为有三种共同体：记忆性共同体、地域性共同体、心理性共同体。地域性共同体指的是通常意义上的“社区”，它包括村落、邻里、城镇，以及城镇所在的地区和国家，地域性共同体是对个人影响最大的，尤其是一个人的家乡。记忆性共同体是指群体拥有共同的历史记忆，这些记忆可以为成员提供“叙述性统一”（narrative unity），由此，可以在促进共同体理想上产生一种和历史叙事相映的特殊道德。心理性共同体指的是成员通过共同活动、合作，产生了共同的心理体验，进而认同自身属于这样一个心理群体中的一员。由此，共同体的特质是自我与社群的内在的情感性关联，如姚大志先生所说：“共同体是一个负载情感的关系之网，这些关系不是一对一的个人联系，而是复杂的、相互交叉的和相互强化

---

① 〔加〕威尔·金里卡：《当代政治哲学》，刘莘译，上海三联书店，2004，第 377 页。

② Markate Daly, *Communitarianism: A New Public Ethics*, Beverly, MA: Wadsworth Publishing Company, 1994, p. 123.

的。”[1] 另外，共同体还必须包含着成员之间共享相同的善观念，并且通过善观念每个人可以悉知自己在共同体中的位置，这构成了人现实的自我理解，“共同体的成员之间具有共享的信念。共同体的所有成员具有对某种特殊文化的共同信念，即对共享的价值、规范、意义以及对共享的历史和认同的信念”[2]。

所谓“情感关联”“信念”“认同”，在黑格尔看来，正是客观精神的实体性得以形成的情感基础。在《逻辑学》中，黑格尔在对伦理实体的相关阐述中认为，不能将人和实体的关系理解为整体和部分的关系，他认为整体和部分的关系只是对于可经验物的共在而言的，就像手和身体的关系一样。但是任何群体的关系不是松散的所有人等于整体，他在《逻辑学》中是基于“普遍性—特殊性—个体性”这一概念框架讨论伦理实体的。对他而言，人与整体之间的关系只能是一种隐喻的关系，这层隐喻更在于精神层面的关联性。并非人一定要和他者原子化地堆放在一起，而是自我和他者可以存在于一种精神的关联中，这是伦理的逻辑基础。社群主义也强调对公共善的认同，认同感是增加共同体内在团结的主观力量，因为认同不只是自我的身份，还是认同自我作为共同体的一员这一事实，只有这种认同才能产生行动的积极力量，进而才可能有事实与价值的统一。如桑德尔在共同体的理解上提出共同体应包含“自我理解”，这和黑格尔对人的伦理存在的强调是一致的。而对自我与传统的关系，社群主义认为自我与传统割裂只会造成更大的意义危机。

与黑格尔不同的是，黑格尔仅将家庭和民族作为人的伦理实体，在伦理实体中人被作为家庭成员或公民来理解，而社群主义将家庭、教会、家乡、利益集团都理解为共同体，但两者的相同之处是他们都认为，社群生活是一种伦理生活，是人的自由和现实性自我理解的基础，“在黑格尔和现代社群主义者看来，伦理生活才是更高层次的德行，因为这是达到真正自主和自由的唯一途径”[3]。由此可见，社群主义和黑格尔面临同样的现代性问题，也企图为社会的伦理生态贡献智慧，两者的宗旨可以说是相同的。

---

① 姚大志：《正义与善——社群主义研究》，人民出版社，2014，第 14 页。
② 姚大志：《正义与善——社群主义研究》，人民出版社，2014，第 14 页。
③ 俞可平：《社群主义》，中国社会科学出版社，1998，第 126 页。

如威尔·金里卡所说："在日常语境中，'社群主义者'这一概念被用来指对我们的制度表示忧虑的人，虽然自由主义者注重为我们的经济资源的保护，但社群主义者却关心我们制度的命运，关心它们是否具有营造伦理共同体感的能力。"①

## 二　对自由主义的批判

社群主义是在对自由主义的批判中发展起来的，自《正义论》诞生以来，罗尔斯正义论就受到各方批评，在20世纪70年代，批评者主要来自自由主义内部，如诺齐克、德沃金等学者，但是20世纪80年代，批评者来自社群主义者。一般认为罗尔斯后期的思想转向是受社群主义的影响。当代社群主义者相信共同体一直存在于共同的习俗、文化传统以及社会共识中。共同体不是要被重建的，而是需要被保护和尊重的。他们的学说往往立足于黑格尔和古希腊，因为黑格尔的"伦理"其实就是对文化、习俗等现实境遇的强调。安米·古特曼（Amy Gutmann）特意述说了社群主义的黑格尔主义追求，即"使人安心接受自己的世界"。他说："我们正目睹着一场对自由主义政治理论的社群主义批判的复兴。与60年代的批判一样，80年代的这场新的批判也指责自由主义错误的而又无法补救的个人主义。但这场批判不是上一次批判的重复，如果较早的批判由马克思激活，那么晚近的批判则受亚里士多德和黑格尔的启发。"②

由社群主义对自由主义的批判可以看出，社群主义与希腊性和黑格尔主义有着亲缘关系，如史密斯（S. B. Smith）所说："如果当代自由主义者们被引向重新发现康德，那么，自由主义的批判家们则被迫去重新发现黑格尔。"③其实社群主义者确实都有着黑格尔主义的倾向，如阿维纳瑞（S. Avineri）、查尔斯·泰勒既是黑格尔主义者，又是社群主义者。而且阿维纳瑞在与德夏里特（A. De-Shalit）共同写作的一篇文章中更直接地说明了社群主义与黑格尔"伦理"理念的联系，他说："对于当代的某些社群主

---

① 〔加〕威尔·金里卡：《当代政治哲学》，刘莘译，上海三联书店，2004，第499页。

② 〔美〕安米·古特曼：《社团主义对自由主义的批判》，韩震译，《国外社会科学》1994年第12期。

③ S. B. Smith, *Hegel's Critique of Liberality*, Chicago: The University of Chicago Press, 1989, p. 4.

义者来说，黑格尔的思想一直是灵感的根源，其中尤以黑格尔关于道德（Moralitat）与伦理（Sittlichkeit）之间的区别为甚。"[①] 不得不承认，自由主义和社群主义的区分即是康德和黑格尔的区分，也是道德与伦理的区分。而社群主义者显然选择了黑格尔的伦理观念作为其学术资源。

黑格尔和社群主义者都表现出了对"道德式"的抽象个体的拒斥，在他们看来，个人从属于共同体，并且有着自身的特定传统。因而，个人受到共同体的历史文化以及生活背景的限定，因而他是"构成性的自我"，只有理解个人所处的社群的历史传统和社会文化，才能解释个人所拥有的价值和目的。而同时，个人认同其在社群中的身份的归属感。据此，社群主义认为共同体的共同善才具有超越其他一切的优先性，共同体成员对共同善的追求构成了社会成员团结的精神基础。社群主义与自由主义的核心分歧可归结为两点。

（1）对"正当优先于善"的批判。罗尔斯在《正义论》中对两个正义原则的证明是普遍主义的，他是通过人的普遍性推导出正义原则的普遍适用性，但是社群主义者认为，所谓正义原则是一个共同体内部的善理念，这也是麦金太尔《谁之正义？何种合理性？》一书的核心主题。麦金太尔认为在人类社会中，没有普适的、永恒的正义观念。他对于人类社会中的正义观持有一种历史主义的立场。在他看来，没有任何一种正义观念可以与历史传统或历史叙述分离开来。就西方当代社会而言，它承继了自荷马以来的多种互不相容的正义观，这些正义观从属于不同的伦理历史传统，如亚里士多德主义的传统、中世纪奥古斯丁传统、苏格兰启蒙的传统、现代自由主义的传统。每种正义观都有其发生、存在的特定的历史和背景，这些历史和背景构成了我们对"合理性"的理解，而这些合理性又往往影响或主导着共同体内部对正义原则的理解。因此，在麦金太尔、沃尔泽等社群主义者看来，正义不可能离开对共同善的理解而获得一种逻辑上的普遍性。而罗尔斯现代自由主义的正义观也只是相对于现代宪政民主社会而言具有合理性的，它也不可能具有超越时代和地域的普适性。在后来的《万民法》中，罗尔斯确实将世界分为五种政治文化，而他的正义论其实只是

① S. Avineri, A. De-Shalit eds., *Communitarianism and Individualism*, Oxford: Oxford University Press, 1992.

适应于自由主义民主政治文化的理论。

（2）对自由主义“自我观”的批判。罗尔斯在《正义论》中论述原初状态时，将自我设置为“最大最小值”“无知之幕”“互不偏涉理性”等要求，自我被设定为一种抽象的自我。社群主义者认为，在原初状态的设置中包含着一种形而上学的自我观，这种自我观体现的是一种超验的自我。桑德尔在《自由主义与正义的局限》一书中直接针对罗尔斯的自我观做出了批判。桑德尔认为罗尔斯的原初状态设定预设了个体有一种独立于经验和目的的、以正当为基础的选择能力，这是一种康德式的主体。他还解释了罗尔斯这种自我设定的目的：“自我相对于其目的的优先性意味着，我不仅仅是经验所抛出的一连串目标、属性和追求的被动容器，也不简单地是环境之怪异的产物，而总是一个不可还原的、积极的、有意志的行为者，能与我的环境分别开来，而且具有选择能力。把任何品质认同为我的目标、志向、欲望等等，总是隐含着一个站立于其后的主体的‘我’，而且这个‘我’的形象必须优先于我所具有的任何目的与属性。”[①] 就是说，罗尔斯否定了经验性的自我统一理念，所谓“站立于其后的主体的‘我’”就是指一种独立于环境、经验的先行的“我”，这个“我”是形而上学意义上的自我。但是，这种先验的自我是否真的存在呢？社群主义认为康德和罗尔斯的自我观只是一种抽象的自我，没有离开具体环境的自我，因而环境是优先于自我的。

## 三　三种共同体理念

### 1. 构成性共同体

桑德尔的共同体理念是构成性共同体，构成性共同体强调从个体的构成性来理解共同体的性质。在桑德尔看来，在共同体中，自我是具有一种构成性的理解的，自我的社会属性和伦理属性都在共同体中形成，同时，个体也是共同体的构成者，通过共同体的认同才形成了共同体的基本形态。而且，在桑德尔看来，共同体的善和自我是内在关联的，成员分享着共同的善观念，这些善观念是个体自我理解的要素。桑德尔说：“只要我们的构

① 〔美〕迈克尔·J. 桑德尔：《自由主义与正义的局限》，万俊人等译，译林出版社，2011，第 33 页。

成性自我理解包含着比单纯的个人更广泛的主体，无论是家庭、种族、城市、阶级、国家、民族，那么，这种自我理解就规定一种构成性意义上的共同体。这个共同体的标志不仅仅是一种仁慈精神，或是共同体主义价值的主导地位，甚至也不只是某种‘共享的终极目的’，而是一套共同的商谈语汇和隐含的实践与理解背景，在此背景内，参与者的互不理解如果说不会最终消失，也会减少。”① 龚群认为：“构成性自我理解实际上恰如柏林所理解的那样，是一种积极自由意义上的扩展性自我主体，我们把自我想象为一种比自我更为广大的主体，在认识论上，这就是一种构成性的自我了。”② 这种自我在另一种意义上也就是共同体或共同体精神。

自我是被“镶嵌于”或“置于”现存的社会伦常之中的——我们不可能总是能够选择退出这些常规。人必须把某些社会角色和社会关系当作个人慎思的目的。桑德尔说：“共同体不仅表明了他们作为其成员拥有什么，而且也表明了他们是什么；不仅表明了他们所选择的关系，而且也表明了他们所发现的联系；不仅表明了他们的身份的性质，而且也表明了他们的身份的构成因素。”③ 这也就是构成性共同体的意义，即自我与社群既不是某种情感性的联系，也非工具性的联系，而是构成意义上的息息相关性。“个人的自我目的不可能独自实现，而必须在与他人追求共同的理想中才能实现。这些与他人共同追求的理想便也成为与自我不可分割的、构成自我本身的基本要素。这样，自我与他人一道构成的社群，同时也成为构成自我的基本要素。”④

2. 美德主义共同体

麦金太尔的共同体观念是以古希腊城邦为蓝本的，而且他语境下的共同体更多的是亚里士多德描述性的共同体样态。他赞同亚里士多德的观点，个体善与共同体的善是统一的，个体以城邦至善为最高幸福。他所说的共同体其实也有两种原型，即雅典民主共同体和斯巴达军事共同体。雅典民

① 〔美〕迈克尔·J. 桑德尔：《自由主义与正义的局限》，万俊人等译，译林出版社，2011，第 194 页。

② 龚群：《追问正义——西方政治伦理思想研究》，北京大学出版社，2017，第 326 页。

③ 〔美〕迈克尔·J. 桑德尔：《自由主义与正义的局限》，万俊人等译，译林出版社，2011，第 171 页。

④ 〔英〕哈耶克：《自由秩序原理》（上），邓正来译，生活·读书·新知三联书店，1997，第 75 页。

主共同体是一个伦理共同体和政治共同体交合的状态，公民城邦的伦理生活正是他们的政治秩序的关键，因而它依赖公民德性的身份自觉和责任意识。斯巴达军事共同体本质上是具有共同体特征的，这种共同体同样重视共同善，并且认为共同善需要公民普遍的德性参与才能获得和实现。由此可见，在古希腊时期，德性伦理学的意义是一种身份—善—至善的关系模式。个人的德性、完善最终会以城邦参与的方式影响着城邦的善，城邦至善正是体现为共同体中普遍有教养、有德性并共同幸福的状态。

就道德哲学而言，麦金太尔的德性学说来源于亚里士多德主义，他主张一种德性论的道德观。他的批判对象是以义务论和功利主义为代表的现代伦理学，麦金太尔认为主体道德理论的问题是“自我的个人化”，即人是作为个人来扮演社会角色和从事实践推理的；[①] 同时他也反对后现代主义伦理学，如麦金太尔对道德谱系学相对主义特征的批判。社群主义普遍认为现代道德哲学过于强调一种主体性和个体性，不仅导致事实和价值之间无法调节，而且实际上一直存在一种偶然性，即寄托于个体偶然性的实践理性。所以，麦金太尔试图重建古代的德性伦理学，以美德伦理对抗现代伦理学对规则主义的普遍注重。

麦金太尔注意到现代道德哲学的一个问题是“善的私人化”。现代价值理论以人性理论为前提，人的行为都有其动机，而行为的动机是个人的欲望或偏好，那么，行为便是由欲望或偏好引起的。而善就是欲望或偏好的满足。同时，每个人都有不同的欲望和偏好，这就导致在什么是善的问题上，多元而又分歧。麦金太尔认为这正是现代自由主义多元论以及规则中立主义的起源，他将这种善的特征称为“善的私人化”。[②] 而共同体主义认为没有一个可以独立于共同体的自我，那么，自我的德性定然产生自共同体的文化、陶养和塑造之中。在共同体中，个体获得了自我理解，自我在社群中形成某种善的品质，这样的善代表了一种善的整全性要求。它一方面是自我德性的实现，另一方面为共同善的实现提供了媒介。因而，当社

---

① Alasdair Macintyre, “Practical Rationality as Social Structures,” in Kelvin Knight ed., *The Macintyre Reader*, Notre Dame: University of Notre Dame Press, 1998, pp. 129-130.

② Alasdair MacIntyre, “The Privatization of Good: An Inaugural Lecture,” in C. F. Delaney ed., *The Liberalism-Communitarianism Debate*, Lanham: Rowman Littlefield Publishers, Inc., 1994, p. 4.

群主义将正义作为一种德性的时候，就是要求个体有参与公共生活基本善的品质，这种品质要求不仅是以正当性为基础，而且是在社群文化的基础上以共同体为出发点，共同建构一个理想的整体。

3. 成员资格的共同体

与桑德尔和麦金太尔一样，沃尔泽也把批判的对象指向罗尔斯和自由主义，桑德尔批判的核心是自由主义对自我和道德主体的理解，麦金太尔以德性为核心，企图颠覆自由主义的垄断地位，而沃尔泽则是以善的正义分配为核心，对抗罗尔斯普遍主义正义观。在沃尔泽看来，国家和共同体是一而二、二而一的关系。每一个人都生活共同体之中，尤其是政治共同体之中，因而，每个人都拥有政治共同体的成员资格。因而，成员资格和国家的联系构成了共同体的基本出发点。他说："在人类某些共同体中，我们互相分配的首要善是成员资格。而我们在成员资格方面所作的一切建构着我们所有其他的分配选择，我们要求谁的服从并从我们身上征税，以及我们给说分配物品和服务。"[①] 在沃尔泽看来，政治共同体之所以是政治共同体首先在于其地理空间，这一空间是时代相继的边界意识，这一边界内的空间即是人的安全空间，也是人生活、生产的空间，沃尔泽说："政治共同体可能是接近我们理解的有共同意义的世界。语言、文化、历史结合起来产生一种集体意识。作为一个固定永久的精神情结的民族特性显然是神话。但一个历史共同体成员有其共同的情感和直觉却是一个生活事实。"[②]

共同体是成员的共同体，它的具体体现是共同体中公共善在其成员中的分配，包括卫生、教育、政治等公共资源的分配。沃尔泽认为，分配的前提是谁有资格占有这些社会资源，这是成员资格的问题。因而成员资格是最大的公共善物，没有成员资格，即使你在此共同体之内，也不能"应得"共同体中的善分配。由此，沃尔泽认为成员资格的意义便在于共同善的分享，而这种分享其实也是成员对共同体义务的承担。共同善既是特定的分配资源，同时也是共同体中共享的善观念，它是文化和约定的产物，因此，以何物为善已经决定了它在共同体内的分配属性。就此而言，实际

① 〔美〕迈克尔·沃尔泽：《正义诸领域》，褚松燕译，译林出版社，2002，第 38 页。

② 〔美〕迈克尔·沃尔泽：《正义诸领域》，褚松燕译，译林出版社，2002，第 34~35 页。

上存在不同领域的分配，因为存在不同的共同体，这些不同的领域各自拥有约定的分配方式，并互不干涉，以此构成一种社会的复合平等。

## 第二节　社群主义的正义论

虽然社群主义的正义思想多是对自由主义现代正义论的批判，但是通过这些批判社群主义者也提出了自己的正义观。桑德尔主张仁爱是社会的首要德性，而非正义。麦金太尔区分了效用善和德性善，他认为现代正义论继承的是效用善，重利益分配，这是现代正义的特质，而缺乏了德性善的因素，因此他提出了“应得”等理念的伦理依据。社群主义的正义观注重应得和成员身份，注重共同体内部共享的善观念对正义理解的影响，并且这些正义能够成立依赖于共同体成员的自我认同。这些构成了一种共同体主义的特殊的正义观，即以美德为共同体的首要价值，在分配等理念上强调共同体文化对分配方案的影响的正义观。

### 一　自由主义的正义论批判

1. “正义是一种补救性道德”

桑德尔批判罗尔斯所针对的一个重要命题是“正义是社会第一美德”，这是《正义论》的开篇语，桑德尔对这一命题的反驳也令他的社群主义观点的提出显得恰如其分：“正义仅在那些被大量分歧所困扰的社会中才是首要的，在这样的社会中，道德和政治上压倒一切的考虑就是要调解相互冲突的利益和目标，正义是制度的首要美德，并非像真理之于理论那样绝对。”① 就此而言，正义恰恰是“仁至义尽”之后的不得已而为之，它的作用集中体现在对社会冲突的调和。换言之，如果一个社会中不存在大量的分歧和利益冲突，正义在这个社会中就不应再作为首要价值。而这一弱冲突的构想就是桑德尔首先提出的“社群主义”的概念。桑德尔认为，如果人们能够出于爱或共同目标而对他人的需要予以自发的关注，就没有必要去强调自己的权利。因此，在某些情况下，对正义的关注越多，就越反映

① 〔美〕迈克尔·J. 桑德尔：《自由主义与正义的局限》，万俊人等译，译林出版社，2011，第46页。

出道德状况的恶化，而不是标志着道德的提升。他认为即使在一个盛行正义的社会中，正义也只是一种更高级、更高贵美德的背景；只有缺乏这种高贵的美德之时，正义才是被需要的。只要公民更积极地培养共同体中的仁爱精神，那么，因“谨慎、嫉妒”等社会心理而被需要的正义德性自然就会降低其重要程度，人类也会变得更完善。确实，如果一个社会中的物质匮乏和自私本性能被完全克服，正义“在美德的范畴中，是不可能占有一席之地的”[①]，更不会有罗尔斯所说的那种首要地位。

桑德尔用家庭的共同体形式来论证正义首要美德的非必然性，家庭的共同体其实也是一种传统礼俗式封闭社会的象征，即现代城市和市民社会兴起之前的社会形态。家庭中不会以正义或公正为第一原则，甚至家庭中无所谓公正与否。家庭中以家庭利益的普遍追求与具体家庭责任的普遍承担为基本要求，因而是无所谓正义的。其实，家庭和国家是非同质性的，以家庭原则类比国家，桑德尔的论证是欠妥当的。[②] 但是，社群主义的观点能够引起一定的共鸣，说明它还是在迎合着时代对现代正义论注重公平、公正的反思，这可以被视为现代理性主义的必然要求。在一种理性主义的环境中最有可能的情景是制度化、法治化、程序化，其实以罗尔斯为代表的正义论引起社群主义反感的正是重程序、制度而轻人文性。因而，虽然罗尔斯在公平、非功利性上已将人类正义事业推进了一步，但是终归过于程序化。由此，对于正义是第一美德的强调，导致的追问是：是否利益均沾地处世接物，一定比仁爱精神、公共精神甚至牺牲精神的德性态度更好呢？

麦金太尔就认为友爱是比正义更先在的德性，他说：“亚里士多德所设想的那类友谊，体现了对一种善的共同的承认与追求。这种共同的承认与追求乃是任何形式的共同体——无论家庭还是城邦——最本质、最首要的构成要素。”[③] 也就是说：“正义是在一个已经构建起来的共同体内进行赏罚并补救赏罚中出现的过错的美德；而友谊却为共同体的最初构建所必需。”[④] 桑德尔在《自由主义与正义的局限》第二版中，收录了他对罗尔斯《政治

---

① Macheal Sandel, *Liberalism and the Limit of Justice*, Cambridge: Cambridge University Press, 1998, p. 120.

② 龚群：《追问正义——西方政治伦理思想研究》，北京大学出版社，2017，第 327 页。

③ 〔美〕麦金太尔：《追寻美德：伦理理论研究》，宋继杰译，译林出版社，2011，第 290 页。

④ 〔美〕麦金太尔：《追寻美德：伦理理论研究》，宋继杰译，译林出版社，2011，第 290 页。

自由主义》关于正义的政治价值优先性的回应。他认为罗尔斯强调政治价值的重要性，但为了政治的目的，将源于种种完备性道德学说和宗教学说内部的要求括置起来或搁置一旁，总是不合情理的。所以，桑德尔认为要分辨这些互竞的道德教说和宗教教说，究竟哪一种是真实的。如果说确保政治的正义观念的优先性，就是要否认它所搁置的诸种道德或宗教观念可能的真实性，这也不是政治自由主义的主张。而如果罗尔斯的政治自由主义因此可以允许某些道德的或宗教的教说为真，那么，就有可能会产生一些比政治自由主义主张的公平、宽容和相互尊重的社会合作这些政治价值更为重要的价值。因此，在悬搁具体道德和宗教立场的情况下，便宣称政治价值的优先性是武断的。

在分配正义上，麦金太尔和沃尔泽都持共同体的伦理生活对于正义是具有优先性的，因为相对于普遍主义的利益分配，从德性和成员认同的视角来看，正义应包含着从道德“应得”入手的分配理念。而“应得”往往和一个共同体内部对善的共同理解有关，只有在一个贡献模式或德性模式被视为有效的情况下，一个人的应得和占有才是可以被评估的。这一理论的依据正是社群主义的伦理共同体精神，即个体性与普遍性是统一的，个体善与共同体的善是统一的。因而，共同体中的正义，包括对公共利益和权力的分配，都和其成员对于共同善的理解有关。在此境遇下，文化或历史传统反倒是比正义更为优先的东西，它们促成着对善的理解，以及如何分配由谁分配的问题。如威尔·金里卡所说：“要明确正义的各种要求，惟一的办法就是弄清每个特定的共同体如何在理解各种社会利益的价值的，如果一个社会的运作方式吻合其成员就该社会独特的常规与制度所达成的共识，该社会就是正义的。因此，确定正义原则与其说更应该通过哲学论证，不如说更应该通过文化阐释。”①

就此而言，在社群主义者看来，正义是工具性的，它的作用是调和社会大量的利益分歧。桑德尔也据此称罗尔斯的“正义是社会第一美德”是休谟式的正义观，因为，休谟的正义论起点正是社会资源的相对匮乏和人人的平等需要之间的矛盾，因而，资源只有按照一定的原则分配才是合理的。桑德尔似乎看到一个社会的伦理统一性，已经天然地在执行着善的分

① 〔加〕威尔·金里卡：《当代政治哲学》，刘莘译，上海三联书店，2004，第383页。

配功能了，其因由正是伦理共同体中每个人对于其分属的地位、角色、贡献的明晰性。

2. 对罗尔斯差异原则的反驳

社群主义者一般并不否定罗尔斯差异原则的合理性，他们只是说明分配原则不应作为社会首要美德；而且，分配不应是一种基于权利的分配；最后，在自由主义的框架下，差异原则不可能实现。

首先，桑德尔认为罗尔斯将才能和特质的分配看成公共所有物而不是个人的拥有，这是不符合自由主义的特征的。因为自由强调人与人之间的差异性，并重视个人权利的神圣性，那么，将个体的天赋、才能作为公共财富的立论，显然背弃了自由主义的个体主义原则。也就是说，这种设定实际上没有在应得和合法性期待之间做出区别。桑德尔的这一批判实际上指出了罗尔斯将个人与个人的能力分离开来的实质，个人被用作他人福利手段的是人的“能力”，而非人本身。个人在权利上保持绝对的实在性，但是其能力的良莠之别必须作为社会公平的考量对象。但是如果自我和自我的能力可以被分离，那么，就会去除主体的经验性特征，主体就会成为康德式的抽象主体，而这正是罗尔斯在《正义论》中要极力避免的。

其次，桑德尔不认同罗尔斯用差异原则去说明正义的首要性的主张。按照差异原则，个体所占有的仅仅是偶然占有的，社会对个体的财富具有一种优先的要求。桑德尔同意诺齐克对罗尔斯的批判，就算个人对其天资不应占有，那也不意味着社会或政府就可以占有这一“共同财富”，这其实和道义论从自我出发论证个人权利和个人财产是相悖的。要么，个体的财富只能由制度操作，这些制度是出于在先的和独立的社会目的建立起来的，而这些社会目的与个体自己的目的可能吻合，也可能冲突；要么，个体将自己视为某一社群成员，而该社群恰好遵循的是差异原则的社会目的论。但是桑德尔说，这两种预设都和道义论的抱负相矛盾。[①]

最后，桑德尔认为人与其天资存在三种可能关系：（1）人是其天资的拥有者；（2）人是其天资的监护者；（3）人是其天资的收藏者。第一种关系可以说明个体对自己的天资拥有绝对的权利，任何力量都不应干涉；第二种关系是个体的天资同时也为他人所拥有，个体培育和使用自己的天资，

① 陈路：《论桑德尔对罗尔斯正义理论的批判》，《马克思主义与现实》2007 年第 4 期。

是为了实现他人的利益；第三种关系是说个体的天资存在于自己内部，但这并不存在一个归属权的问题，这不能导致个体或者他人可以拥有它们。这三种关系只有第二种是支持差异原则的，但是第二种天资的情况实际上是共同体主义的，所有个体的天资都属于共同体，共同体可以根据天资进行再分配，但是这又和自由主义的第一原则是相悖的。

由此可见，罗尔斯的差异原则不论在自由主义内部，还是社群主义看来，都是存在逻辑问题的。罗尔斯通过原初状态的“最大最小化原则”的论证，说明在无知之幕的境遇中所有人都会依据博弈论的原则同意“差异原则”，但是，这种预设了前提的普遍同意，并不能满足经验中的常识。其实桑德尔和诺齐克不一样，他只是揭露差异原则论证和自由主义立场之间的矛盾，但他不反对差异原则的再分配。而且，确切地说，桑德尔认为差异原则只有在一种共同体立场上才是可能的。

3. 自由主义的正义原则不具普适性

正义多元性是社群主义批判罗尔斯正义论的一个进路。罗尔斯后期自称其《正义论》也是一种统合性学说，即它是一种撇掉了具体宗教、道德学说的形而上学的正义观。这种正义观的直接问题是对于现实多元合理性的忽视，因而，这也导致了其正义理论现实化的困境，这也正是社群主义攻击的一个核心点。麦金太尔对于罗尔斯的批判是基于历史主义的。麦金太尔认为至少存在三种不同的正义传统，即亚里士多德主义、功利主义和自由主义，他认为这些彼此对立互竟的正义理解是一个客观事实，这种境况也构成了现代正义事业的一般困境。

自由主义认为所有强制都必然是给出正当理由的，并且是“我”的理性可以同意的；而功利主义的合理性则在于计算每一种可能的行为及其带来的后果对自己的利和弊。亚里士多德主义认为实践的合理性在于要达到人类的至善和真善。这三种正义观是现实存在的，并且在一定场域发挥着作用，那么该如何对待一个社会中存在的正义观的冲突呢？麦金太尔认为有两种态度，即中立的态度和派别性的态度。中立的态度是指自由主义者多持有的态度，即保持国家和政治在民族、宗教、道德等多元立场上的中立性，国家生活应有对待诸文化立场上的独立性，我们看到罗尔斯的公共理性和重叠共识正是持有此立场。而派别的态度是指任何正义观的合理性都存在于某些历史和社会的关联中。因而，每一正义立场都应在对于信奉它的人中具有一种共同体内的有效性。麦金太尔认为中立的态度是不可能实现的，因为每一正义观念都有自己的知识标准，都是在一定的历史和语境下形成的，因而它们虽然立场相异，但是都有自身合理性的知识背景。麦金太尔认为罗尔斯基于"公共理性"的调和与共识也是不可能实现的。既然正义存在于不同的传统和历史之中，自由主义也只是一种正义观念，它不是普适性的，它只是对于自由主义语境下持此观念的人具有合理性而已。

沃尔泽从"善的社会意义"理论也说明了正义原则必然存在的多元性特征。沃尔泽认为罗尔斯的分配理论是一种普遍性的正义原则，而他持有的是特殊主义的分配正义观。所谓特殊主义的就是说在具体领域、具体历史中都存在不同的分配原则，这些原则往往各不相同，但都是在具体领域内分享共同的善观念产生的。而且，各个领域的对善的理解和分配原则是不相同的，也是不可通约的。由此，沃尔泽的分配观点是从对善的考察出发的，因为所有的善都不是自然地就具有善的性质，而是在社会生活中人赋予某些资源、物品以善的性质，令它们成为社会普遍追求或需求之物。因而，他提出了"社会意义"的善的理念。所谓善的社会意义其实就是指一个社会的主流思想，它的具体表现形式往往是指社会通行的习俗、惯例、法规、制度等对善的作用。因为社会意义是历史性的，所以分配、正义、正义的分配和不正义的分配都是随着时间的推移而变化。[①] 由此可见，分配标准不是善本身所固有的特性，而是由它在特定社会的意义所决定的。如果理解了善意味着什么，那自然就会知道该如何分配，由谁分配或出于什么理由分配。米勒也认为"并不存在罗尔斯意义上的'基本善'（primary goods）的规范的子目"，与正义相干的和不相干的物品的界定"取决于我们的社会制度的技术能力，也取决于人们能够在特殊物品的价值上达成共识的程度"。[②]

而且，社群主义认为各个领域中的分配其实并非都在追求平等，因而自由主义的平等原则并非社会普遍追求的通用正义原则，因为无限多的善就有无限多的分配领域，如教授职位是一种善，劳动模范是一种善，政府官员的职位是一种善，甚至班级中的班长也是一种善，它们对应着各个不

① Michael Walzer, *Spheres of Justice*, New York: Basic Book Inc., 1983, p. 9.

② 〔英〕戴维·米勒：《社会正义原则》，应奇译，江苏人民出版社，2005，第12页。

同的领域，而且各个领域往往有各自不同的分配准则，如教授职位的分配是按照知识原则分配，但是对于一个政府官员事实上知识原则并不是那么强的分配依据。实际上，每一个领域的善的分配都是不确定的。由此，沃尔泽提出了“复合平等”（complex equality）的观念。每一个领域不同的分配都是自主的，每个领域都拥有自己领域相对独立的分配规则，不能用一个领域的分配标准去强加给另一个领域，而是要保持各领域内分配原则的独立性。

由此可见，社群主义不同意一种普适的分配正义观，罗尔斯的正义论排除用任何文化、历史因素建立一种普适性，这种正义论是抽象的，它具有形式主义、普遍主义特征。

## 二　社群主义的分配正义观

### 1. “差别原则”在共同体中的可能性

虽然社群主义是在批判自由主义的内容中产生的，但是不可否认，在对正义的理解上，社群主义其实是在共同体伦理和现代分配正义之间做了一个调和。所以伦理的正义其实更多的体现在对其共同体组织形态的描述上，而正义论的内容依然关涉的是社会分配的正义性。上节提到黑格尔没有处理不平等的问题，他在市民社会相关论述的最终部分提到贱民和贫穷，并由此过渡到国家，似乎是期待国家可以解决这些事关分配的问题，但是在国家理论中他没有论述这个问题。这其实体现的是伦理正义与政治正义的分歧。社群主义，尤其是桑德尔的共同体主义，已经接近一种伦理正义的理解。那么，在伦理共同体之中，政治正义是怎样的呢？

桑德尔虽然和诺齐克都从人的天资批判罗尔斯对差异原则的论证，但是桑德尔其实也批判了诺齐克对待天资的态度。因为诺齐克仅将天资“原封不动”，就是说，他反对任何再分配的形式，而桑德尔在此问题上和罗尔斯又一致了，即必须将天资作为一种应得的形式参与再分配，这样才能显现出社会的道德性。但桑德尔认为罗尔斯在自由主义框架下无法证成“应得”，这是差异原则在自由主义框架下的根本问题。罗尔斯和桑德尔都认为应得独立于并先于制度和规则，而权利则是规则和制度建立起来之后的产物，因而，制度下的权利要求是不具有道德意义的。

桑德尔说，这种天资作为公共财富分配的社会要求有两种可能：（1）应得的要求，（2）权利的要求。如果作为一种权利的要求，那么这种要求的合理性在于原初状态之中，即订约者同意将天资作为公共财富去分配。但是这种分配也有一个矛盾，即如果对自然财富的要求是原初状态下的要求而不是前提，那么，如何说明其道德性？如果自然财富的分配是应得的要求，就必然要求自然财富属于一个独立于个人的共同体，这和罗尔斯的个人主义原则又相违背。但是，桑德尔也借此说明了一个观点，就是在共同体中差异原则是可能的。

就是说如果要为差别原则辩护，求助于个体性原则是行不通的，必须求助于共同体原则。桑德尔说："因为要证明差别原则，必须首先说明在差别原则的分配方案中，没有将'我'用作达到'他人'目的的手段，因此在证明中，要重点说明的不是被使用的是'我的能力'，也不是'我'"，而是应当说明"分享我能力的那些人不应被称为'他人'"。[①] 这是一个很大的差别，如果只是说明用来分配的善是人的天赋和能力，而不是这个人本身，那对于个体权利的干涉也是必然的，因而，永远存在他者与自我的对立之中被中介强加干涉，而分享"我"能力的不是他人是说"我"和他者本来就享有共同的善理念，并拥有共同的身份理解，只有在心理上将他者不作为他者，这种再分配方案才能避免强制。是以他说："如果差别原则想要避免把某人当作达到他人的目的的手段，它只有在这样的情况下才是可能的，即主体不是'我'，而是'我们'，在这种情况下意味着共同体存在。"[②]

另外，共同体的仁爱是支持差异原则分配的一个重要德性因素。罗尔斯认为"爱"是不能作为社会正义的基础的，因为他认为爱将会导致实践原则的相对性，他说："一种希望保持人们的差别、承认生活和经验的独特性的人类之爱，在它所珍视的多种善相冲突时，将用两个正义原则来决定它的目标。"[③] 就是说，在罗尔斯看来爱会导致对不同善的选择上的困境，而正义的普适性将会避免此类问题。而桑德尔认为，罗尔斯之所以会产生仁爱的正义困境，质言之，来自罗尔斯对人的自由主义的理解，如果在共同体的语境下，

---

① 〔美〕迈克尔·J. 桑德尔：《自由主义与正义的局限》，万俊人等译，译林出版社，2011，第 77 页。

② 〔美〕迈克尔·J. 桑德尔：《自由主义与正义的局限》，万俊人等译，译林出版社，2011，第 99 页。

③ 〔美〕约翰·罗尔斯：《正义论》，何怀宏等译，中国社会科学出版社，1988，第 503 页。

这一仁爱与善冲突的问题可以得到不同的结果，因为纯粹单一的个人，如没有心灵的窗户，在此语境下理解人与人之间的爱，确实是不可能的。而且，我们看到了罗尔斯对爱的功能的理解和对善的功能的理解是一致的，这既体现了罗尔斯对爱的赞扬，也体现了爱包含着的善对于正当的无力。

桑德尔认为共同体中每个人都是家庭、种族、城市、国家的一员，共享的善观念是我们可以互相理解的基础，他说："不仅仅是一种仁慈精神，或是共同体主义的价值的主导地位，甚至也不只是某种'共享的终极目的'，而是一套共同的商谈语汇，和隐含的实践与理解背景。"[①] 就此而言，随着共同体中基于共同属性的商谈和理解，人与人的间隙会缩小，仁爱就变得可能了。桑德尔认为，"个人"只有在与共同体中其他人的关系中，以及与共同体在语言、价值观、文化、生活方式、宗教信仰相关特征的联系中，才成为构成性的人。由此看来，罗尔斯与桑德尔对于正义与仁爱的争论，实际上体现了两种政治理论的基本预设的分歧，是对于人性假设的基本争论。那么，就差异原则而言，或许可以理解为，我们对共同体成员的共同理解中，基于共同身份、共同成员的认同和理解，生发出爱的精神，进而，我们对于不利的人可以生发出一种平等的要求，这也可以算是一种平等的伦理论证。

由此可见，差异原则自身的道德性是要通过"应得"的理念体现出来的，通过权利的理念无法论证天资作为公共财富被分配的合理性。但是，"应得"作为对自然财富分配的说明，它又必须在一个共同体中依靠公民的德性和身份认同才是可能的。因为，只有将自然财富作为共同体中共享的善，只有共同体中人的友爱和以共同善为目的，这样的分配才是可能的。也就是说，差别原则如果真的实现还需要一个伦理共同体的正义环境。

2. "应得"的厘定

在《追寻美德》一书的最后一章，麦金太尔通过一组情景说明他的"应得"的正义和罗尔斯、诺齐克的正义观的差别。他设定 A 和 B 两个代表两种完全不同的正义观的人。A 是普通工人或商店老板，通过奋斗准备买房子，但是政府税收的提高威胁了他的这些计划的实现，他把这种威胁视为一种不正义。而 B 是一个拥有遗产的人或有社会良知的学者，他对收入、

① 〔美〕迈克尔·J. 桑德尔：《自由主义与正义的局限》，万俊人等译，译林出版社，2011，第 194 页。

财富、机会的分配中的不平等印象深刻，他感到这种不平等会令穷人无法改善自己的处境，因而这些不平等是不正义的。于是A主张，正义原则不应该主张任何再分配，这种正义必须容忍社会的不平等。可以看出，A持的是诺齐克的正义观。B主张应该进行再分配，以改善穷人和不利人群的生活境遇，实现某种平等，但是这会破坏权利自由，这是罗尔斯的正义观。就是说，任何一种原则其实都要让另一方付出代价，每一方接受或拒绝正义都是关涉利害的，正义不是中立的，也不是普遍的。麦金太尔认为两者所持的正义观的对立是无法调和的，A希望自己所合理获得的东西能够正义地被保护，这种正义的结果是无政府主义；而B的正义观要求社会再分配，主张对潜在地干涉个人权利应持容忍态度。[①]

在这里，麦金太尔指涉的其实是诺齐克和罗尔斯的正义思想，两者深刻的分歧，是因为两种正义观念都是从利益和有效性出发的。A说他对他得到的东西是有权利的，因为是劳动合法所得，是“应得”的。B则站在穷人的立场上认为他们的被剥夺和贫穷都是“不应得”的。其实两者都预设了“应得”之于正义的道德性基础，都追求某种道德的应然性要求。但罗尔斯和诺齐克却都没从“应得”出发去考量正义。麦金太尔认为“应得”是关乎个人道德意志与回报的分配正义，他不同意现代人把权利作为“应得”的基础，他认为“应得”是公民索取自己应得的份额，而正义的安排就是与个人“应得”相容的安排，“正义就是每个人——包括他自己——他所应得的东西以及不以与他们的应得不相容的方式对待他们的一种安排”[②]。可见，“应得”考量的出发点是共同体成员在共同生活中对“应得”的一般共识，“它的成员按照这样一种形式的活动来构造他们的生活，这种活动的特殊目标是，在它自身内部可能地把它所有成员的实践活动整合起来，以便创造和维持作为其特殊目标的那种生活形式，在这样一种形式的生活里，人们可以在最大可能的程度上，享受每个人的实践之善和那些作为优秀之外部奖赏的善”[③]。

① 〔美〕麦金太尔：《追寻美德：道德理论研究》，宋继杰译，译林出版社，2011，第310~317页。

② 〔美〕麦金太尔：《谁之正义？何种合理性?》，万俊人、吴海针译，当代中国出版社，1996，第39页。

③ 〔美〕麦金太尔：《谁之正义？何种合理性?》，万俊人、吴海针译，当代中国出版社，1996，第48~49页。

沃尔泽也认为，正义的分配与“应得”的观念是紧密关联的。因为，我们对善的理解本身就是文化性的，这种理解其实已经包含着谁是善品的应得者，以及不同成员之间应得份额的依据，而分配正义原则应与这些流行观念中的“应得”理解是相关的。就是说“应得”是存在于特殊领域或群体的伦理共识之中的。正如差异分配中，如果将天资理解为善品，那么，这一理解本身就已经在说明不利者的“应得”应被特殊考虑。因此，罗尔斯的差异原则也只有作为一种特定的社会文化，才能够被更好地理解，而非诉诸一种企图达到普适性效果的道德理想。[①] 由此可见，“应得”作为一种分配正义的理解，其体现的正是伦理生活和分配正义关联起来的一种解释方式。米勒根据帕斯卡尔的实验[②]也得出她的结论：“正义原则以一种与我所刻画的多元论相一致的方式得到了应用。具体来说，在团结性群体中得到使用的需要标准和在工具性群体中得到使用的应得标准之间的差别常常就会得到确定。”[③] 由此，对沃尔泽和米勒而言，正义的“应得”是在不同领域的约定中具有有效性的，它们往往因此具有不同的正义原则。

3. 多元主义的正义原则

沃尔泽不同意罗尔斯普遍主义的分配正义理念，他认为各领域都有不同的分配规则，正义和善都是多元的。而且，各个领域的分配规则是相互独立、互不干涉的，它们分别对应着该领域中对善的理解。“正义原则本身在形式上就是多元的；社会不同善应当基于不同的理由、依据不同的程序、通过不同的机构来分配；并且，所有这些不同都来自对社会诸善本身的不同理解——历史和文化特殊主义的必然产物。”[④] 由此，他的分配正义观是多元主义的，即“正义诸领域”的分配正义理念。而诸领域的分配原则的平等就是他所谓的“复合平等”，“复合平等是一种社会状况，在这种状况

① 〔美〕迈克尔·J. 桑德尔：《自由主义与正义的局限》，万俊人等译，译林出版社，2011，第119页。

② 帕斯卡尔的实验是研究不同社群模式是怎样在其成员之间分配和要求利益的，研究对象是导致家庭、企业等等之中的正义差别的原因。帕斯卡尔试图把正义的差别视作风俗和实践的结果，米勒认为实验结果和她预期的一致。

③ 〔英〕戴维·米勒：《社会正义原则》，应奇译，江苏人民出版社，2005，第40页。

④ Michael Walzer, “Complex Equality,” in M. Daly ed., *Communitirianism: A New Public Ethics*, Belmont, California: Wadsworth Publishing Company, 1994, p. 103.

中，任何一个群体的分配要求不能统治不同的分配过程”。[1] 他说：“不同的社会善应有不同的主体按照不同的程序、出于不同的理由来分配。”[2] 复合平等要求“捍卫差别”和“反对越界”，“捍卫差别”是指每个领域的分配方式都是由其善的社会意义决定的，“反对越界”是指，反对一个领域的善越过该领域去统摄、干预其他领域的分配原则，如金钱是一种善，但是它不能去主导权力、职位中的分配。当各个领域都能按照该领域自身的原则分配善，这个社会便呈现出一种“复合平等”的样态，虽然各领域的分配原则未必是平等的。

沃尔泽就美国的现实情况讨论了安全和福利、货币和商品、公职、艰苦工作、自由时间、教育、亲属关系和爱、神恩、社会承认和政治权力等领域的分配，通过列举这些具体领域的分配问题，说明社会正义不是基于个人抽象权利，而是建立在共同体成员对社会物品的社会意义的共同理解的基础上的，而具体到每个领域又有不同的分配原则。如在家庭中，亲属关系和爱主要是家庭这个充满激情和嫉妒的领域的善物，沃尔泽认为其分配原则是“约定俗成的利他主义原则”，这对家庭以外的人是不适用的。家庭应当完全建立在爱和完全不受金钱或政治暴政统治的基础上，同时也须从男权主义的暴政下解放出来——这关涉到妇女问题。如在教育问题上，教育资源是公认的善资源，沃尔泽认为，教育的分配在初中等教育中应根据平等原则，而在高等教育中以能力和兴趣为依据。如对待艰苦工作问题，艰苦的工作是一种消极物品，没有人愿意主动承担艰苦的工作，沃尔泽认为可以通过国家服务来分担艰苦的工作，也可以用金钱和闲暇来回报它，通过这些形式实现分配公正。[3]

由此可见，沃尔泽比较具有共同体特色的分配正义观是需要和成员资格理论。他没有像桑德尔和麦金太尔那样反对机会平等，而且提出的需要分配和多元分配又非常具有特色。米勒也赞同沃尔泽的多元分配方案，他认为分配正义应“揭示出正义原则的多元性，及每一个都有的确定的应用范围，以及其中包含的也许存在也许不存在可使多元性得到解释的惟一的

① Michael Walzer, *Thick and Thin*, Notre Dame, Indiana: University of Notre Dame Press, 1994, p. 32.

② Michael Walzer, *Spheres of Justice*, New York: Basic Book Inc., 1983, p. 6.

③ 〔美〕迈克尔·沃尔泽：《正义诸领域》，褚松燕译，译林出版社，2002，第 228 页。

优越立场"[1]。因为自由主义框架之下执行的是一种普遍性的分配方案，而沃尔泽的特殊主义要求关注每一个领域的特殊需要，而且将需要和分配的理由寄托在成员资格上，其内在含义是对于共同体内成员身份的认同，并且其他成员和"我"拥有统一身份，"我"认同这种共同关系，进而可以在道德层面上支撑按需分配的合理性。在此，沃尔泽也借用了契约这一形式，他认为共同体成员有一种内在的契约，这个契约对任何再分配具有道德上的约束力。

## 三　突出伦理性的分配正义

### 1. "伦理共识"

在此应首先区分"伦理共识"与"道德共识"两个概念，其实罗尔斯和哈贝马斯都是寻求一种可能的道德共识。道德共识的意义是用自律、实践理性的方式排除一切既定规范的干扰和限制，即不以任何潜在的善目的作为出发点，去参与程序与商谈，进而形成一种基于理性契约的共识。罗尔斯曾以原初状态的形式模仿这一过程的非条件性和公平性，通过一种人的无知之幕达到对正义原则的普遍同意，这是一种关涉价值理想的道德共识论证。在鲍曼看来，所谓"共识"，指的是思想见解根本不同的人们达成的一致，它是谈判和妥协的产物，是经历多次争吵、许多次反对和偶尔的对抗后的结果。[2] 一种道德共识的观点认为，分歧能够得到解决形成共识的原因在于康德式的道德普遍化原理，即只有公民以普遍化原则参与政治，才可能在根本原则上达成共识。自罗尔斯对"理性"与"合理性"进行区分之后，一些新的"理性契约主义"的道德观点开始生发，不论斯坎伦的基于具体"情境"与参与人的"理由"的共识，还是哈贝马斯通过合理商谈达成的有效共识，都是道德性的共识形式，当这种共识的一般模式进入政治领域或正义领域，它就代表了正义原则或法律的普遍效力。

而"伦理共识"是指公民在共同体中身份认同的基础上去形成的共识，这种共识表现在共同体善目的的一致性。而且通过这种共识能够理解各自的"应得"和具体需求，实现按照"应得"和需求分配。如威尔·金里卡

---

① 〔英〕戴维·米勒：《社会正义原则》，应奇译，江苏人民出版社，2005，第6页。

② 〔英〕齐格蒙特·鲍曼：《共同体》，欧阳景根译，江苏人民出版社，2007，第5页。

说："如果一个社会的运作方式吻合其成员就该社会独特的常规与制度所达成的共识，该社会就是正义的。"① 在社群主义看来，伦理共识是一切分配可能的基础，社会需要参与公共分配的一切善资源，都是在伦理共识中被确认的。按照自由主义的观点，被分配的善品是稀少而又为人所共需的，这是分配物的基本特质。但是这样的标准正如桑德尔所说的无法确立人的天资何以能够作为分配的对象。麦金太尔说："在一个对于由对人来说的善所界定的共同体的善不再具有共同观念的社会里，关于何为对这种善的获得做贡献之任何实质性的观念逐渐脱离它们原本扎根其中的语境。……分配的正义也不再可能基于应得的赏罚来界定，取而代之，是基于某种平等或各种法定权利来界定正义。"②

由此可见，伦理的共识是我们获得善知识的来源，在一种文化中对善、分配者、分配方式的公平理解实质性地主导着一个社会对正义的理解。而这些分配之所以可能，就是因为在共同体中理解个体，我们更有可能以为共同体在按照德性和义务去考虑社会分配。姚大志在对沃尔泽多元正义论的反思中认为沃尔泽的文化是约定主义的，约定主义比文化相对主义更强，但是比契约主义更弱。"约定"的意义在于在彼此同意的基础上约定了共同体文化中的诸种价值③，而非要求成员执行固定的善理念，这可以避免善的无意识性问题。

伦理认同未必适用于现代社会的正义事业，但是其必要性在于为我们积极地思考社会的正义功能提供了视角。如以天资的分配为例，如果"机会对最不利的开放"没有深层的"应得"作为其基础，它就会失去道德性；如果没有成员对这一"应得"的普遍认同，这种差异分配就变成对"有利的人"的强制。罗尔斯一直想用道德共识论证差异分配的"普遍同意"，但是实质上只有在伦理共识中，这一"同意"才是可能的。

2. 对共享善理念的伦理认同

罗尔斯认为正义是在良好合作的社会中实现的，"良好合作"包含着这样几个特征：（1）程序性，它要求个体在一定的结构环境中去执行某种被

① 〔加〕威尔·金里卡：《当代政治哲学》，刘莘译，上海三联书店，2004，第 383 页。

② 〔美〕麦金太尔：《追寻美德：伦理理论研究》，宋继杰译，译林出版社，2011，第 294 页。

③ 姚大志：《一种约定主义的正义？——评沃尔策的正义观》，《学习与探索》2013 年第 2 期。

要求了的义务；（2）正义原则的既定性，合作被预设了目的。而社群主义主张分配应依据共同伦理生活中得到的善的理解，这一理解和共同体中个人对身份的理解是相互关涉的，在这种情景中，每个人按照自身的理解去获得相应的社会善，这就形成了一种有机的、自发的正义形式。正义感的意义实际上是普遍正义的参与态度，它要求个体以公平、平等为个人使命，去参与公共生活，因而它是一种底限道德。因为实际上注重善、爱等向度，会影响人做出公正的判断，公正的判断要求不偏不倚，它要求公民遵从规则和程序，不以个人主观情感作为政治参与的依据。

社群主义主张正义不可能独立于善，正义首先是个人的一种德性，而个人德性又是受社群的“共同的善”或公共的善规导的，个人的德性及权益要由社群的“共同的善”来规导与界定，换言之，正义就根本而言是对社群的共同的善或公共利益的共识。[①] 在社群主义者看来，构成社群的基本条件之一就是成员按照特定的方式追求共同的善或者说“公共利益”。沃尔泽认为，社群的意义在于它具有共享的善观念，共享的善观念与社群形成的关系可以被理解为“群体构想和创造的这么一个社会过程中，其构想和创造是以群体的‘共享理解’为背景的。‘共享理解’也即‘深层理解’，是指在特定的情景中特定的人群因出生环境和成长经历大致相同而形成的能够相通的情感和认知”[②]。那么，善观念同时包含着个体德性以及善品意义的根据。就善品的分配而言，沃尔泽说：“一个共同体的成员可以不同意某事物被赋予的意义，但他不能轻易否定事物意义是被赋予的。”[③] 就是说，作为善品或分配对象的物是特定共同体文化约定的，不仅它的善是被约定的，它在共同体中的分配方式和应得也是被约定的；而且共同善同时也是个体德性的依据，人的道德观念是“产生并内在地镶嵌于特定的文化及其历史发展之中的，而并非与某种普遍的人性或自然法，或某些从特定文化中理性抽象出来的普遍原则相联系”[④]。由此可见，德性善和分配善都是依

① 李先桃：《当代西方社群主义正义观研究》，博士学位论文，湖南师范大学，2008，第64页。

② 张晒：《沃尔泽多元主义分配正义论研究》，博士学位论文，武汉大学，2015，第91页。

③ Michael Walzer, “Objectivity and Social Meaning,” in David Miller ed., *Thinking Politically: Essays in Political Theory*, New Haven: Yale University Press, 2007, p.42.

④ 张晒：《沃尔泽多元主义分配正义论研究》，博士学位论文，武汉大学，2015，第94页。

托于特定的文化的共享理解产生的。

而就正义的实现来说，它需要共同体中的伦理认同与成员的德性人格。在社群主义看来，分配正义可以被理解为人们在不同领域追求该领域的善良生活方式中，彼此通过经验和传统约定出一套关于善的分配方案。显然，这个方案之所以具有现实可能性，在于其成员普遍认同该方案，并愿意为之付出自己的德性努力。最起码成员应认同分配规则本身，这是该分配具有“活力”的本质要求。这也是社群主义比自由主义包含更多的精神性的一面。也就是说，“共同的善的概念形成和实现的基础不在于道德规范的系统周全，更不在于人们对‘无知之幕’等概念支撑下的契约达成，而在于人们对自身传统和历史联系的认同，在于具有善品格和正义美德的个人对道德共同体的理解、认同、确信和忠诚”①。

由此可见，在社群主义看来，对于一种分配正义原则的认同首先是公民对共同的文化、传统的认同，而个体对于共同体习俗、文化的认同，是对社群正义原则“伦理共识”的基础。俞可平先生认为：“泰勒、沃尔泽、麦金太尔都一致认为，自我认同首先是通过个人成员资格而发现的。每个人都毫无例外地生活在各种各样的社群之中，这些社群的价值、利益、目标必然地对其成员打上不可磨灭的烙印。”② 因为“个人成员资格对自我认同具有决定性的意义，所以，自我认同又被一些社群主义者叫做‘成员资格的认同’”③。“认同”是要告知一个人“我是谁”以及“我”与共同体的关系，它关涉着自我对于善与恶、有意义与无意义的理解。社群主义认为只有在社群中“我”才能知道我是谁，才能具有关于善与恶和价值的观念。而共同体成员资格的认同，则为正义的“伦理共识”奠定了基础。对比自由主义可以发现，自由主义割裂了生活世界和政治世界，共同善没有生活世界的基础，一个突兀的政治世界认同在更大的程度上还是依赖于人的正义感和道德感的普遍性推理。社群主义注重伦理生活和正义原则的统一性，这一点在公民的认同和参与上具有积极意义。

---

① 李先桃：《当代西方社群主义正义观研究》，博士学位论文，湖南师范大学，2008，第64页。

② 俞可平：《社群主义》，中国社会科学出版社，1998，第68页。

③ 俞可平：《社群主义》，中国社会科学出版社，1998，第68页。

3. 个体的德性、义务和普遍责任

社群主义者认为公民应积极履行其责任，这里牵涉到“责任”和“问责”的差异问题。按照消极权利的主张，人与社会的关联在于，只有在干涉他者权利或超越自我的权限范围之后，社会才可以进行问责，可见这种责任是消极的，它源自问题的导向。它的表述方式往往是“谁应承担该责任”，那么这种责任机制就需要一些标准的制定，根据它们去裁判行为，以此来达到责任与合法性的关联，“问责”是现代法理的重要基础。但是社群主义认为应有广义的责任观念：“问题不是什么行为会让你进监狱、花费你的金钱或使你失去了职业许可证。相反，问题是你是否且多大程度上关注了你的义务。一种责任伦理呼吁反思和理解，而不是机械或赤裸的一致。”① 在共同体中每个人都要在其自我身份理解的基础上积极履行自己的责任，并为社会的善目的去奋斗，这是一种积极的责任观和权利观。

社群主义认为对社会责任的积极承担就是正直和美德，美德是个体责任和社会善统一的媒介。麦金太尔曾对克尔凯郭尔《非此即彼》的审美人生的碎片化理解提出了反驳，他认为：“在伦理的生活方式里，对未来的各种承诺和责任源于我们在其中接受了义务、承担了责任，这样，对未来的各种承诺与责任就以一种能够使人生成为一个统一体的方式将现在过去与未来结合在一起。”② 美德是通过实践、传统和经验获得的，因而它是后天的，和自由主义强调良心不同，社群主义承认道德的后天来源。麦金太尔认为由美德获得的是内在利益。麦金太尔将利益分为内在利益和外在利益，内在利益是指人的卓越性的实现，是指追求卓越过程中实现一种对内心价值和生活意义的理解，这就是美德的意义，“诸美德要被理解为这样一些性好，它们不仅能维系实践，使我们能够获得实践的内在利益，而且还会通过使我们克服我们正遭受的伤害、危险、迷乱，而支持我们对善做出相关探索”③。而同时，美德对于人生的目的也是和共同体的善目的相统一的，因为，美德本就是历史文化的产物，“我”对美德的继承就是对文化与历史的认同，这样的“我”能够促进共同体对善的理解，使共同体的可能冲突

① 〔美〕菲利普·塞尔兹尼克：《社群主义的说服力》，李清伟译，上海人民出版社，2009，第29页。

② 〔美〕麦金太尔：《追寻美德：道德理论研究》，宋继杰译，译林出版社，2011，第307页。

③ 〔美〕麦金太尔：《追寻美德：道德理论研究》，宋继杰译，译林出版社，2011，第278页。

在分享的同一的文化、风尚中被消解。这就是自我的责任和德性的统一的理想模式。

其实自启蒙以来，无论是在休谟所谓的正义德性那里，还是在罗尔斯发展出的自由主义正义感那里，正义德性的含义都被极度窄化了，它实际上等同于“履行契约的习惯”，是人为的消极意义上的德，是一种“必须如此”的底限道德，旨在确保社会的正常运行。麦金太尔指出，休谟美德理论有三个重要特征：其一，诸个别美德特征的界定不再涉及实质性的共同善；其二，正义的美德无非一种能够服从正义规则的性情；其三，复数的诸美德概念变成了主要是单数的美德概念。[①] 这种德性观不仅代表了18~19世纪道德哲学的核心特征，而且也对当代道德实践产生了深远的影响。在麦金太尔看来，人的德性是与共同善、复数性、责任认同等理念的结合。德性、责任是参与良善生活的必然要求，既然要求良善生活和政治生活的一致性，就必然要求良善生活的德性善可以支持良善生活本身的实现，或者说，人的德性和行动应以良善生活本身为目的，认同普遍善价值，去构建一个精神的共同体。那么，当社群或共同体指的是国家时，我们应该承担怎样的公民责任和应具备怎样的公民德性，这是社群主义在考虑分配、应得等正义要求时的公民伦理进路。

## 第三节　社群主义的精神

在社群主义看来，当前政治理论一方面表现为良善生活与政治生活的分离，另一方面表现为消极自由和社会原子化问题。因而，在某种意义上来说，社群主义是具有诊断性质的，它与其说是对自由主义的批判，不如说是对自由主义正义论的补充。社群主义更为注重的是共同体的正义，主张私人生活与公共生活、个人良善与社会良善的统一。但是，社群主义的伦理正义表现为传统、善观念认同中的本真性问题，而且现代国家也不可能再成为一个伦理共同体，于是伦理正义精神在之后的发展中更多的表现为共和主义的一面。

① 〔美〕麦金太尔：《追寻美德：道德理论研究》，宋继杰译，译林出版社，2011，第294~296页。

## 一 现时代的伦理精神

1. 碎片化与认同危机

哈贝马斯曾继承科尔伯格的道德心理层次原理，把现代称为“后习俗”的时代，就是说人所共同依存的普遍性的东西在渐渐丧失。康德企图以道德为基础建构一种基于反思自由的公序良俗，即一个道德性的目的王国，以建立一种人人具有道德理性又相互之间道德对待的社会整体。道德王国固然是要构建社会的伦理性，但是在人人反思之中，这种伦理统一性何以能够实现是被黑格尔质疑的。其实，黑格尔的精神理念所关注的正是社会统一性，其要旨正在于普遍性和单一性的统一，黑格尔看重社会伦理风尚的现实性和普遍性，力求在道德和伦理之间实现和解，实现一种社会的整全性。但是后习俗时代也抛弃了黑格尔的伦理方案，任由人义无反顾地进入一个道德世界之中，最终导致了自我意义的缺失和文化认同的危机，人被理解为工作、职业等身份，但是这些属性无法为个体提供一个归属性说明。这正是从个体的合理性出发所必然面临的命运，每个人都无法通过本质确立自身的使命，而理性的自我确认使反思和判断都处于一种不确定性之中，换言之，每个人都生活中在游离之中，人与人之间联结的共同本质的纽带被祛魅了。

社群主义的出发点有以下几点：碎片化道德、自我的意义、原子化社会。碎片化道德是指后现代和情感主义的道德理念。如麦金太尔所谈论的情感主义问题，实质是每个人都有相对自我的道德观念，社会不缺乏理性，但缺乏人格的整全性，没有一个整全人格的道德观注定是碎片化的。社群主义认为没有可以脱离语境的道德和德性，人的意义的确立、基本价值的设定、正义的言说都需要在具体境遇中实现，也只有在具体境遇中谈论自我的意义、正义才不至于流于空疏。古特曼说自由主义的宏大理想撑起了整个时代的追求，但很难想象它的根基却建立在一种非实在设定上，没有对自我和个人现实的理解，那么建立在其上的自由、权利、平等等理念何以可能呢？其实现代人的信心来自自由主义取得的成就，但其实正如霍耐特所说，现代福利国家其实早就超越了自由主义的范畴，现代国家的政治理念是自由主义的，但是其在福利等方面的措施，很难被归于纯粹的自由主义。而现代人的自由的消极性，公共空间的萎缩，对义务和责任的忽视，却似乎和现代自由主义有千丝万缕的关系。

社群主义对于自由主义在政治正义方面取得的成就从没有真正否认过，“社群主义接受并支持自由主义的主要成就……西方的自由、平等、宽容和合理性的理想在很大程度上归因于自由主义思想家和政治领袖的著作”①。就此而言，社群主义对自由主义的批判是伦理性的，就是对自我的理解和他们宣称的理念有不兼容之处，而非对自由主义所要达到的目标的否定。社群主义想要表达的是，“个人”并不像自由主义者那样孤立，个人与共同体存在一种彼此成就的关系。个人主义不仅没有将个人从抽象的暴力中解放出来，而且只是将他的社群属性虚化并由此悬隔了他。这种隔离使个人成为一个独特的弱势存在者，他成了无根的碎片。“由于个人主义的盛行，现代社会的人们普遍表现为理想和目标的丧失、激情的缺乏，社会成了无方向感人群的集合……人们对人生没有完整的认知，生活成一个个碎片。”②

社群主义则强调社会合作、团结友爱、相互平等、追求公益。这种政治观念的转变，是建立在对自由主义传统弊端的认识基础上的重新定位，对于弥补自亚当·斯密以来形成的自我观念、普遍主义原则和原子主义方法论的不足有着极为重要的价值。社群主义的提出有利于解决社会道德危机的问题。一个正义的社会应除了体现在其善的分配，还应体现在其成员的精神与社会普遍精神的生成，一个极度功利和极度自利的社会纵使有一套公平的正义体系，也只能说这个社会存在分配的正义，但不能说存在伦理的正义。以罗尔斯为首的自由主义从权利出发，就是将正义局限在个人权力和利益的实现上，这是现代消极自由发展的一个必然结果。个体的自由和权利固然重要，但忽视了一个社会伦理正义的向度。伦理正义要求单一性与普遍性的统一，即要求个体能够在对公共生活的参与中成为一个普遍存在者，以普遍的善目的为个人实现自身的人生指向。

查尔斯·泰勒说：“我们继承了17世纪的原子论。不是因为我们信奉契约论，而是因为我们发现这样更容易把社会考虑成经由意志建立的，或

① 〔美〕菲利普·塞尔兹尼克：《社群主义的说服力》，李清伟译，上海人民出版社，2009，第7页。

② 何霜梅：《正义与社群：社群主义对以罗尔斯为首的新自由主义的批判》，人民出版社，2009，第216页。

工具性的思考它。在后一种情况下，即是我们不再把社会起源理解为‘同意’，可我们仍可以这样评估它的作用，即它是我们达到个体或选民集团利益的工具。”[①] 社群主义认为将社会作为工具或“市场经济的代理机构”是肤浅的，一个好的社会必然需要我们对社会的认同和归属，而非利用和对立，如俞可平所说：“健康的公共生活需要一系列必要的条件，包括对公共制度和政治方式的强烈认同，公民对社会政治生活的积极参与等等，而这些健康的公共生活必需的条件正受到工具主义和原子主义的严重威胁。”[②] 就此而言，社群主义与自由主义的对立为西方现代政治重拾自我认同，发掘社会精神，是提供了助益的。

2. 个体崇高与良善生活

塞尔兹尼克（Philip Selznick）说：“社群主义的说服力是一种公共哲学……没有一种连贯的公共哲学，我们将受到漫无目的、机会主义和自欺的伤害，这就会伤害或打破道德的界限。”[③] 社群主义对自由主义的批评主要是这种抱怨：“自由主义作为一种我们熟悉的西方传统，它缺乏责任伦理。它关注的焦点在于自由和权利，而对义务和责任关注得不够。”[④] 近代以来，随着康德主义的蔓延，道德与伦理的分离，现代普遍主义的正义观形成，自由主义的正义追求正当性，它主张基于理性主义的非目的性构建。它的原则是在排除既定知识、目的的情景下探讨何谓正当。它同时也说明，个体权利是目的，具有不可侵犯性。随着自由主义观念的深入，以权利和功利为基础的道德理论已经代替了传统德性观念在社会中的地位，个人的过度自主、社会责任的丧失，都在威胁社会的秩序和稳定。并且自由主义主张私人生活与政治生活的分离、良善生活与正义原则的分离，造成了消极自由与政治生活中伦理认同不足的问题。

社群主义认为个人理想和国家的事业是分不开的，个人只有积极地参与公共生活，人生理想才能得以充分实现。与自由主义不同，社群主义不

① 〔加〕查尔斯·泰勒：《自我的根源》，韩震译，译林出版社，2001，第 296 页。

② 俞可平：《社群主义》，中国社会科学出版社，1998，第 41 页。

③ 〔美〕菲利普·塞尔兹尼克：《社群主义的说服力》，李清伟译，上海人民出版社，2009，第 13 页。

④ 〔美〕菲利普·塞尔兹尼克：《社群主义的说服力》，李清伟译，上海人民出版社，2009，第 9 页。

认为个人理想只是私人的事，个人的理想是与社会公共事业相统一的。如麦金太尔所说：“我永远不能仅作为个体去追寻善或践行美德。”[①] 个体只有认同自己的身份，才能把自己视为一个充盈的整体，因为社群主义中其实包含着阿马蒂亚·森（Amartya Sen）学说中“承担”（commitment）的问题。承担这些行动在某种程度上放弃了个体自身的福利，而去追求某种在个体看来要比自身福利更重要的福利。这和黑格尔对伦理义务的诠释是一致的，艾伦·伍德认为黑格尔的伦理义务可对应于利己动机的义务和普遍道德服从的义务，利己和普遍道德服从是许多伦理理论和经济学理论公开承认的两种义务动机。但是黑格尔的伦理义务显然不同于两者，黑格尔认为大多数社会生活的承担都来源于个体伦理意向的过程。艾伦·伍德说：“在黑格尔看来，道德徒劳想要提供一种‘伦理的义务理论’，这种理论只取决于‘通过自由理念而是必然的关系的发展，并因此在全部范围内，只有在国家中才是现实的’。我们的伦理义务是其他个体或机构通过一个合乎理性的社会和伦理秩序中所处的那种关系而对我们提出的各种要求。”[②]

由此可见，社群主义者所说的个体理想和人生计划都必然关涉一种“伦理正义”的意向，这种意向是黑格尔所认为的个体从抽象到现实、从有限到无限、从特殊到普遍的东西，米勒说：“人们不仅把自己看作与社会单位相联系的个体，并以此回答‘你是谁’的问题，除此之外，还应说‘我还属于……’，社群不仅是相对于他人而言的感情上的归属感，它也因此而进入认同。如果割断了与社群的联系，那么，个人生活也将失去重要意义。”[③] 罗尔斯对良序社会的定义是正义原则有效规范的社会，但如桑德尔所说，这样的社会是仁爱精神丧失之后的无奈选择，它已经预设了社会潜在的利益分歧。在社群主义者看来，好的生活应包括社会伦理的完善，只有政治公正的社会无法关注真正的良善生活，这样的社会关注利益的属己性，而无法触及社会的真正的伦理自觉和道德责任。桑德尔说：“当博爱消失时，需要更多的正义，但也许更需要重建道德状况本身（status quo）。而且，不能保证正义与其他一些对立的美德是完全可以公度的。个人情感和

① 〔美〕麦金太尔：《追寻美德：道德理论研究》，宋继杰译，译林出版社，2011，第279页。

② 〔美〕艾伦·伍德：《黑格尔伦理思想》，黄涛译，知识产权出版社，2016，第344~345页。

③ David Miller, *State, Market and Community: Theoretical Foundations of Market Socialism*, Oxford: Oxford University Press, 1990, p. 134.

公民情感的衰败可能代表着一种连足够的正义也无法弥补的道德缺陷。”①

由此，社群主义注重公民德性教育的问题，而公民教育不是规范教育，而是德性教育，美德是能够促进社会公共利益的品质，而一个具有美德品质的人，会有一种稳定的道德品质。这些美德往往以集体主义价值观为基础，包括善良、诚实、奉献、爱国、正直等良好品质。罗尔斯等自由主义者认为公民不需要太多的德性要求，他们只需要懂得正义的规范或拥有基本的正义感，至于公民拥有何种道德品质或认同何种统合性学说，是公民个人自由的体现，国家不应干涉。按照这种设想，很显然自由主义低估了政治生活的道德范围，一个道德碎片化的社会很难促进社会的良善生活，政治生活应担负着公民优良品质养成的职责。值得注意的是，社群主义将爱国作为一个重要的品质，爱国是个体实现自己普遍性的一种方式，这让我们想起黑格尔的“爱国情愫”，因为国家是世俗世界中调节市民社会种种对立、矛盾的最大的普遍力量，所以，个体有义务去爱自己的国家，并以此为一种重要的自我实现方式。

3. 对现代民主疲敝的反思

霍耐特在《论我们自由的贫乏——黑格尔自由的伟大》中列举了现代自由的两种样态，即消极自由和反思自由，他认为现代过于追求消极自由和反思自由，导致现代自由的极度贫乏。由此，他在《自由的权利——民主伦理大纲》一书中开始探讨黑格尔伦理观念和自由主义的消极自由结合的可能方式，企图探求适合现代社会的另外一种自由即黑格尔式的社会自由的形式。其实，霍耐特对现代自由的诊断与社群主义对新自由主义的批评有殊途同归之感。

现代自由对于民主而言是在说明政治合法性问题，因为只有充分保证人的民主地位的政治才是合法的。而且，任何一种统治力量都必须经过被统治者的接受或同意，才是有效性的，这是现代民主取得的基本结论。但是民主的形式性在于，它要求一种合理性的证成，现实中对于少数的不同意者的说明和证成是很难自圆其说的。而且民主社会中公民往往与政治脱节，关注社会和市场，而忽视公民的政治参与的基本权力。正如阿伦特对现代市民社会

① 〔美〕迈克尔·J. 桑德尔：《自由主义与正义的局限》，万俊人等译，译林出版社，2011，第 47 页。

的批判，她认为现代社会割裂了人和政治，人局限在自己的私人领域，消极地承受着不受干涉的自由，但是把政治事务往往当成异己之物。[①]

而且，盛行的自由主义民主理论往往对民主进行一种扁平化理解，我们也能看到这种民主理论在西方对于自由和平等张力的忽视。因而黑格尔认为现实的人格与自由不能停滞在自由或义务的理念之上，而是自我是在过一种和义务统一着的生活，只有这样，义务才不是外在于"我"的，或强制于"我"的。"'伦理'之所以优于其它社会现实性的机制部分，并不仅在于它给个体减轻负重或使之免于反思，更在于它为个体提供了一种自由的形式，这一形式与现代性标榜的其它自由形式相比，从程度上看在可以经历到的无强制性和现实感满足方面要远胜一筹。"[②] 就一种反思性而言，道德是个体"公开运用理性"的结果，它有对一切既定规则审核的权力，因而它的基础是一种审查法律的理性，即任何强制必须经由"我"的审查和同意。但是这种纯然的反思性其实本身就是一种负累，因为它始终令规范处于相对待之中；因而黑格尔主张在一些具体的伦理关系上应形成习惯和品质。

桑德尔从现代民主国家的程序性考量现代美国民主的疲敝，他说美国在渐渐成为一个"程序共和国"，所谓"程序共和国"，"也就是说美国社会经济变化终于使得自由主义和个人至上的伦理站上了台面，失去了过去共和传统的精神，人民不相信存在全国一致的目标或公民精神，反而在日趋多元的社会中决定程序正义为第一原则，因为只有程序正义才能保障这种权利意识高涨的个体不受侵犯"[③]。就是说，现代民主对正义的理解一切都从个人权利出发，这种个人主义的立场必然导致多元主义和公共精神的丧失，以致最终只能靠程序去追求社会中有限的共识和统一。由此，他在《民主的不满》一书中提出一个问题，追问在一个巨型国家中，在宪政民主的框架下的今天，我们该如何培养公共精神。他说："令这个时代焦虑的是，个人与国家的中介，如家庭、邻里、城镇、学校、宗教集会等共同体遭到削弱，而美国民主制长期依赖依靠这些联合体培养公共精神。"[④]

---

① 〔美〕汉娜·阿伦特：《人的境况》，王寅丽译，上海人民出版社，2017，第37~39页。

② 〔德〕霍耐特：《论我们自由的贫乏——黑格尔自由的伟大》，王歌译，《世界哲学》2013年第5期。

③ 欧洋：《以桑德尔为代表的社群主义国家认同研究》，《人民论坛》2014年第34期。

④ 〔美〕迈克尔·桑德尔：《民主的不满》，曾纪茂译，江苏人民出版社，2008，第367页。

由此可见，社群主义对现代性的反思与批判和黑格尔对启蒙的反思是相似的，现代民主注重消极自由和反思自由，但是，对于公民之于国家的关系、公共对于社会的责任都显得消极无为。桑德尔认为这正是长期以来国家奉行自由主义的结果，他怀念美国立国之初的共和理念，“共和主义的核心理论是这样一种观念：自由需要自治，而自治又有赖于公民之德性。这在开国一代人的政治观念中分外突出。公众德性是共和国的唯一基础，约翰·亚当斯在独立前夕写道，对于共同善、公共利益、荣誉、权力与荣耀，必须有一种真实的激情确立在人民的心中，否则就不可能有共和政府，也不会有任何真正的自由。本杰明·富兰克林说：‘只有有德性的民族才能获得自由。当国民腐败堕落时，他们更需要主人。’”[①] 桑德尔的共和民主是对自由主义的民主观的批评。它揭示了现代民主的私人主义、个人主义、公共精神缺失等特点，这一洞见是客观的。至于桑德尔本人的公共哲学，也体现了其社群主义向共和主义形象的转变。

## 二　理论的局限与现实主张的空泛

### 1. 自由与权利问题

与自由主义相比，社群主义更像一种伦理学说，而非纯粹的政治学说，它关注的是政治价值是一种古典的哲学价值。罗尔斯曾质疑“社群主义”这一概念，他的学生萨缪尔·弗里曼（Samuel Freeman）说：“罗尔斯对社群主义感到莫名其妙，因为对他来说，这个名词被用来指称了多种哲学与政治立场：托马斯主义、黑格尔主义、文化相对主义、反自由主义、社会民主主义等。他认为它最多不过是某种完善论（perfectionism）——它视人类善为对一定的共享目的的追求。”[②] 由此可见，社群主义的批判可能没有真正触及罗尔斯的回应，虽然罗尔斯没有明确地说过对社群主义的态度，但是，他确实明确说过自己后期的转变并非受到社群主义的影响。因为，就自由主义者对社群主义的一般印象而言，他们更倾向于将社群主义理解为一种思古情绪。

---

① 〔美〕迈克尔·桑德尔：《民主的不满》，曾纪茂译，江苏人民出版社，2008，第 148～149 页。

② Samuel Freeman, “Justice and the Social Contract,” *Philosophy* 6 (2007): 6.

梁东兴认为社群主义的一个特点是寄托于道德来解决社会问题，“社群主义更多地是从道德方面寻找解决资本主义社会不平等以及道德危机的根源”①。这一看法确实可以统摄大多数社群主义者的理论。社群主义的观点是“伦理—道德”统一的模式，即个人道德规范和伦理生活具有不可分离的统一性，就是说以个人道德证成伦理生活，进而实现共同体内部的正义性。从社群主义的观点看，伦理基于品质和习惯的对待关系，尤其是在处境中的自发反应可以产生一种自然的伦理性，“在习惯中自然意志和主观意志之间的对立消失了，主体内部的斗争平息了，于是习惯成为伦理的一部分”②。就此而言，伦理与道德相互统一才是自由的理想状态。这体现出社群主义对古典共和主义的回味。

自由主义强调义务和责任，那么权利如何体现呢？其实社群主义者对于人的权利是一种不甚关注的态度，但他们不反对自由主义对人的自由的基本理解，社群主义并没有提出人的消极自由如何保证的问题。如沃尔泽就认为，不管社群主义对自由主义的批评多么尖锐，它实质上也只是自由主义的一个变种，是在自由主义内部展开的对社群主义的追求。社群主义对自由主义的矫正只会加强自由主义的价值，而不是要起别的作用。③ 因而，社群主义是个人主义极端发达的产物，是对个人主义不足的弥补，它的价值只有在自由主义和个人主义极端发达的前提下才得以凸显，其不足也只有通过自由主义才能得到补偿。桑德尔曾认为，自由主义的自由人士为私有经济辩护，而平等主义的自由人士为福利国家辩护；社群主义者则为私有经济和福利国家相应的公共生活辩护。社群主义的价值只有在自由主义和个人主义极端发达的前提下才能得以补偿。离开发达的自由主义就无法真正理解社群主义，离开自由主义谈论社群主义只是一种复古主义的情怀。

2. 社群主义的伦理本真性问题

桑德尔在《自由主义与正义的局限》第二版前言中公开宣称社群主义的错误，他认为社群主义的一个问题是对文化、习俗等共享的善观念可能

① 梁东兴：《西方社群主义的洞见与局限》，《社会科学研究》2010年第3期。

② 〔德〕黑格尔：《法哲学原理》，范扬、张企泰译，商务印书馆，2010，第171页。

③ 匡萃坚：《当代西方政治思潮》，社会科学文献出版社，2005，第429~430页。

会形成缺乏反思的互动。由此，桑德尔更愿意将自己的学说称为共和主义，因为共和主义是指复数性的公民对政治生活的广泛参与，积极表达自己的自由，进而实现一个正义的社会共同体。桑德尔在该书中区分了两种正义与善的关系，第一种是“正义原则应从特殊共同体或传统中人们共同信奉或广泛分享的那些价值中汲取道德力量”，第二种是“正义原则取决于它们服务的那些目的的道德价值或内在善”。[①] 桑德尔赞同的是第二种善观念和正义关联起来的方式，这种关联方式旨在说明值得我们付出德性理想的正义原则自身包含着道德合理性。而第一种关联方式的问题在于传统与当下的良善生活都有可能包含着不合理之处。他说：“某些实践是由一特殊共同体的诸传统所裁定的，单凭这一点还不足以说明这些实践是正义的。使正义成为流俗的产物，也就剥夺了其批判性品格。”[②] 哈贝马斯将其称为“伦理本真性”问题。

其实社群主义中确实存在能动性不足的问题，一个人的品质是受到共同体的历史和文化的影响，但是一个人对共同体中信仰、习俗的不合理的地方是否具有自我反思的能力，是一个关于“合理性”的问题。黑格尔曾预设了伦理生活的无反思性，但是他在论述中其实大量设置了知性的洞见等环节，以令反思和风尚的合理化同步进行，但这样一来，也使它的思想更靠近自由主义，如艾伦·伍德所说：“在黑格尔看来，我是否只出于习惯而履行有差别的牵引力的义务，抑或也对这种义务的制度化背景进行理性反思……两者是有差别的。他认为我们应‘基于善的根据而产生对义务的洞见’……在此，黑格尔再度与启蒙普遍主义相接近，而非与时下的社群主义相接近，后者以理性反思为代价对传统与风习大加颂歌。”[③] 这样，习俗和正义获得天然的亲近性，这是社群主义对正义的简单化理解。如德沃金所说，无论何时，正义本身都带有趋向平等的特质，按照习俗、历史、文化内定的正义往往忽略正义的这些普遍性价值，而只片面地注重社群价值。梁东兴也说：“社群主义者忽视了个人的主观能动性，强调人在社群中

① 〔美〕迈克尔·桑德尔：《自由主义与正义的局限》，万俊人等译，译林出版社，2011，前言第 3 页。

② 〔美〕迈克尔·桑德尔：《自由主义与正义的局限》，万俊人等译，译林出版社，2011，前言第 4 页。

③ 〔美〕艾伦·伍德：《黑格尔伦理思想》，黄涛译，知识产权出版社，2016，第 347 页。

只是发现自我。”[①]

社群主义注重伦理认同，这是自我与共同体和解的方式。但是一个基本问题是，作为社群主义精神基础的“认同”是否包含着对社会文化、习俗的反思？按照共和主义的立场，积极的交往和表达自己的自由，这是公民得以促进社会正义的基本德性。但是社群主义的认同关注的主要是对自我身份的认同、对公民资格的认同，这些认同维护的是社群的团结与伦理的目的。而且，当个体为了公共的善而奋斗，这样的善的合理性如何能保证呢？这也是社群主义的一个基本问题。所以，自由主义和社群主义之间存在关于“根据个人偏好调整善观念”还是“根据善观念调整个体偏好”的争论，在社群主义者看来，前者的结果是自由的消极性和社会的工具化，而社群主义支持的“依照共同善行动”的结果则可能是政治集权以及父权式的压迫。

在此问题上，我们再一次看到社群主义和自由主义的正义观彼此互补，它们承认自己在各自不足上的无力，同时承认我们的社会需要社群主义精神，这是对良善生活的重要补充。而自由主义对正当的探索和进取同样是在自由主义权利框架下推进的。就此而言，我们甚至可以说，社群主义和自由主义的交锋是“虚假”的[②]，因为两者没有在本质上呈现出对立，它们探讨的甚至是不同的正义主题，社群主义探讨的是一种伦理的正义，自由主义所持的是一种政治的正义，这两种在西方正义概念诸二阶价值中都是存在的，只不过自霍布斯以来，一种伦理的正义被遗忘了，社群主义可以算作对这一正义价值的重拾。俞可平说：“社群主义和自由主义之争还在继续，很难说谁是赢家谁是输家。任何严肃的学术讨论和学术争鸣，失去的只是偏见和不足，得到的却是理论的改善和进步，就此而言，双方都是赢家，因为真正的赢家整个西方政治哲学。”[③] 这就把两者同作为对西方政治理论的补足了，所以单一来看，两者都暴露着自身的缺陷，只有把两者作为正义论的两个面向，反倒体现出两者的生气。

其实在哈贝马斯等学者那里，康德的道德自主观念有了更多的经验论

① 梁东兴：《西方社群主义的洞见与局限》，《社会科学研究》2010 年第 3 期。
② 曹钦：《罗尔斯与社群主义：虚构的交锋?》，《同济大学学报》2017 年第 5 期。
③ 俞可平：《社群主义》，中国社会科学出版社，1998，第 53 页。

断形态，他们认为现代人已经拥有着后习俗的道德意识。由此，哈贝马斯倾向于使用道德自由的范畴，来表达在现代高度发达的社会条件下道德意识达到了顶峰。他们普遍认为，“后习俗主体”必须能够将自我置于所有特殊角色和规范之后，为的是在冲突时能够以与所有其他人相互理解的视角来确定行为理由。这也算是对社群主义在能动性上不足的前现代主义的说明。因此，哈贝马斯等人的交往理论注重社会层面的伦理精神建构，如哈贝马斯通过交往考量生活世界和系统的整合，市民社会是一个需要建构的“交往共同体”，随着后资本主义的发展，社会生活越来越呈现为一种“复杂结构”，因而，这个共同体也不可能是靠同一种善理念或习俗可以统摄的。因而伦理生活转向对主体与主体之间交往关系的考察，通过人与人之间的交往共识来代替黑格尔“伦理实体”的理想，进而生发出一种规范重建和具有客观精神的现代伦理进路。

# 第五章 交互主体理论的伦理与正义

交互主体理论是介于自由主义和社群主义之间的一种理解方式,而建立在交互主体之上的正义论是一种通过交往、商谈建构社会正义的方式。交互主体理论的核心精神是主体在语言中的去中心化，进而在一种自我确认和他者认同的共同道德作用下，形成特殊性与普遍性的统一。由此，现代正义论的伦理精神经过契约论、政治自由主义，开始形成一个新的形态，就是交互主体的形态。在该基础理论下，不论是社会理论还是正义理论都发生了范式转变。

交互主体性或主体间性①作为理解伦理正义的一种方式，与作为个人正直的伦理正义不同，个人正直的正义性在于对共同体伦理价值的认同。而从交互主体性中，可以将一种伦理的正义理解为交互主体中的爱和承认的关系，以实现主体间情感性的和解，而同时在这种情感性的交互中彼此的独立性可以得到具体承认。这种正义范式的主要来源是青年黑格尔时期的承认理论，但是，作为交互主体理论集大成者的哈贝马斯，对正义和伦理的理解都具有非常重要的意义。哈贝马斯在更大意义上是一个康德主义者，但是他同时要弥补黑格尔对康德的批判。他的政治正义和交互主体正义都是以康德的道德概念为基础的，前者体现为程序正义或合法性正义，后者体现为作为“正义的他者”的“团结”理论，两者都以道德性的普遍化原则为奠基。

由此，哈贝马斯要通过道德性的交往和商谈克服系统对生活世界的殖

① “主体间性”一词在近代思想史上是相对于“主体性”一词而衍生的，费希特、黑格尔、胡塞尔等哲学家的文本中都提到过，它表示多个主体之间平等互存的概念。“交互主体性”多指主体间性通过语言、交往、承认等具体媒介关联在一起的实现状态。本章节主要谈论主体之间通过交往、承认等达成规范合理性的论证，所以多用“交互主体性”这一词语。

民，以及获得正义的规范，还要实现社会团结。在他看来，交往的“病症”将意味着一系列社会危机的降生，因而，主体间的道德正义同时充当着法律正义和政治正义的“程序”。而“交互主体的伦理性”更强调主体交互的情感因素，它以“蔑视经验”为一切“病症”的根基，主体间的正义就体现在彼此的相互承认上。因而，就主体的正直而言，他的行动原则应以承认的规范为出发点，因而，承认对主体的“良善品质”的需要先于对个体“正义感”的需要。这就导致两种交互主体正义理论的根本不同。霍耐特进而根据承认的主体间正义提出诊断和分析模式的社会正义学说，并试图以承认理论为根基重建现代消极民主的伦理性。

但是，交互主体的伦理正义并不具有黑格尔或古希腊伦理意义上的伦理性，它更接近于一种良善生活的理论，而伦理的意义包含着普遍善价值和“纵向”的伦理认同，这些却是霍耐特急于抛弃的，这与法兰克福学派的批判传统有关。但是，以此为进路企图重建黑格尔意义上的社会伦理性和精神性，最终很难与黑格尔本人一直批判的“原子化”形态分离开来。

## 第一节　交互主体理论与现代伦理学的哲学基础

交互主体理论是现代伦理生活重建的一种代替理论，“伦理”本意包含的个体与伦理实体的关系被主体与主体之间的交互性所代替，并且交往或承认开始作为一种新的社会理论的基础。交互主体交往也是对社群主义和自由主义之争的一种回应，在两者之争中各自暴露出自身的弱点，交互主体理论一方面企图克服自由主义的原子化问题，另一方面又要兼顾当今世界的民主基础，克服社群主义的无分化性。因而，交互主体性可以说是在两者的优势上被建立起来的。再者，交互主体交往理论也看到黑格尔“伦理”在当今世界的作用及“再实现”困境，因此也可以说，它是对伦理的一种“横向”理解。

### 一　交往理论对自由主义与社群主义的调和

自由主义和社群主义之争是现代西方政治哲学中影响最为广泛的争论，其争论的核心是社会伦理精神与权利自由谁更优先的问题。两者的争论可以归结为“能动性论辩”“元伦理论辩”“政治论辩”[①]三种核心议题：(1)“能动性论辩”指的是反对自我理论中的原子主义立场，自由主义者在对人的基本理解中，将个体理解为概念性的或抽象的个人，支持这一观点的代表有拉兹、查尔斯·泰勒和桑德尔；(2)“元伦理论辩”指明社群或共同体生活之于规范形成的根本作用，价值和规范的根源在于共同体而非个人，支持这一观点的有麦金太尔、迈克尔·沃尔泽；(3)“政治论辩”是指罗尔斯对《政治自由主义》的修正，他在融合黑格尔伦理理念的基础上提出一种“政治社群”的回应，以实现政治领域中善理念和政治正义的兼容，即以自由主义政治正义本身为政治世界中的善观念，以形成一个具有伦理精神的共同体。德沃金的“伦理优先性”和罗尔斯共同体理论类似。这三个论辩议题即表达了现代政治哲学对正义价值追求的分歧。而在争论中自由主义和社群主义各自暴露了自己的优势和不足，这就需要新的理论加以调和。

法兰克福学派积极介入自由主义和社群主义之争，开启了不同于二者的正义建构，“在哈贝马斯的率先垂范下，介入自由主义—社群主义之争一度成为新法兰克福学派‘内部’的一种‘时尚’，从某种程度上，其‘势头’至今未歇”[②]。在哈贝马斯、霍耐特、本哈比等人看来，早期批判理论注重对社会异化现象的批判，但缺乏一种规范基础。而哈贝马斯从社群主义和自由主义之争中，吸取两者之长，批判理论从现代主体哲学开始，建立互主体性的交往模式。于是，以一种新的方式介入这场争论，他的交往理论确实在一定程度上弥补了自由主义的原子化问题和社群主义对多元事实的忽视，构成了新一代的批判理论。如肯尼思·伯内斯（Kenneth Baynes）在《自由主义——社群主义之争与交往伦理学》一文中认为：“当代的自由主义者没有充分地考虑基本权利的社会根源和辩护，而社群主义者则没有充分地正视民主公民身份的性质和条件。”[③]因为自由主义与社群主义之争同时暴露出双方的局限性，那就要求实践哲学具有一种更宽泛的

① 〔美〕斯蒂芬·加德鲍姆：《法律、政治与社群的立场》，杨立峰译，应奇、刘训练编《共和的黄昏：自由主义、社群主义和共和主义》，吉林出版集团，2007，第235页。

② 应奇：《从伦理生活的民主形式到民主的伦理生活形式——自由主义—社群主义之争与新法兰克福学派的转型》，《四川大学学报》2015年第4期。

③ 〔美〕肯尼思·伯内斯：《自由主义——社群主义之争与交往伦理学》，应奇译，应奇、刘训练编《共和的黄昏：自由主义、社群主义和共和主义》，吉林出版集团，2007，第215~234页。

框架，伯内斯认为哈贝马斯的交往伦理学的意义正是提供了这种框架。

自由主义和社群主义的对立与现代性批判有内在相关，这一相关就是现代主体性哲学与现代民主的现实之间的关联。自由主义的根基是主体性哲学，它是现代自由主义的形而上学基础。但是，现代性面临的困境，正是主体性哲学本身的局限性。由此，相比于早期批判理论对科学技术和工具理性的批判，哈贝马斯倾向于从社会历史中找寻答案，他认为现代性批判要彻底与主体理性模式分道扬镳，就必须重建一种形而上学的基础。他将“交往理性”作为其理论的规范性基础，取代了工具理性，主张用“未受伤害”的话语体系引导现代文明社会的运行，实现了从主体性向主体间性的转向。

由此可见，新法兰克福学派对社群主义与自由主义之争的介入是通过重建一种形而上学基础来实现的。现代性的核心是主体性的自由。它构成了现代性的基本主题，但正如社群主义所争辩的，不仅这种自由是抽象的，而且，它导致了原子化以及消极自由为基本格调的现代民主。而在伦理学层面，没有发展出一种政治领域中的伦理正义精神。这一方面是因为道德和政治的分离，其后果是个体意识和精神停留在个体层面上，没有关涉整体善的伦理。另一方面，政治的正义维持的是社会基本利益分配问题。近代市民社会正是通过普遍法则对每个人的任性自由加以规范调节的体系，其核心是保护财产所有者的私有财产权。市民社会与国家出现分离必然导致在伦理道德层面提出新的要求。不论是社会正义还是个体的正义感，作为社会德性的基础，都已失去了主体与正义交互的基础。

从近代批判理论的发展来看，早期批判理论以对工具理性的批判和否定为主。所谓工具理性实质上就是指作为现代性根基的启蒙理性，这种理性表征为技术理性主义、个体中心主义、文明进步主义，批判的主要方式是一种“否定辩证法”。但是否定辩证法以非同一性原则批判既有的概念、体系和传统，它不可避免地导致一种“瓦解的逻辑”[①]。因此，后期批判理论家注重重建批判规范性的基础，在哈贝马斯看来规范性的基础就是社会中主体间的交往或承认是否被中断和阻碍。它一方面表现为系统是否对公共话语程序造成阻滞，导致系统对生活世界的殖民；另一方面体现为交往

① 王凤才：《从批判理论到后批判理论》（上），《马克思主义与现实》2012 年第 6 期。

双方是否具有平等性，一种合理的交互性首先应体现为双方地位的平等。这两个方面构成了衡量社会规范的基础。因此，一种互主体理论的建立是非常必要的。

## 二　互主体理论的精神特质

主体性哲学是启蒙哲学的基本气质，主体性是一个先验范畴，它本身的合理性构成了一切认识、道德、政治合理性的先验依据。因而对这种主体性的理解，构成了现代伦理生活的基本样态。但是这种主体性哲学或意识哲学的自我理解也构成了现代伦理生活的困境。哈贝马斯说："主体性原则以及内在于主体性的自我意识的结构是否能够作为确定规范的源泉；也就是说，它们是否既能替科学、道德和艺术奠定基础，也能巩固摆脱一切历史责任的历史框架，但现在问题是，主体性和自我意识能否产生出这样的标准，它既是从现代世界中抽取出来的，同时又引导人们去认识现代世界，即它同样也适用于批判自身内部发生了分裂的现代。"[①] 以"主体性"描绘"现代性"是黑格尔的首创，在黑格尔那里主体性就是"反思"的精神，以至于后来的现代性批判皆以工具理性、社会原子化及制度无精神为出发点。但是，哈贝马斯也不同意霍克海默、韦伯等人对待现代性的态度，他认为现代性是一个未竟的过程，理性依然是现代人的必要选择，问题只是如何来完成理性的构建。

因而，哈贝马斯主张一种交往的去中心化理解，这种理解要求从意识哲学的自我理解范式脱离出来，进而在一种生活世界的场域中在自我与他者交往着的场景中理解自我。在这一点上，哈贝马斯深受社会心理学家米德和图尔哈根的影响。米德强调在自我问题上，无论是"主我"还是"客我"都是在社会化的过程中形成的，是在自我和他人的相互交往过程中被确立起来的。[②] 哈贝马斯也认为，个人作为一个特殊的语言共同体的成员，唯有融入一个主体间共有的生活世界，才能成为有语言和行为能力的主体。[③] 在交往的教化过程中，他们同时获得并保持着个体和集体的同一性。

① 〔德〕哈贝马斯：《现代性的哲学话语》，曹卫东译，译林出版社，2011，第24页。
② 〔美〕乔治·米德：《心灵、自我与社会》，霍桂桓译，华夏出版社，1999，第193页。
③ 〔德〕哈贝马斯：《交往行动理论》（第2卷），洪佩郁译，重庆出版社，1994，第168页。

而主体间性概念正是为重建个体与社会的关系被使用的，它是对传统“主体—社会”的关系的修正，二者的关联应是“主体—主体间性—社会”，因为纯粹的“主体—客体—社会”模式只会造成群己对立。而通过主体间性的过渡，可以为社会的生成提供一种个体通过交往的共识，这在一定意义上克服了现代性中主客二分结构带来的逻辑困境，也可以缓解社会中个体与他者的不可通约问题。

“主体间性”理论并不是哈贝马斯的原创理论，早在费希特和早期黑格尔的“承认”理论中，就已经关注到主体间的交互性的问题。在费希特看来，自我必须承认他者的自由和独立，并从自我与非我的统一中看待自由。黑格尔反对费希特从知识论中看待承认问题，在《伦理体系》中，他认为劳动中获得的依赖和相互教化是彼此承认的原初动机，[①] 这也是他在《精神现象学》中讲主奴关系辩证法的依据。霍耐特认为黑格尔对“承认”的理解是这样的：“一切相互承认的关系结构永远都是一样的：一个主体自我认识到在主体的能力和品质方面必须为另一个主体所承认，从而与他人达成和解；同时也认识到了自身认同中的特殊性，从而再次与特殊的他者形成对立。”[②] 胡塞尔在《生活世界现象学》中正式提出主体间性的概念。雅斯贝尔斯、阿伦特也都注重主体间交往的作用。哈贝马斯的交往学说一方面深受阿伦特的启发，另一方面他系统性地发展了米德等人的社会心理学，完成了主体间性的建构。

在交往理论看来，自我不是意识哲学意义上的自我，而是具体生活中与他者关系中的自我，“我们必须从意识哲学的范式转向交往的范式”[③]。所谓“意识哲学”，就是一种关注于“认识兴趣”的哲学范式，这种范式在近代哲学中可追溯至笛卡尔“我思故我在”的自我确定性表述，经康德、黑格尔理性主义建构主义而达至大成。在意识哲学中，主体是自我意识对自我真理性的确认，主体哲学的概念体系据此生成。而交往哲学要将意识哲学的自我的中心性消解掉，哈贝马斯说：“一旦语言建立的主体间性获得了优势……自我就处于一种人际关系当中，从而使得他能够从他者的视角出

① 〔德〕黑格尔：《伦理体系》，王志宏译，人民出版社，2020，第 15 页。
② 〔德〕阿克塞尔·霍耐特：《为承认而斗争》，胡继华译，上海人民出版社，2005，第22 页。
③ 〔德〕哈贝马斯：《现代性的哲学话语》，曹卫东译，译林出版社，2011，第 347 页。

发与作为互动者的自我建立联系。”[1] 交往中的个体会具有一种在语言中的人称转换的能力，这是因为“人际关系是由预言者、听众和当时在场的其他人所具有的视角系统构成的，这些视角相互约束、相互作用，并在语法上形成一种相应的人称代词系统”[2]。这套代词系统是这样的：呈现在交往主体面前的首先是一个外在的客观世界，即“观察者”视角的世界，它是由主体第三人称语言的使用而被区分出来的；其次，是以“你—我”关系为基础的社会世界，即“参与者”视角的世界，它是由主体第二人称语言的使用而被区分出来的；再者，就是一个内在自然的主观世界，即“主体性”视角的世界，它是由主体第一人称语言的使用而被区分出来的。由此，在语言中，自我在不同的人称中被置于不同的交往场景中，那么，语言就可以被视为主体间性的存在基础。

米德提出的“主我”与“客我”理论为交往理论的自我理解提供了心理学资源。所谓“主我”是指表征着主动性和创造性的自我，它体现为自我的冲动方面。而“客我”指的是自我的社会向度，它是一种“泛化的他人”的态度，即他人对自我的期待的观念。只有主我与客我共同作用才能具有完整的自我统一性。而实现这种自我统一性的方式就是语言，如米德本人所说：“除了语言之外，我不知道还有什么行为形式可以使个体在其中变成他自己的对象。”[3] 哈贝马斯认为米德通过语言媒介对自我的理解，成功地令主格自我降低为宾格自我，降低为首先在他者语境上互动着的自我，他进而将这一观点转述为：由于人称代词的使用，从社会化互动的并以相互理解为目的的语言运用中，产生了一种促使人个性化的力量；通过日常语言的同一媒介，促使人社会化的主体间性也同时显现出来。[4]

哈贝马斯继承了米德的交互主体理论：规范、道德、政治的基础是交往的“我们”，而非原子化的主体。交往行为理论是要说明“我们”应该做什么，而不是“我应该怎么做”，这就为后习俗时代的道德和正义寻找到普遍性基础，找寻到了一种客观标准。与自我的普遍性立法原理不同，交往确立的普遍性是相互认同的结果，它在一定意义上克服了道德意志的任意

① 〔德〕哈贝马斯：《现代性的哲学话语》，曹卫东译，译林出版社，2011，第 348 页。
② 〔德〕哈贝马斯：《现代性的哲学话语》，曹卫东译，译林出版社，2011，第 347~348 页。
③ 〔美〕乔治·米德：《心灵、自我与社会》，霍桂桓译，华夏出版社，1999，第 154 页。
④ 〔德〕哈贝马斯：《交往行动理论》（第 2 卷），洪佩郁译，重庆出版社，1994，第 169 页。

性。“真实和自由的绝对性是我们实践的必要前提，一旦脱离了‘我们’的生活方式结构，它们也就缺乏了本体论意义上的保证。因此，‘正确’的伦理自我理解，同样也不是什么神启的或‘给定的’，我们只能通过共同的努力而获得它。由此而言，使我们的自我存在成为可能的，更多的是一种跨主体的力量，而不是一种绝对的力量。”① 由此，交互主体理论单从其所表达的相互承认和相互确证而言，就包含着规范重建和主体平等等相关正义论题。建构在交互主体性上的一切活动，包括商谈、道德行动，都必须以主体间的平等承认为更基础的心理依据。

## 三　交互主体理论对伦理生活的“横向”理解

伦理生活之于“现代性之痛”的对比是以一种稳定性和基于自愿的群己认同被承认的，因为现代性的自由的贫乏和规范的自我确定性，使共同生活失去了“世界性”根基，而伦理生活对于现代性的诱惑力在于它为人的存在提供了一个根基。从阿伦特的观点来看，个体与公共性被社会割裂，正是因为政治生活被劳动、工作等现代私人性的利益为主导的方式取代，每个个体在社会中都呈现为私人性，他们无法构成一种内涵精神的共同行动。哈贝马斯则从工具理性的角度批判现代性对一个正常交往世界的侵蚀——使制度无法体现为真正的交往共识。而霍耐特则认为，现代人的自由建立在一个贫乏的根基上，它并不能和外在规范很好地和解。② 而这一切的判定都指向一种伦理生活形而上学基础的重建。

现代性的伦理生活如何实现呢？交往理论和共和主义其实是存在共通之处的，就是它们主张作为个体的人对于公共生活的积极参与。阿伦特就强调个体用自己的判断力和行动去构建一个在生活世界中相互敞开的公共空间，在世界与世界的不断重合与敞开中，一个公共的世界得以形成。阿伦特向往古希腊城邦的共和政治，③ 以反思当下这个以被异化了的私人行为为主导的世界。哈贝马斯则承认市民社会的现代性地位，他认为市民社会

① 〔德〕哈贝马斯：《后形而上学能否回答“良善生活”的问题?》，曹卫东译，《现代哲学》2006年第5期。

② 〔德〕霍耐特：《论我们自由的贫乏——黑格尔自由的伟大》，王歌译，《世界哲学》2013年第5期。

③ 〔美〕汉娜·阿伦特：《人的境况》，王寅丽译，上海人民出版社，2017，第153页。

的整合是可以继续通过交往行为实现的。通过交互主体理论的建构，伦理生活和政治生活之间的关系被重新关联起来，如韦尔默所说的，黑格尔是在用“伦理生活”这个术语来刻画“主体间的生活形式的规范结构”，但黑格尔又没有为现代社会发展出伦理生活的一种民主的、普遍主义的和世俗化的形式。[①] 而现代法兰克福学派通过交往理论介入自由主义和社群主义之争，并回应黑格尔遗留的伦理生活的民主建构问题。[②]

从对社会的警惕到对社会整合的希望，交互主体理论为社会合理化建构提供了形而上学基础。哈贝马斯说：“作为交往行动的反身形式，人们可以说，它通过一种完全的参与视境的可逆转性，可以在社会本体论意义上区分它自身，这种完全的参与视境的可逆转性将释放出更高层次的慎思集体性的交互主体性。在这一方面，黑格尔的具体伦理生活（Sittlichkeit）便升华为一种纯化的过滤了所有实质性因素的交往结构。”[③] 并且，从他《道德与伦理生活：黑格尔对康德道德理论的批判是否适应于商谈伦理》一文的标题就可以看出他通过交往学说重建黑格尔伦理生活的企图，文中认为他的交往学说可以避免黑格尔对康德道德学说的诘难，具体结论如下：

第一，康德错误地将道德法确立为“理性事实”；话语伦理学从两个前提中推导出道德立场——一个是形式的，是理性重构的论证逻辑，一个是质料，即我们关于如何证明话语正当性的直觉。

第二，康德错误地认为，我们必须能够认为自己既是生活在本体世界中的可理解的人，又是居住在表象世界中的经验主义的人；话语伦理学允许在日常行动语境和道德话语语境中，我们是一个具有真正需要和兴趣的人。

第三，康德认为道德自主性要求人类从自身的需要和利益中抽离出来，为了自身的普遍形式而将可普适化的准则抽象出来，这一观点也是错误的；

---

① 〔德〕阿尔布莱希特·韦尔默：《民主文化的条件》，应奇译，应奇、罗亚玲编译《后形而上学现代性》，上海译文出版社，2007，第 248~249 页。

② 应奇：《从伦理生活的民主形式到民主的伦理生活形式——自由主义—社群主义之争与新法兰克福学派的转型》，《四川大学学报》2015 年第 4 期。

③ 〔德〕哈贝马斯：《在事实与规范之间》，转引自罗尔斯《政治自由主义》，万俊人译，译林出版社，2011，第 349 页。

话语伦理学将道德自主性理解为一种自由商谈的立场，通过特别重视可普世化利益的满足，可以公正地调节利益冲突。

第四，康德错误地认为道德命令是个体意志被孤立地应用于普遍化的客观检验；话语伦理学调和道德普遍主义中话语参与者道德共识的理想。[①]

交往哲学在一定意义上确实可以回避康德道德哲学的一些问题，如原子化的问题，意志的客观性与任意性问题，以及绝对的非目的主义等，这些问题是黑格尔批判的核心内容，也是黑格尔认为伦理优于道德之处。哈贝马斯将之理解为交往，并将交往根植于生活世界以及个人的生活史，他认为交往伦理学可以避免康德的问题，同时，也兼顾了对黑格尔伦理生活的重新设计和发展。塞拉·本哈比就发现了黑格尔、社群主义与哈贝马斯之间的内在关联，在她看来哈贝马斯和社群主义“都拒斥非历史的和原子主义的自我观和社会观，正如他们都批判当代社会中公共精神和参与性政治的沦丧。哈贝马斯的批判理论，尤其是他对于现代社会矛盾的分析，能够为社群主义提供关于我们的社会所面临的问题的一种更为分化的图景，而社群主义对于当代道德和政治理论应当丰富它对于自我的理解……则为道义论的和以正义为中心的理论的极度形式主义提供了一种可欲的矫正”[②]。就是说，交往行为理论承担着和社群主义一样的对黑格尔伦理理念的继承，但是它又必须重视现代民主分化的要求，因而它要求一种消极自由和社群意义上的个体身份认同的统一，而交互主体性正是道德个体主义向伦理理念合理性的趋近。“哈贝马斯用语言作为交往的媒介，取代黑格尔意义上的精神概念，区分了系统与生活世界，主张通过交往行动来调控作为伦理生活的实践。”[③]

与哈贝马斯不同，霍耐特直接将黑格尔的三个具体伦理阐释为三种承认形式，即爱、法权、团结，三者分别对应着黑格尔的家庭、市民社会、国家三种具体伦理生活。（1）爱的承认是在家庭实体中获得基本能力，它

---

① Jurgen Habermas, “Morality and Ethical Life: Does Hegel´s Critique of Kant Apply to Discourse Ethics,” *Northwestern University Law Review* 9 (1988).

② Seyla Benhabib, “Autonomy, Modernaty, and Community: Communitarianism and Critical Social Theory in Dialogue,” in Axel Honneth ed., *Cultural-Political Interventions in the Unfinished Project of Enlightenment*, Cambridge, MA: MIT Press, 1992, p. 43.

③ 肖小芳：《伦理生活及其规范性实践——哈贝马斯与霍耐特对黑格尔政治哲学的重建》，《桂海论丛》2018年第3期。

的一般作用是一种介于持续的独处能力与相融体验之间的交往经验，通过同情和爱慕与另一对立的主体关联在一起。儿童是在确信母亲之爱的过程中，达成对自我的信赖，这种自信也是主体在任何交往主体间获得先行存在的基础。（2）法权的承认是指作为法权主体的人与人之间的承认关系，因为从法律的角度看来，每一个人都具有自然法意义上的绝对自由和平等，“主体与具有独立性的他者，在社会交往共同体中，作为共同的权利承担者，相互承认他们共同服从的法律，并同时满足法律的普遍性与公共性能够理性地决定个体自主，才能达成相互承认”①。（3）霍耐特用团结代替了黑格尔的伦理国家归宿，但他保留了伦理的意义，即包含着爱和法律公正的社会团结何以可能。人们为了能够在集体共同体内实现价值目标获得承认实现自我，必须按照社会文化语境下的秩序去实施主体行为获得上述三种社会尊严。由此可见，霍耐特三种承认形式是对黑格尔三个伦理实体进行的“横向”理解。

承认作为黑格尔伦理精神的解释进路最初由西普在《承认作为实践哲学的原则》一书中提出，霍耐特认为，主体间关系超越了认识论上的承认，且提供了一个交往基础，“霍耐特试图描绘一种后传统的伦理生活何以可能的图景，在他看来，自信、法律确保的自主和个人价值的肯定等这些要素是自我实现的必要条件，它们是抽象的，可适用于所有特殊的生活形式。良善生活或自我实现以主体间的承认为先决条件，伦理生活就意味着作为理性的人在伦理实体中获得他者的承认”②。而之所以说社会生活中主体间的交往或承认可以代替黑格尔的伦理实体，一方面是因为黑格尔的伦理实体所表达的自我与共同体的统一已经不适应当代社会的民主文化；另一方面，交互主体性也在表达一种具有规范性和客观性的精神理念，和“伦理实体”所阐释的伦理生活理念有相似的功能指向。

值得说明的是，后法兰克福学派用交互主体伦理生活取代黑格尔“伦理实体”概念，将伦理的本质性意义还原为交往着的具体生活形式，这种改变其实只强调了生活的伦理单位，而对“伦理”自身的精神性理解进行

① 尹瑞琼：《主体间交往范式转换背景下的公民社会崛起——论霍耐特承认理论》，博士学位论文，苏州大学，2010。

② 肖小芳：《伦理生活及其规范性实践——哈贝马斯与霍耐特对黑格尔政治哲学的重建》，《桂海论丛》2018 年第 3 期。

了大幅度的弱化。伦理生活的这种还原为他们调和自由主义与社群主义，以及发展伦理生活的民主形式提供了可能。但是，这种改造实质上已经背离了黑格尔伦理精神的本意，他们借鉴得更多的是黑格尔强调的公共意志的生活世界来源。从法国黑格尔共和主义学者让-弗朗索瓦·盖赫威冈《无伦理的伦理生活（l'éthicité）——论“博肯定理”[①] 及哈贝马斯和霍耐特对它的应用》一文的标题就可以看出，哈贝马斯和霍耐特在伦理生活民主化过程中取消了根本的伦理性的东西，“两位哲学家都通过‘交往’来理解自由，这使得他们更重视‘集体意志形成’的‘横向’视域，这符合我们最熟悉的直观”[②]。

## 第二节　商谈理论中的道德、伦理与正义

“后习俗”这一概念很直观地描述了现代社会的一般现实以及道德、伦理的适用性问题。在价值多元和个体自主的现代性前提下，一种普遍性的正义只能通过道德理性或实践理性去建构，所以道德商谈是程序正义的基础，哈贝马斯一改西方的实质正义传统，提出程序性正义的观念。而道德商谈是保证其结果具有“合法性”“合道德性”的基础。哈贝马斯对交互主体正义的理解也是道德性的，它体现为“正义的他者”，就是“团结”问题。团结与正义是道德的一体两面，它们都以道德为基础。而在“伦理”的理论上，哈贝马斯提出了“本真性”的合理性，伦理生活与他的批判理论和规范理论结合在一起。

### 一　“后习俗”的道德正义与具体伦理

合法性正义是哈贝马斯对正义的理解，与罗尔斯的规范性正义不同，

① 盖赫威冈标题中的“博肯定理”是指一种世俗化价值定理，它意味着一种后宗教或后形而上学的世俗生活，言说在没有形而上力量的境遇下生活意义、价值何以可能。哈贝马斯认为后形而上学时代，规范、正义、道德、民主都只能依靠交往和交互主体的商谈实现，商谈是世俗时代获得合法性和社会整合的理性力量。而霍耐特通过承认关系衡量交互主体的伦理性，同样也可以不借助形而上学的预设，在世俗生活中通过主体间性建构重建伦理生活。

② 〔法〕让-弗朗索瓦·盖赫威冈：《无伦理的伦理生活（l'éthicité）——论“博肯定理”及哈贝马斯和霍耐特对它的应用》，宋珊珊译，《清华西方哲学研究》2017年第2期。

哈贝马斯将“正义”与“程序”“共识”结合在一起，所谓“正义的”就是“合公意的”“有效的”。在正义和善的问题上，他和罗尔斯一样主张正义优先于善，多元文化中的普遍原则是社会正义的一般属性。而伦理和善是习俗层次的规范形式，在后习俗社会，社会行动原则是以道德性的普遍原则为基础的，而这种普遍性的道德意识为对正义的理解奠定了形而上学基础。哈贝马斯继承了美国道德心理学家劳伦斯·科尔伯格的后习俗道德意识理论，以及韦伯的“后传统法律与道德结构”理论，并利用其互释性阐发出后习俗规范结构理论。科尔伯格沿着心理学家皮亚杰的认知理论研究儿童道德意识的发展，提出儿童规范心理学的三层次六阶段的分划（见表3）。

**表3　科尔伯格道德意识层次**

| 层次划分 | 对应阶段 |
| --- | --- |
| 前习俗层次 | 阶段1：他律的道德；阶段2：个人主义的工具性道德 |
| 习俗层次 | 阶段3：人际规范的道德；阶段4：社会系统的道德 |
| 后习俗层次 | 阶段5：人权与社会福利的道德；阶段6：普遍伦理原则的道德 |

哈贝马斯发展了科尔伯格的道德心理学发展模型，将人的心理发展与历史唯物主义进化论结合起来，作为人心理不同阶段的诸规范性特点——同样也体现为历史不同时期的道德行动形态。哈贝马斯区分了四种社会模式，即新石器文明、早期文明、发达文明、现代文明（见表4）。这个模型和黑格尔对伦理诸世界的区分相似，新石器文明可对应伦理世界，这是一个神话和习俗主导的无反思的共在的世界；早期文明和发达文明属于教化的世界，这是自我意识出现之后，个我通过习俗与价值认同重新回到一种共同体的文明形态；而道德世界是现代世界，它以普遍化的道德追求为目标，追求主体自由与规范合法性。而自启蒙以来所有思想家的工作都是在现代性的破碎中建构一种“后习俗”时代的理想社会。黑格尔率先将这道“分水岭”作为历史性的道德与伦理之别。

**表 4　规范结构的社会进化**

| 社会形态 | 行为的一般结构 | （对道德于法律具有决定性之层面）世界观结构 | 制度化的法律与有约束力的道德表征的结构 |
| --- | --- | --- | --- |
| 新石器文明 | 习俗化的行动系统 | 仍与行动系统直接结合起来的神话世界观 | 从前习俗的观点对冲突进行法律调整 |
| 早期文明 | 习俗化的行动系统 | 始自行动系统的神话世界观发挥着使统治者合法化的功能 | 从习俗性道德视角出发调节冲突，但这种习俗性道德是与施行或表征正义之统治者的身份相联系的 |
| 发达文明 | 习俗化的行动系统 | 神话世界观瓦解，理性世界观得以发展 | 从习俗性道德视角出发调节冲突，但这种习俗性道德已与统治者的身份分离 |
| 现代文明 | 后习俗化的行动领域；用普遍性手段调节的策略行动领域分化开来，以原则为基础形成政治意志（形式民主） | 普遍发展起来的合法化学说（理性自然法） | 从合法律性与合道德性严格分离的视角调节冲突；一般性、形式化合理性化的法律；由原则引导的私人道德 |

Jurgen Habermas, *Communication and the Evolution of Society*, trans. by McCarthy, Cambridge: Polity Press, 1991, pp. 157-158.

由表 4 可知，哈贝马斯通过习俗与后习俗的区分实际上划分了古今不同的规范形式。在古代社会习俗作为法律、政治的重要来源，但随着现代理性世界观的兴起，习俗和角色式的冲突调解方式已不适应于世界观和价值观多元的社会，因而现代社会需要的是一种“普遍伦理”，不论是科尔伯格还是后继者如哈贝马斯和阿佩尔（Karl-Otto Apel）都不约而同地将这种道德普遍性的建构关注到康德道德哲学上。哈贝马斯同意黑格尔对道德与伦理的区分，但不同于黑格尔对伦理的偏重，交往行为理论更注重的是道德共识，道德才是后习俗社会调解冲突的有效方案。伦理倡导的价值同一性要求，已经不适合现代性语境中对合法性的追求。伦理和道德各有不同的作用领域，"伦理问题所涉及的是一个政治共同体的文化共同体对于自己共同生活形式的理解。而道德问题所涉及的是所有人所共同遵行的规范是什么的问题。或者说，它涉及的是哪一种道德规范是正当的。"[①] 哈贝马斯和阿佩尔都从道德意识的"普遍伦理"关注到普遍的正义原则，"行动的正当性是根据与自己选定的伦理原则相一致的合乎良心的自主决定相一致的。所以 Justice as Reversibility（作为可逆性的正义），强调的是可逆性或对等性原则，即互惠和人权平等，推己及人那样的金规则：己所不欲，勿施于人，因而本质上是普遍的正义原则"[②]。由此可见，适应现代后习俗语境，普遍道德与社会正义获得了更多的关联性，而伦理或习俗则适用于具体价值问题。芬利森（J. G. Finlayson）对哈贝马斯交往行为理论中伦理与道德的适用域进行了详细的对比：

（1）伦理与道德回答的问题不同。伦理问题回答什么对我（我们）来说是好的生活方式的问题。道德问题回答什么是对所有人同等为好的规范的问题。

（2）二者的观察视角不同。伦理是对个人或群体来说的善，所以是从善的视角来观察问题，而道德问题则要求对所有人的平等的善，所以它是从正义的视角来观察问题。

（3）二者所属的论域不同。伦理问题属于价值问题，它的恰当评价立足于对价值的判断。而道德问题属于规范问题，它是在寻求共识性的规范。

（4）二者在有效性上也不同。伦理问题涉及群体的同一性，因而不具备普遍的有效性。道德要做出对所有人都认为对的回答，所以它具有普遍有效性。

（5）二者对一元与多元的回答不同。伦理问题回应个体或群体生活方式的问题，它的答案是多元的。道德问题回答对所有人都好的行为规范是什么，道德规范就像知识一样，因而它的答案是一元的。[③]

哈贝马斯在《道德和伦理生活：黑格尔对康德道德理论的批判是否适

---

① 王晓升：《商谈道德与商议民主——哈贝马斯政治伦理思想研究》，社会科学文献出版社，2009，第 174 页。

② 邓安庆：《"后习俗伦理"与"普遍正义原则"》，邓安庆主编《伦理学术》第 6 卷《黑格尔的正义论与后习俗伦理》，上海教育出版社，2019，第 13 页。

③ 〔英〕詹姆斯·芬利森：《哈贝马斯》，邵志军译，译林出版社，2015，第 91 页。

用于商谈伦理学》一文中，强调道德同时完成两个任务：第一个任务是实现公正，就是要使每个人的自由权利得到尊重；第二个任务是将独立化了的个体结合起来，就是把人社会化，这两个任务之所以能够实现全仰赖道德的普遍主义特质。哈贝马斯说："在后习俗阶段，道德判断脱离了地方性的习俗和个殊生活形式的历史性色调；它不再能够诉诸生活世界情境的朴素有效性。道德答案仅仅保留在理性激发的洞见力中。与失去其生活世界背景的朴素自我确定性一样，道德答案也失去了其经验性行动动机的推动力和有效性。"① 在这样的条件下，"为了在实践中变得有效，普遍主义道德必须弥补特定伦理实体的丧失——这些普遍主义道德最初被接受，是因为其在认知上具有修补这种伦理实体的优势"②。也就是说，道德共识最终是要伦理从自身的价值封闭性中敞开，诸个体对伦理价值的多元理解通过商谈获得具有普适性的规范原则，道德商谈"要求人们与已经确立起来的、具体的伦理生活中的一切不可置疑的真理决裂，并且是自己与那种和自己的个性交织在一起的生活氛围保持距离"③。而所谓生活氛围正是伦理范畴的题中之义，因而道德商谈要求个体超越自身现实所处的伦理境遇和伦理氛围，通过交往和协商来实现一种普遍接受性。

在民主多元社会中，伦理价值提供的多元性在公共判断中形成了判断负担，罗尔斯和哈贝马斯都企图通过道德来完成意志的客观性建构。罗尔斯的方法是在秩序良好的社会中，公民通过公共理性能够对宪法和制度的核心原则形成理性共识，这与他们认同的伦理价值是具有可妥协性或相容性的。而哈贝马斯认为主体与主体之间的商谈是共识的基础，因为通过交往过程可以更好地理解规范的客观性，这与黑格尔说的道德的自我确认不一样，道德不仅可以通过自我确认来找到其合理性根源，而且可以通过交往落实规范的有效性。就此而言，道德性的精神一致是达成社会的稳定与正义的一种有效方式。道德规范本身的真理性和有效性也统一起来了。

---

① Jurgen Habermas, *Moral Consciousness and Communicative Action*, Cambridge, MA: MIT Press, 1990, p.109.

② Jurgen Habermas, *Moral Consciousness and Communicative Action*, Cambridge, MA: MIT Press, 1990, p.109.

③ Jurgen Habermas, *Justification and Application: Remarks on Discourse Ethics*, trans. by Ciaran P. Cronin, Cambridge, MA: MIT Press, 1993, p.12.

在哈贝马斯看来，伦理所提供的是一种前现代性的文化认同和价值多元性，“文化多元主义意味着，作为整体的世界，是根据不同的个人和团体所接受的不同观点被打开并得到不同的解释的。我们因此可以判断说，一种解释性的多元主义参与了对世界观和自我理解、价值的感知以及人们的不同兴趣的规定，他们的个人历史被置入规定他们个人历史的特定生活的传统和形式之中”①。“伦理”关涉的是“我”该成为什么样的人，认同何种价值，与共同体的价值关联，以及一种伦理共同体的形成。但是，不论关涉个体的“伦理—存在”，还是关涉民族、文化的“伦理—政治”，伦理在后习俗时代都必然面对“非普遍性”和“价值相对性”，这也致使它在现代性开放社会中，必然和普遍正义分裂，如沈云都、杨琼珍所说：“伦理只有在文化人类学和宗教人类学的维度上才能历史地成立，它存在于每一种具体的民族—宗教传统的生活历史当中。但是随着世界性的祛魅的深入，各大宗教体系纷纷崩溃，这些宗教体系对于伦理现象的解释力也随之失去根据。另一方面，道德（moral）从一开始要么在形而上学之下，要么在宗教神学之下，就寻求一种超越文化边界和语境藩篱的普遍的正义与良善生活。”②

在交往行为理论的语境中，道德也并非康德意义上的道德，正如在《道德与伦理生活》一文中，哈贝马斯本人愿意接受黑格尔对康德的批判，尽量回避道德的主观性和内在性特征，但他同时是要通过符合道德原则的交往共同寻求道德规范的客观依据，进而道德命题由“我该做什么”变成“我们该做什么”，这种模式不仅为道德规范提供有效性依据，也为政治民主商谈提供了基础。那么，一个道德规范何以是普遍的呢？或者说何以被普遍接受呢？交往学说给出的答案是基于交往理性的商谈。当一个原则在商谈中被接受了，它就是普遍原则。也就是说，不存在自明的道德规范，它是在交往行为中被确立的，“普遍原则只是属于论证的商谈，在其中我们检验普遍规范的有效性”③。哈贝马斯从道德规范的真理性上来说明道德的

① 〔德〕哈贝马斯：《商谈伦理——问答与回答》，《对话伦理学与真理的问题》，沈清楷译，中国人民大学出版社，2005，第6~7页。

② 沈云都、杨琼珍：《生活在他者中间——哈贝马斯道德哲学的人类学视阈研究》，云南人民出版社，2016，第202页。

③ Jurgen Habermas, *Justification and Application: Remarks on Discourse Ethics*, trans. by Ciaran P. Cronin, Cambridge, MA: MIT Press, 1993, p. 35.

这种性质。认为道德效力来自约定并不鲜见，如罗尔斯也认为正义和道德应为基于共识的契约，但与哈贝马斯不同的是，对于罗尔斯而言，共识是人们订立契约的条件，而哈贝马斯认为如果人们取得普遍赞同，人们获得了客观的道德知识，借此而成的道德规范也就具有了“合法”的性质。

由此可见，在后习俗时代，黑格尔与哈贝马斯对待伦理道德的态度体现了两个时代对精神要求的差异，如果说黑格尔还想重建一个基于主体自由的伦理世界，哈贝马斯毋宁说更注重规范的程序性与合法性，这样的交往共同体的伦理规范效力是弱于道德共识的有效性的。那么，道德共识何以可能呢？这就牵涉到交往伦理中话语伦理的问题了。

## 二　道德商谈与合法性正义

### 1. 道德商谈与规范“有效性”

哈贝马斯将社会整合、生活世界再生产、正义问题都寄托在合理的交往上，合法化危机来自对交往的阻碍，包括系统对话语的垄断、对文化领域商谈的限制等。由此，纠正交往的病症、恢复生活世界交往的合理化，是追求合法化并克服种种现代危机的重要方式。在交往行为理论看来，交往规范的有效性应以蕴涵着主体间平等、真诚、正当的交往为基础。如哈贝马斯认为规范合理性在于其有效性，而有效的规范只是所有可能的行为相关者作为合理商谈的参与者有可能同意的那些行动规范。[①] 在此，首先需要理清何谓道德意义的“有效性”（validity）。

“有效性”在哈贝马斯法哲学中是论证规范性和事实性的一个重要概念，它指的是法律规范的权威性，但是有效性有多种方式，包括伦理的、宗教的，如何才能实现一种道德的有效性呢？其实这是近代以来政治哲学一直探讨的问题，即政治合法性问题。关于这个问题可以通过主体的应当性来给予说明，哈贝马斯区分三种“应当”，即实用性应当、道德性应当和伦理性应当，实用性应当是指为了达成某种目的应当如何去做的问题；伦理性应当是亚里士多德式的提问，即应该如何去做从长远来看对我（我们）是最好的；而道德性应当是康德义务论意义上的应当，它的表述是“我应

① 〔德〕哈贝马斯：《在事实与规范之间——关于法律和民主法治国的商谈理论（修订译本）》，童世骏译，生活·读书·新知三联书店，2011，第132页。

当怎么做才能对所有人同等好”。

三种“应当性”其实表达了“有效性”的三个层面的理想，其表达的普遍性依次递增。因此，在交往伦理学看来，道德应当性是最具有效性也最具普遍性的，它是法哲学的基础。而实用性应当和伦理性应当要受制于特殊目的和共同体利益，它们具有的都是有限度的有效性。道德的有效性的基础是康德道德哲学，有效性意味着道德原则对于主体的“似真性”命令形式。因而，这种有效性是善良意志中自我与普遍性的内在统一。从现代性自由主义谱系来看，道德原则的理想性在于主体受制于非强制性的道德规范，这同样是交往道德理论所追求的理想。

黑格尔曾否定了康德的道德原则，他认为自律道德的一个很大的问题是自我立法的形式性特征。但是康德在契约论的立法原则中，也寻求一种法则的理性共识形式，这一点在罗尔斯新自由主义中得到了充分发挥，普遍原则应是普遍同意的结果。而哈贝马斯赞赏康德将道德观从实质善的观念中解放出来，并将道德观重新视为检验规范的程序，但是，哈贝马斯又批评康德的一个假设，即每一个单独的个体都通过将绝对命令运用于某个准则来为自己确立一种道德规范的有效性，仿佛这是一种道德的脑力运算。在哈贝马斯看来，康德的道德推论是一种独白式的论证，他忽略了道德推论的社会性。于是在交往理论中，道德规范的合理性遵循相同的原则，都是交往和协商的产物。就是说交往行为确立的规范是“在时间方面、社会方面和事态方面都普遍化了的行动期待”①。正是基于康德主义向交往理论的转变，“从个人能够毫无冲突地追求其成为普遍律的东西，到众人能够一致追求其成为普遍性规范的东西，道德观的重心有了变化”②。

在哈贝马斯的理论体系中，作为实践理性在道德层面的运用标准，正义无论被用于社会融合或是系统调控，都必须包含对真理的诉求。正义意味着行动符合以下要求：所有具有道德自主性的相关者，在直面多元主义事实中，经过论辩过程达成理解或共识。实践理性之于公共交往的含义是个体由准则上升到原则的理性能力，通过主体间商谈这一普遍化形式被应

① 〔德〕哈贝马斯：《在事实与规范之间——关于法律和民主法治国的商谈理论（修订译本）》，童世骏译，生活·读书·新知三联书店，2011，第132页。

② Jurgen Habermas, *Moral Consciousness and Communicative Action*, Cambridge, MA: MIT Press, 1990, p. 67.

用到规范的制定中，规范性回应了黑格尔对康德道德的批判，但同时保留了康德实践理性对于现代复杂社会的构建性作用。在普遍祛魅的现代社会，多元性之下规范的正义性和有效性都只能依靠人类的道德理性能力，所以哈贝马斯以交往中的共识和认同作为有效性标准，也作为一切意义哲学的标准。

规范的普遍性只有被当作自我意志，才会呈现出基于“弱强制力”的有效性。回顾分析哲学时期规范语言的生成就会发现规范语言的普遍性特征，黑尔认为道德语言是一种规范语言，它的祈使性使规范命题具有了命令性，他说：如果一组前提中不包括任何祈使句判断，那么就不能由此推论出任何祈使句结论。[①] 就是说道德规范的语言是一种命令的语言。但是他没有说明何以道德语言中会包含命令性。由此，他认为语言和道德的关系是语言中的命令表达。而交往伦理将道德规范的合理性寄托在所有言语和行为能力主体相互交往的社会实践中，它要求参与者就其言语行为所要求的有效性达成一致，或充分意识到相互之间的分歧。[②] 由此，语言规范的有效性便在于语言的“约定”。

那么，在道德规范的问题上，也出现了实践理性和交往理性的区别问题。交往对于规范合理性的作用体现在能够协调意见、价值、手段等方面存在的冲突，对于规范的强制性能够在协商中降至最低。也就是说“交往理性在依赖理性自身的基础之上，既要克服理性中的暴力成分和纠正理性化过程中理性被扭曲的部分，又要超越人们在运用理性时，由运用方式的不当形成的狭义目的理性和抽象价值理性”[③]。交往理性以主体间性作为社会发展进化以及合理性的根据，将语言作为合理性实现的媒介，因而它在超越康德主体性哲学的基础上，为提出一种共识的道德规范和原则提供了学理依据。其实从哈贝马斯对伦理与道德的不同侧重，也可以看出他在康德传统中对道德规范和道德原则的重建。

哈贝马斯在《道德意识与交往行为》中说：“实践性的商谈讨论在实践的大海中也如同是在有大水淹没危险的小岛之上；在这一实践的大海中，

---

① 〔英〕黑尔：《道德语言》，万俊人译，商务印书馆，1999，第 30 页。

② 〔德〕于尔根·哈贝马斯：《后形而上学思想》，曹卫东、付德根译，译林出版社，2012，第 60 页。

③ 赵前苗：《论哈贝马斯对道德规范的建构》，《道德与文明》2005 年第 5 期。

协商一致地解决行为冲突这种模式绝不占上风。理解的手段常常一再为强力工具所排挤。这样一种依伦理原则确定的行动，就必须以命令式付诸实行，这些命令式是从策略性强制产生的。”① 他认为“伦理的”规范性是“命令式”的或“策略性强制”，它表现为“价值性”的东西；而“道德的”要求协商一致的原则。这种基于道德能力的交往要求以及规范有效性的呈现方式，是法律和制度合法性论证的基础，哈贝马斯的合法性正义和程序性正义都是以道德有效性原则为基础的。

2. 合法性正义的“合道德性”

在哈贝马斯看来，“生活世界—系统”的合理过渡实质上是一种民主实现方式，政治系统是通过生活世界中的理想交往实现的，本身就代表着一种公共意见。这种民主形式与罗尔斯提供的民主方案的不同在于，罗尔斯注重个体最低限度地遵循道德以实现契约的公平性，如此便造成自由主义的个体政治意愿的消极性，这种民主是在多元理性下维持宪政原则的共识性。哈贝马斯认为自由主义对于公共理性形成的可能性太过消极，但是他也不认同共和主义的民主观，而是在商谈上寻找一种新的民主实现形式，即通过公民合乎道德地参与商谈、合作，并将道德共识和规范共识体现在公共制度、法律中，进而使制度系统是交往理性的反映。但是，哈贝马斯认为，当今社会的合法性危机恰恰在于政治系统有其独立的运行方式，并控制了生活世界中公民的反思性、批判性。

韦伯的合法性理论深深影响了现代合法性理论，他首先认为合法性问题包含两层含义：（1）对于一个“命令—服从”中的服从者来说，这是一个对统治的认同问题；（2）而对于命令者来说，则是统治的正当性问题。对统治的认同和统治的正当性结合起来就是统治的合法性。但是他将这种合法性理论发展为权威统治术，即一种统治如何获得服从，而非统治本身的合法性问题，他甚至提出科层的理性化结构，以维护“命令—服从”的合法性模式。哈贝马斯认为：“今天社会科学家对合法化问题的处理，大多进入了韦伯的‘影响领域’。一种统治规则的合法性乃是那些隶属于该统治

① Jurgen Habermas, *Moral Consciousness and Communicative Action*, Cambridge, MA: MIT Press, 1990, p. 116.

的人对其合法性的相信来衡量的。”① 因为按照韦伯的合法性逻辑，只要在一个体制之内能够得到认同和服从，就具有合法性了。事实上，晚期资本主义社会正是通过一系列的意识控制获得了内部认同，公民已经进入了一种“意识形态”的控制之中了，他说：“危机过程的客观性在于：危机是从无法解决的控制问题中产生出来的。认同危机与控制问题紧密相关。虽然行为主体绝大部分情况下都没有意识到控制问题的重要性，但这些控制问题造成了一些后果，对主体的意识产生了特殊的影响，以至于危及到了社会整合。”②

由此，哈贝马斯把合法性放在历史进程中加以考察，他发现早期资本主义市民社会是一种独立于国家政治的自治领域，国家通过默许市民社会的自由充分发展来确保自身的合法性基础。而到晚期资本主义时期，政府通过新的意识形态的构造、宣传来控制人们正常的交往与反思，并使人们缺少参政的机会，在经济上经常主动干预市场，这些都是与传统的民主、自由的价值观念相冲突的。如此就造成了政治系统的合法性受到质疑，哈贝马斯称其为“合法化危机”。所以，这种合法化危机的根本原因是生活世界殖民化。由此，对于一种国家政治的合法性理论来说，如何获得普遍认同和共识是合法性的基本依据，也是一个制度是否符合伦理精神的根本体现。

在哈贝马斯看来，行政系统和经济系统所形成的“系统整合”对于现代复杂社会具有不可替代的作用，而法律可以说是沟通“系统”与“生活世界”之媒介。现代社会是一个价值多元、功能分化的世俗化社会，在没有了宗教和形而上学等终极价值的境遇下，生活世界中的“异议风险”持续增加，技术性的策略性互动大量涌现。社会整合需要将“策略行动”转换为“规范调节的行动”，而法律正扮演着这种规范性调节的作用，它“对于处理内在于交往行动之异议风险的那两种策略——既给它划定界限又消除对它的束缚——这种规则系统即把它们联系起来，又对它们做了职能分工”③。在后形而上学时代，法律的普遍性扮演着调节社会整合的作用，而

① 〔德〕哈贝马斯：《交往与社会进化》，徐崇温译，重庆出版社，1989，第206页。

② 〔德〕哈贝马斯：《合法化危机》，曹卫东译，上海世纪出版集团，2009，第6页。

③ 〔德〕哈贝马斯：《在事实于规范之间——关于法律和民主法治国的商谈理论》，童世骏译，生活·读书·新知三联书店，2011，第45页。

正义作为社会至善也代替了道德和伦理的调解作用。这是法律正义的社会意义。但是，同样在后形而上学时代，法律的正义实质如何确立？没有了一个“意义施予”的绝对他者，任何价值性的正义定义都有“独断”之嫌。于是，哈贝马斯更从事实性出发规定正义，他走向了法律正义的“现实主义建构”。法律的正义性在于公共意见中的共识性，它反映了生活世界与系统的交往合理性。

由此可见，“合法律性”（legality）成了现代社会规范化调节与系统整合、社会整合的一个基本进路。在针对正义理论的讨论中，与这个词对应的是合法性（legitimacy），合法律性不同于合法性。哈贝马斯在《在事实与规范之间》中，将两个概念做了明确的区分。在这一点上，罗尔斯对合法性的理解就显得狭隘了，罗尔斯如此认为：“哈贝马斯将焦点集中在合法性而非正义上……我们可能认为‘合法的’与‘正义的’是一码事。但只要我们稍加反思，就会发现两者的不同。……合法性是一个比正义要更弱的理念。”[①] 在这里罗尔斯实际上是将哈贝马斯的“合法性”概念理解成全然的“合法律性”了，在罗尔斯看来，正义论题本质上是必须关涉道德性的，它要有实质性的关涉公平或平等的道德理想，合法性只是一种形式和程序，它难以兼容道德理念。但哈贝马斯认为合法性范畴要大于合法律性，并且它在制度要求等方面是关涉道德价值的。他说：“合法性的意思是说，同一种政治制度联系在一起的、被承认是正确的和合理的要求对自身要有很好的论证。合法的制度应该得到承认。合法性就是承认一个政治制度的尊严性。”[②] 合法性既包含了实在法的强制性或事实性，也包含着法和道德的规范性，规范性的一面体现为人自觉而非强迫地遵守法律规范和道德规则。孔明安说：

合法性虽然不是合法律性，但合法性却离不开合法律性。一方面，合法性不能止步于合法律性，而必须兼顾法律性与道德性，事实性与规范性的统一。另一方面，合法性的首要前提是合法律性，因此，这

① 〔美〕约翰·罗尔斯：《政治自由主义》，万俊人译，译林出版社，2011，第455页。

② 〔德〕哈贝马斯：《重建历史唯物主义》，郭官义译，社会科学文献出版社，2000，第262页。

就要求法必须是良法，即“基于合法律性的合法性”必然要通过具有道德内容的商谈程序来达成，由此形成的法才具有正义的基础。哈贝马斯通过合法性这个关键概念，将法、道德、政治三者关联起来。[①]

哈贝马斯认为：“合理性体现在总是具有充分论据的行为方式中。”[②] 商谈和语言的意义在于获得普遍共识。因而，法律规范的有效性在于其规范经普遍共识之后的“似真性”。法律的正义便在于它符合语言的普遍共识程序。姚大志说：“正义也好，合法性也好，都是为某种社会秩序提供合理的辩护。任何政治哲学都包含某种关于社会秩序的理想。……哈贝马斯的理想似乎位于自由主义和社群主义之间，他设想的社会不仅具有良好的秩序，而且还是团结的。”[③] 联想启蒙时代卢梭到康德对公意理解的演变有助于理解哈贝马斯的合法性与道德的关系。[④] 卢梭说：“公意永远是公正的。”[⑤] 其实就排除了实质性的规范内容。但是卢梭的契约论前提要求成员把自己交给所有人，它表达了一种事实性的公意，它的推证也是非道德性的。但是在康德看来，所谓公共意志只是一种假定的理想，它体现为实践理性作为媒介并用实践理性的普遍性来确保全体人民一致同意的可能性。[⑥] “商谈论合法化论说仍是一种基于合道德性的合法性论说，只是这里的‘合道德性’已不是康德式形式主义的合道德性，而是一种‘程序性的合道德性’。”[⑦]

其实，哈贝马斯所说的合法性包含着合道德性正在于合法性的基础是实践理性或道德理性，理想的商谈是建立在充分的道德自律之上的，它追求规范的普遍化原则，要求商谈参与者能够秉持道德商谈原则，进而实现规范的共识。由此产生的规范和制度实现了强制和自愿的统一，它们一旦达成商谈共识便具有了强制效力。同时，既然该规范是由参与者制定的，

---

① 孔明安：《论合法性的正义基础及其可能性》，《厦门大学学报》2018 年第 5 期。

② 〔德〕哈贝马斯：《交往行动理论》（第 1 卷），洪佩郁译，重庆出版社，1994，第 40 页。

③ 姚大志：《何谓正义——当代西方政治哲学研究》，人民出版社，2007，第 412 页。

④ 参考孙国东《基于合道德性的合法性——从康德到哈贝马斯》一文，孙国东指出卢梭的“公意”到康德的“联合意志”的转变体现出的现代制度合法性建构的道德基础，文载《法学评论》2010 年第 4 期。

⑤ 〔法〕卢梭：《社会契约论》，何兆武译，商务印书馆，2016，第 35 页。

⑥ 孙国东：《基于合道德性的合法性——从康德到哈贝马斯》，《法学评论》2010 年第 4 期。

⑦ 孙国东：《基于合道德性的合法性——从康德到哈贝马斯》，《法学评论》2010 年第 4 期。

它能够得到公民支持。不论法律规范的有效性还是制度形态的非强制性，都需要以道德商谈的规范有效性为其建构基础。不论是法律的道德性还是制度的道德性都是在程序的“合道德性”中被检验和证明的。

在“生活世界—系统”的关系中，政治系统的正义在于生活世界基于交往理性的理性化，因而生活世界的作用在于每个人真诚地表达自己，通过积极地参与政治生活，形成公共意志来完成民主的合理性。哈贝马斯的民主制度建构既不依赖自由主义的普遍人权，也不依赖共和主义的道德共同体，而是存在于商谈的程序中。这种程序主义的基本假定是：只要信息的流动以及信息的处理不受阻碍，所有商谈都可以得到符合道德的、具有效力的结果。

## 三　伦理生活中的正义形式

哈贝马斯认为他的交往理论可以代替黑格尔的伦理实体理论，通过理想的交往条件实现诸具体伦理中的合理性与合法性。哈贝马斯通过道德商谈实现普遍性的原则和规范进而实现公共秩序以及系统的整合，正义是道德领域的问题，但是，商谈正义包括的法律正义、政治正义都只能解决社会制度性问题。然而当以程序、共识作为正义的标准，那合法性能够符合一种道德性，但是这种正义理解仍旧存在伦理精神缺乏的问题，即个体如何以良善德性参与对社会生活的设计。仅以程序合法理解社会正义，就正义本身而言，它容易造成正义道德价值模糊的问题。而就社会伦理而言，哈贝马斯将社会伦理性寄托在伦理商谈与“伦理—政治”上。同时，他又认为两者都和正义具有某种关联，这就形成了一种正义的伦理条件。

### 1. 伦理认同的本真性

在传统意义上，伦理或良善生活有一个“宗教—民族”生活史的背景，“伦理发源于不同谱系的民族—宗教的文化传统和生活史积淀”①。在哈贝马斯看来，个体和政治共同体的认同问题，即是实践哲学之黑格尔传统中的“伦理生活”问题，它们分别以单数形式的“伦理—存在”和复数形式的“伦理—政治”表现出来。“伦理—存在”（又被译为“伦理—生存”）是

---

① 沈云都、杨琼珍：《生活在他者中间——哈贝马斯道德哲学的人类学视阈研究》，云南人民出版社，2016，第203页。

指个体对一种好的生活的选择，它关涉到个体的生活意义，基本宗旨是“不虚度光阴”，但这种关于个人人生价值选择的理解其依据与某种文化或宗教共同体的价值定位相关。而“伦理—政治”关涉政治共同体的伦理认同。在《道德意识与伦理生活》中，哈贝马斯认为个体通过占有传统、从属于社会集团、参与社会化的互动行为而获得和维持认同。[①] 个体通过对生活世界的符号结构的参与实现自我理解，文化传统、社会整合、社会化三个生活世界向度构成了自我理解的媒介。“由于价值观总是和特定社群的组织结构密切相关，每个人在融入体制和社群习俗的社会化过程中将吸收并内化该社群的基本价值观。因此，这些价值观将形成个人自我认同的核心部分。”[②]

伦理认同的基本要求是“本真性”，在前期交往理论中，哈贝马斯曾提出话语伦理的三个基本原则，即针对客观世界的真理性（truth）、针对社会世界的正当性（rightness），以及针对主观世界的真诚性（sincerity）。而在伦理交往理论中，他提出“本真性”原则。“为了具备对日益凸显的‘认同’问题（即他所界定的‘伦理’问题）的指涉和言说能力，他（哈贝马斯）在实践哲学语境中又以‘本真性’补充甚或替代了‘真诚性’。”[③] 所谓“本真性认同”，是指在现代性背景下，人的自我认同以个体存在的不可替代性和个体伦理生活的自主性为基本要求。伦理价值并非天然合理的，它的检验条件是，它能否成为一个成员的质性身份（qualitative identity）理解的构成性要素，如福斯特说：“只有当其扎根于某个人的自我理解并变成他或她质性身份的构成性要素时，伦理价值才会被考虑是对善好生活问题的已获证成的回答。”[④] 因而，“本真性”要求伦理价值自身的被认同性，而伦理价值的合理性以及被认同的途径是“伦理商谈”（ethical discourse）。

在进入伦理商谈之前，要先探讨“伦理的互主体正义”的理念，其实哈贝马斯并没有发展出这样的伦理正义概念。它的意义可以被理解为伦理

---

① Jurgen Habermas, *Moral Consciousness and Communicative Action*, Cambridge, MA: MIT Press, 1993, p. 232.

② 〔美〕詹姆斯·芬利森：《哈贝马斯》，邵志军译，译林出版社，2015，第 90 页。

③ 孙国东：《“道德—历史主义”的困境》，《清华法学》2016 年第 3 期。

④ Rainer Forst, *Contexts of Justice*: *Political Philosophy beyond Liberalism and Communitarianism*, trans. by John Farrell, Berkeley: University of California Press, 2002, p. 236.

共同体内的交往方式，如前所述，个人的伦理正义指的是个体认同其共同体身份，他可以以共同体为善目的，并认同自我与普遍价值之间的关联。客观形态的伦理正义则体现为一种“静态的正义”，即通过个体伦理德性去参与完成社会的良善性和精神性。那么，伦理的交互主体正义，则是介于主观伦理正义与社会伦理正义之间的，它要求主体通过伦理认同可以与另一承载相同伦理身份的主体拥有基于特殊善①的相互对待，这样的主体间性符合交互主体的伦理精神。如霍耐特就以“承认”作为交互主体伦理正义的，伦理正义的定义被理解为通过伦理性的交互主体交往去建构良善的伦理实体，后现代哲学家如怀特、利奥塔等人也曾提出相应的交互主体的伦理正义。②

其实从古希腊或黑格尔式的伦理理解到自由主义对伦理共同体的理解，再到交互主体理论的伦理正义理解，伦理正义的理念是不断改变的。也可以说，它们分别是在不同维度上体现伦理生活的不同正义形式，因为现实伦理生活包含着多种正义形态，它们都需要被阐释和建构。在黑格尔看来，伦理的正义应是个体与实体之间的认同关系，个体在不同伦理实体中有不同的身份和义务，它们构成伦理正义的基本要素。而在现代自由主义的理解中，伦理正义被分置于私人生活和政治公共生活两个维度之上，政治生活的伦理正义在于政治世界与伦理共同体重叠中的自我认同，其认同的基本价值是自由主义政治正义原则。交互主体的伦理正义是指诸具体伦理生活中的交互性正义，它一方面承担着消弭自我中心主义的作用；另一方面，为伦理生活植入一种检验程序：只有合理的伦理交互关系才能反证出伦理价值的合理性。因此，这种伦理的交互主体正义不仅需要伦理主体的伦理公正，而且需要伦理价值的合理性。对于伦理公正而言，它体现为个体具

① “特殊善”不同于道德意义上的“普遍善”，它指的是根据主体间共同生活史而拥有的特定价值，如西方宗教文化中教会中自我与其他教众的关系，他们分有共同的价值理解，同样，在中国文化中，如家庭中的父母子女的孝慈伦理，也是特殊空间的特殊善，它的有效性在于“我们”在“此间”获得的自我理解。

② 霍耐特在关于哈贝马斯与后现代主义者的差别和继承的论述中，认为后现代正义开始转向正义与伦理的结合，而哈贝马斯交往行为理论往往缺乏主体间的情感态度，在伦理实体内部也很难表达主体之间的精神性，而精神性是伦理正义的必要特征。见 Axel Honneth, “The Other of Justice: Habermas and the Ethical Challenge of Postmodernism,” *Disrespect: The Normative Foundations of Critical Theory*, Blackwell Pub., 2007, p. 100。

有按照普遍价值行动的能力；而对于后者而言，合理性则体现为伦理商谈的有效性原则。

但在哈贝马斯看来，在后形而上学语境中统一的伦理共同体已经不存在于现代社会，而所谓“复杂社会”的理念更直观体现为多元价值观的共存。在“后民族”或“后宗教”时代，每个人的价值认同都是不同的，没有基于一种共同善的交互正义，交互的伦理是建立在伦理价值重建的基础上的。进而在商谈的结果对善生活原则达成一致的情况下再展开交往。哈贝马斯说：“传统必须发展出其认知性潜能（cognitive potential），以让其认同者确信这一传统是值得被延续的；只有个体的自主性才是衡量传统之延续性的阐释性条件……文化群体才能将其文化遗产在代与代之间不断传扬下去。”[①] 就是说，一种文化传统的认知性潜力只有在对社会成员产生足够的吸引力时，才能通过公共证成的检验，并在当下成为对“我们”具有本真性的认同。[②] 交互性的伦理正义以及伦理本真性都必须以伦理价值的“有效性证成”为基础，而本真性理想其实不包括“我们”的伦理生活如何具有精神性的问题，它更偏向于伦理生活中的自我实现和自我建构。

2. 伦理商谈的理念

“伦理商谈”要完成的任务是：什么样的伦理价值是值得“我们”认同的，“我们”要一起完成对优良伦理价值的发现。它对应的问题是：“从长远和总体来看，什么是对‘我们’而言的善好生活？”由此，商谈的程序性和形式性依然发挥着公共证成的检验作用。由此可见，元伦理学所谓的“善的不可定义性”[③]，在哈贝马斯这里也获得了更为经验性的回应，即任何善及其规范力量都不是自明的，而是伦理商谈的结果。伦理商谈“把描述性的成分与规范性的成分结合起来，也即是把对塑造认同之传统的描绘与对某种典范性生活方式的规范性谋划结合起来，而这种典范性的生活方式是通过对其形成过程的反思和评价获得证成的”[④]。就是说一种关于值得传

① Jurgen Habermas, “Equal Treatment of Cultures and the Limits of Postmodern Liberalism,” trans. by Jeffrey Flynn, *The Journal of Political Philosophy* 13, 1 (2005): 22.

② 孙国东：《“道德—历史主义”的困境》，《清华法学》2016 年第 3 期。

③ 摩尔在《伦理学原理》中用分析哲学的方法说明了善的不可定义性在于是和应该的无法统一，这一问题后来发展成为著名的事实和价值问题。哈贝马斯对良善生活进行的商谈性建构也可以被视为重建价值和事实、善和能动性的统一的考量。

④ 孙国东：《“道德—历史主义”的困境》，《清华法学》2016 年第 3 期。

递的传统的善是通过商谈的反思得来的，它最终能为参与者带来一种典范性的生活方式。由此，为了获得伦理认同的本真性，必须批判性地吸取传统，并因而有助于本真性生活取向和深厚价值观的主体间确认或革新。由此可见，伦理商谈有三个基本目标：（1）伦理生活不应产生强的强制力，它能容纳个体的自主和自愿；（2）伦理价值应能兼容自我实现的价值理想；（3）自我能够在这种伦理生活中产生自我认同。

因而，伦理商谈是阐释性的。在德沃金看来，正义问题就是阐释性的，当我们的时代面临着关于正义价值的规范分歧时，“阐释”的意义便在于通过不断阐释实现诸种价值的统一。“传统在伦理商谈中通过反思而被渐进式改变。有些因素以自觉的方式延续了下去，而有些因素消失了。价值观善观念和自我理解都是变动不居的。它们总是处于被不断重新阐释的过程中。”[①] 而衡量一个伦理传统是否具有合理性的根据，就是它能否产生本真性认同，即能否符合自主性原则。芬利森说：

> 伦理商谈关注的是个体或群体的自我认识。不管针对的是哪个对象，从广义上来讲伦理问题都是阐释性的问题。伦理商谈以自我阐明、自我发现为目标，在某种程度上还以自我建构为目的，当为社会所接受时，伦理商谈以判断、意见的形式出现，阐明为了某个人的整体福利该追求何种目的、价值、利益。[②]

在芬利森看来，“集体身份和个人身份必须当作严格意义上的规划：我们处于自己是什么和想要什么之间”[③]。“我们是什么”指的是认同问题，它指向我们认同自身的社群性质，通过共同生活的认同为自我找到意义的根源。同时，这种认同也要依据个人“想要什么”，因为伦理价值必须能够兼容其成员的具体目的和利益。索莫吉（Somogy Varga）认为，一种现代性的伦理理想应能体现出“人们如何真实地面对自己，并过一种可以表达自己是什么人的生活”[④]。威廉·雷吉也说：“在语用推理中，每个人都有‘最终

① 〔美〕詹姆斯·芬利森：《哈贝马斯》，邵志军译，译林出版社，2015，第95页。
② 〔美〕詹姆斯·芬利森：《哈贝马斯》，邵志军译，译林出版社，2015，第91页。
③ 〔美〕詹姆斯·芬利森：《哈贝马斯》，邵志军译，译林出版社，2015，第95页。
④ Somogy Varga, *Authenticity as an Ethical Ideal*, New York: Routledge Press, 2012, p. 5.

的认知权威'来确认他或者她的偏好，而与之不同的是，伦理推理则向商谈中的主体间性测试保持开放。"①

那么，伦理商谈关注的话题域并非交互主体的伦理正义，而是在伦理问题上重建诸种价值合理性的理解方式。在《后形而上学能否回答"良善生活"的问题?》一文中，哈贝马斯认为自我认同"作为历史存在和社会的存在，我们发现自己始终处于一个由语言构成的生活世界当中，我们借助于一定的交往形式，相互就世界中的事务以及我们自身达成理解……语言罗格斯虽然不在我们的控制范围内，但只有我们作为语言和行为能力的主体，能够借助语言相互达成理解"②。因此，"'正确'的伦理自我理解，不是什么神启的或'给定的'，我们只能通过共同的努力而获得它。由此而言，使我们的自我存在成为可能的，更多的是一种跨主体的力量，而不是一种绝对的力量"③。由此，在后形而上学上帝祛魅的境遇下，良善生活的可能性又回到了他的商谈伦理学中。而在《实践理性的实用、伦理与道德的运用》一文中，他指出实用、伦理、道德都是实践理性的运用，"根据其是否呈现出目的性的、善的或正义的取向，实践理性分别将自己表现为：目的行动主体的选择；本真性的即自我实现之主体的决断力；或者具有道德判断能力之主体的自由意志"④。在他看来，伦理善和道德问题最终的道德形而上学依据都是实践理性，道德普遍性确实需要由实践理性制定公共规范。但在关于伦理与善的问题上，将实践理性作为良善生活的全部根基，将商谈作为伦理的一般方法，这就忽略了伦理应包含的情感问题。

而对于交往理论的后继者而言，霍耐特看到了哈贝马斯没有发展的交互主体的伦理和谐的一面，发展出了一种强调主体间相互承认的交互主体伦理学。

---

① 〔美〕威廉·雷吉:《商谈伦理学》,〔美〕芭芭拉·福尔纳特编《哈贝马斯：关键概念》，赵超译，重庆大学出版社，第162页。

② 〔德〕哈贝马斯:《后形而上学能否回答"良善生活"的问题?》，曹卫东译，《现代哲学》2006年第5期。

③ 〔德〕哈贝马斯:《后形而上学能否回答"良善生活"的问题?》，曹卫东译，《现代哲学》2006年第5期。

④ Jurgen Habermas, *Justification and Application: Remarks on Discourse Ethics*, trans. by Ciaran P. Cronin, Cambridge, MA: MIT Press, 1993, p. 10.

## 第三节　形式伦理构想与正义的承认范式

哈贝马斯的商谈理论缺乏主体间的关爱、尊重等情感态度，霍耐特以承认为出发点建构交互主体的伦理正义，将社会的不正义理解为存在的“蔑视经验”，而正义体现在交互主体的承认之中。他以黑格尔早期承认理论为进路，将伦理实体中的主体间的伦理对待的关系理解为一种承认的关系。如此，霍耐特便放弃了黑格尔理论中的个体的伦理正义，将伦理正义的最小范畴定位在交互主体之间的关系上。承认正义向政治正义过渡的逻辑在于一种“作为社会分析的正义论”，社会的自我诊断依据就在于个体平等的承认和承认关系中的具体自由是否被认真对待。由此，作为社会分析的正义便与当下消极自由的正义价值统一起来了。

### 一　非正义的诊断——从交往病理到承认病理

#### 1. 承认病理与受不公正的对待

哈贝马斯继承了法兰克福批判传统，看到主体性与现代社会问题之间的内在关联，主体间的交往弊病是社会生活世界殖民、合法化危机以及意义危机的内在根源。系统功能媒介的入侵致使生活世界殖民化，社会主体不再是通过交往行为来协调其行动，而是按照既定的行为模式，他们遵循的是策略性的利益取向。现代社会的社会病理现象源于生活世界符号再生产的失调，而生活世界的合理化运动依赖于合理的交往行为。在交往行为理论的基础上，哈贝马斯进一步发展了商谈伦理学，区分了普遍性原则和商谈原则（U 原则与 D 原则），并将其运用于政治与法律领域中，强调民主是现代伦理生活的基础。在交往共同体中，当可理解性、真诚性、真实性和正当性这些有效性要求受到质疑时，就必须展开商谈和论辩。并以此作为社会合理化的前提。由此，社会理论合理性的前提转向了交互主体之下的交往，交往和生活世界的合理性为合法化正义提供了基础，它缓解了事实与价值之间的对立，将有效性作为规范合理的依据。

霍耐特认为哈贝马斯的交往行为理论存在现实性和社会性方面的不足，哈贝马斯的交往行为理论建立在普遍语用学的设定上，以普遍语用学的语言规则去证成主体间相互理解的前提条件，以实现从统治中解放出来的可能。就此而言，语言规则本身就被赋予某种规范性的特质。由此，霍耐特追问："在哈贝马斯交往行为理论中，是一种什么样的系统性经验和何种现象在超越所有理论反思之前赋予批判力量的日常依据？"显然，他不认为仅靠语言规则能够完全实现主体间的和解和他者性的消弭。由此霍耐特推测，"在这一点上，交往行为理论出现了一种系统性的裂缝"。[①] 他认为，这种前反思的依据是对彼此承认经验的自信等信念和态度，而非靠语言就能够完成批判，实际上批判的依据可能在于日常生活中"蔑视的暴力"，而非"语言的暴力"。其实哈贝马斯在成名作《公共领域的结构转型》一书中的关注点始终在于语言的不合法造成的统治和殖民，他企图在舆论和交往规则上重建社会民主，由此可见，哈贝马斯所反对和批判的更多的是一种语言交往中的"暴力"，以及对社会中公共话语受到禁锢的批判，即"只有当对社会交往的限制在规范上被证明是对人们的正当的要求的违犯时，这些限制才被描述为'不公正的'"[②]。实际上，这种语言表达的不满和公共意见的来源可能是阿玛斯亚·森所说的"明显的不正义"，而语言的商谈可以提出合理的规范并赋予其合法性与有效性。但是，霍耐特认为就算有"明显的不正义"，其判断依据更应该是前反思阶段的人与人交往行为的道德态度：

> 商谈伦理学从如下情境中得出了一系列后果问题：普遍化检验不再以一种独白的自我审问（Selbstbefragung）的形式，而是以真实的、实际上进行着的对话的形态来执行。这一建议的优势在于，与一种有争议的规范潜在相关的所有人的真实表态取代了单纯想象出来的反应；由此，这一检验——在其中应当被检测的是，能否找到对那种规范的普遍赞同——消除了一种利己主义的危险，并变成一种公开的程序，在其中，所有相关者都能实际地发表意见。但问题在于，主体必须能够把那些特征和态度自发地带入讨论活动当中，以便这种讨论活动可以被现实地视为一种道德商谈。[③]

① Peter Dews ed., *Jurgen Habermas: A Critical Reader*, Oxford: Blackwell, 1999, p. 326.

② 〔德〕霍耐特：《正义的他者：哈贝马斯与后现代的伦理挑战》，侯振武译，《当代中国价值观研究》2018年卷。

③ 〔德〕霍耐特：《正义的他者：哈贝马斯与后现代的伦理挑战》，侯振武译，《当代中国价值观研究》2018年卷。

交往行为理论是哈贝马斯从意识哲学向行动哲学的一次转向，以此克服现代性主体哲学的抽象性与独白性特征，因此，现代社会交往病理或对公共话语的阻碍，成为现代社会批判以及正义可能性研究的一个向度。而承认的病理与交往的病理不同，对交往的病理的克服被寄托在话语伦理的要求上，实现话语平等，即在商谈程序中所有人将他人视为平等与自由的个人来尊重。但是语言规则没有表现出交互主体的道德态度。而承认的病理则来自“蔑视”，这是主体间性的根源问题，也是承认与社会正义的始源性追问。它比语言交往具有更“前在性”的批判依据，因为它意味着主体间性中任一主体的道德态度。蔑视在某种程度上是一种道德动力，正因为社会存在各种蔑视，所以需要承认的动机。

所谓蔑视是指对承认的拒绝或否定，蔑视的基本形式分为三种：强暴、被剥夺权利、侮辱。霍耐特认为自身完整性、荣誉或尊严的被伤害是不公正感的规范内核，在亚里士多德那里受不公正对待的主要形式也存在于这些基本道德理念中。因而，霍耐特认为，蔑视的不公正正在于它侵害或贬低了这些基本范畴。对人类尊严、完整性的蔑视之所以能够描述不公正，与其说是因为这些行为从权利上构陷了主体自由，毋宁说，它们损坏了自我以主体间性的形式获得自我理解和自我肯定的机制。强暴是对个人自主控制肉体权力的剥夺；被剥夺权利意味着共同体合格的一员被剥夺了平等参与制度秩序的权利；侮辱涉及的是一个人的“荣誉”、“尊严”或“地位”等等。强暴植根于虐待体验中，它摧毁了个体的基本自信；剥夺权利植根于贬低体验中，它伤害了个体的道德自尊；侮辱植根于羞辱体验中，它剥夺了个体的自豪感。三种蔑视形式所造成的后果则分别是“心理死亡”、“社会死亡”和“伤害”。①

泰勒在《承认的政治》中，表达了与霍耐特的承认、蔑视观相似的观点。他将承认与他前期自我认同理论结合起来，认为自我认同（identity）是以他人的承认为前提的。如果没有他人的承认，或得到的是他者扭曲的承认，那么人的认同便可能是在蔑视中被伤害。由此，蔑视其实不仅体现为缺乏应有的道德尊重，还可能致使被蔑视者背负致命的自我仇恨。霍耐特认为蔑视是社会对抗和冲突的深层动力，个体被羞辱、被激怒、被伤害

① 〔德〕阿克塞尔·霍耐特：《为承认而斗争》，胡继华译，上海世纪出版集团，2005，第140～143页。

的消极情感反应会变成一种“道德判断”。这种道德判断通过相互交流等表达，会从道德意识上形成一种对于“非正义”的认识，这种非正义的蔑视会招致集体行动上的反抗和对立。而因遭受扭曲承认和蔑视进行的反抗，正是社会批判的一个重要的道德动因。

由此可见，承认的病理不同于交往的病理的语言学向度，而是对道德上承受的不公的反抗，承认意味着交互主体走向自我与他者相互承认中的平等，它是指“个体和个体之间、个体与共同体之间、不同的共同体之间在平等基础上的相互认可、认同或确认；在全球化时代多元文化主义冲击的背景下，该概念也突出了各种形式的个体和共同体在平等对待要求的基础上的自我认可和肯定”①。由此，新的社会批判理论应从承认和认同被破坏的条件去探求，也就是说“承认病理应成为社会诊断的核心”②。承认能够体现交互主体的道德态度，主体之间是承认、认同关系，承认在一种交互关系中体现为人的自信、自重和自尊。

就正义而言，从罗尔斯开启的当代自由主义的分配正义开始，现代正义论是建立在应然和实然、事实和价值割裂的基础上的。自由主义无论将个体参与寄托在康德式的建构主义道德上，还是寄托在政治世界中的个体正义感上，都无法改变现代正义论的抽象主义特征，它们一直笼罩在主体性哲学的单纯设想之中。哈贝马斯通过批判性理论，从意义的经验世界来源入手提出一种程序正义，程序的意义是为规范觅求有效性以及合法性的基础，生活世界和系统之间的异化和克服就在于交往和商谈的程序合理。而承认的交互主体性，正是为正义寻找一个“规范性重建”的理论基础，它旨在说明，一个存在蔑视的社会是不公正的，同时一个理想的正义社会应该是在伦理诸领域中的主体交互承认着的样态，这应是一个正义的基本衡量尺度。“霍耐特通过承认——蔑视这一关系结构，从一个较新的理论视角阐明了一种社会规范理论，这种规范的社会理论有很强的经验相关性，比哈贝马斯的语言交往行动理论和罗尔斯抽象论证的正义论有着很大优势。”③ 由此，“为

① 〔美〕南茜·弗雷泽，〔德〕阿克塞尔·霍耐特：《再分配，还是承认？——一个政治哲学对话》，周穗明译，上海人民出版社，2009，第3页。

② Peter Dews ed., *Jurgen Habermas: A Critical Reader*, Oxford: Blackwell, 1999, p. 332.

③ 陈伟：《承认的类型学探析——对霍耐特承认理论的解读》，《理论与现代化》2008年第5期。

承认而斗争”不同于“为自我保护而斗争”，社会生活中普遍存在的对性别、肤色、身份、宗教的蔑视，都应是社会正义为之奋斗的主题。

2. 承认的主体间性与形式的伦理构想

黑格尔表达了一种政治生活和伦理生活重合的设想，家庭、市民社会、国家都是一种伦理生活形式，黑格尔通过个人认同的方式，设置了三个向度的生活获得伦理性的方式。并且，通过每一种具体伦理生活的良善来说明整体的团结和具体的自由。在家庭中，伦理的本质体现为成员的爱；在市民社会中，伦理体现为社会第二家庭的可能性，黑格尔称之为同业公会；在国家中，通过个体对于国家的认同以及自身的义务和爱，实现国家的伦理性，这是公民伦理的基本要求。因此，在黑格尔看来，伦理实体和伦理生活既是日常生活中的道德实践，也是政治生活中的公民伦理。黑格尔为现代社会留下的遗产是，对社会原子化的拒绝以及一种类似于市民人文主义的社会整合方式。霍耐特的进路是用黑格尔耶拿时期提出的承认理论重新诠释黑格尔成熟时期的“伦理”理念。在霍耐特看来，黑格尔虽然为现代社会留下了宝贵的遗产，但是，“在今天简单复活黑格尔意图和思路是不可能的……这样，就必须为黑格尔的精神概念，即客观化的、在社会体制中被实现的精神，寻找其他基础。尽管如此，再次运用黑格尔意图，构思一种从当代社会结构前提出发的正义理论，对我来说也许是有意义的”①。

霍耐特《为承认而斗争》的一个小标题为“个人整合的交互主体性条件：一种形式的伦理构想”，所谓“形式的伦理构想”是指为把个人“整合”（Intergritt）进“社会伦理”中去构想一种“交互主体性的条件”，“整合”的意义是通过“互动”而达到“相互融合”（Integration）。② 那么，形式的伦理也就是指个体以交互主体的条件重新融合进社会伦理生活。由此，形式的伦理构想不同于社群主义将善理解为一种实质性价值，伦理的形式性在于它的规范性内容，而非既定的善目的。一种好生活或具有伦理性的生活，在于承认的规范内容得到广泛实现。在承认中，个体被整合进社会，

① 〔德〕阿克塞尔·霍耐特：《〈自由的权力〉精粹》（上），王凤才译，《学习与探索》2016年第1期。

② 杨丽：《一种形式的伦理构想：理解霍耐特承认理论的关键》，《哲学动态》2018年第11期。

构成了伦理社会的规范性基础。社会伦理诸向度包含着不同的承认规范形式，这种对主体“应然性”的要求，会作为一种方法或“程序”支持家庭、市民社会、国家诸伦理生活形式都能成为一种“好的生活”。由此可见，霍耐特既把承认理论阐释为一种社会学理论，也把它阐释为一种伦理学说。作为一种“承认的社会学”，他强调的是把“相互承认”作为个人社会化的途径；当他说承认理论是一种“伦理构想”时，指的是“相互承认的社会模式”是“相互承认”本身内含的“伦理理念”在社会生活形式中体现出来的一种规范性内容。

形式的伦理其实借用的是黑格尔的伦理理念的躯壳，它指明一种良善生活的形式是实现社会的伦理整合或社会的伦理化，而这一社会构想形式需要考量承认的具体规范内容。“‘内容’不是康德意义上道德主体意志立法的‘意志质料’（即意志欲求的对象），而是指主体相互承认模式中被承认的价值内涵。”① 他区分出三种基本社会承认形式：爱、法权和团结。而且在每一种承认形式中，被承认的“内容”都是不同的。如在“爱”的承认形式中，被承认的具体内容或规范是“需要”“情感”“他者的个体独立与依赖”等；而在“法权”承认形式中，被承认的内容为“自由”“权利”“尊重”等；在“团结”的承认形式中，被承认的内容则是“对等”、“价值认同”以及宽容和关怀等。通过对承认规范的设计，形式的伦理生活得到一种新的形式的填充，即以承认理论为基础重建现代社会的伦理生活，以作为良善生活与社会制度的构建方式。

在批判哲学的语境中，对形式的伦理构想便是霍耐特社会批判的规范性基础，如左恩（Christopher F. Zurn）所说：“霍耐特形式的伦理构想可以作为一种规范性的观点来判断社会体制的进步和病理的形式。”② 其实不论哈贝马斯还是霍耐特都认为社会批判必须有一个规范性依据，即社会合理性的尺度，这与早期批判主义者不同。哈贝马斯寻找的尺度是生活世界和系统的交往基础，霍耐特的尺度则是“承认”，他说：“如果要批判现存社会中所存在着的不充分的承认关系，那么我们必须有一个标准，并借助这

---

① 杨丽：《一种形式的伦理构想：理解霍耐特承认理论的关键》，《哲学动态》2018 年第 11 期。

② Christopher F. Zurn, “Review Essay-Anthropology and Normativity: A Critique of Axel Honneth's Formal Conception of Ethical Life,” *Philosophy and Social Criticism* 26 (2000): 115.

个标准来判断哪些社会要素限制了人们之间的承认关系。”① 规范性尺度指出了何为好生活的方向，它也是对社会正义的良善生活的一个说明，因为只有基于承认的伦理形式构想充分实现，生活的良善性，以及一种基于蔑视经验批判的正义才能被理解。而且在他看来，如果把社会发展看成一个社会化和个体化的互动过程，那么，承认就是推动这个过程发展的动力学根据。

霍耐特认为互主体的承认是社会再生产的一种良性表征。个体的社会化以及社会整合都是将承认作为社会伦理生活得以实现的基础，他通过对伦理生活诸向度的合理化承认的理解来设计社会合理性。“社会生活的再生产服从于相互承认的律令，因为只有当主体学会从互动伙伴的规范视角把自己看作社会的接受者时，他们才能确立一种实践的自我关系。”② 承认突出主体间相互对待的道德态度，它的目的是在他者之中发现自我，它不仅训练一种个体的交往能力，更是为了良善生活本身。他说：“‘规范性重建’所指的并不是法律上制度化了既定现实，而是社会价值领域的现代重构，这种重构体现了相互承认和个人自我实现以一定方式共同作用的观念。”③ 这时个体会为了获得主体间的承认而去斗争，使自身的特殊性获得承认，满足内在的道德期望，并力求能够在实现“好的生活”诉求的过程中推动主体自信、自重、自尊的实现。

从“伦理—道德”关系来看，承认理论不同于社群主义，社群主义割裂了伦理道德的内在联系，将黑格尔对康德的批判理解为一种对普遍主义道德的否定，而没有看到黑格尔思想中道德和伦理之间的内在关联。而霍氏认为如果我们把个体自我实现理解为一个独立而自由的个人如何整合到“社会”的过程，那么，一种道德自主能力的获得就成为这一过程的必要环节。而对于这种普遍主义道德如何在现时代与伦理重新关联起来，霍耐特继承了哈贝马斯等人的主体间性构想，但是，又强调主体间的个体基本道德规范是普遍承认和尊重。他企图建构的是一种超越建构主义和社群主义

① 〔德〕阿克塞尔·霍耐特：《不确定性之痛——黑格尔法哲学的再现实化》，王晓升译，华东师范大学出版社，2016，第 66 页。

② 〔德〕阿克塞尔·霍耐特：《为承认而斗争》，胡继华译，上海人民出版社，2005，第 45 页。

③ 〔德〕阿克塞尔·霍耐特：《不确定性之痛——黑格尔法哲学的再现实化》，王晓升译，华东师范大学出版社，2016，第 118 页。

的规范伦理学，“就我们把它发展成一个规范概念而言，承认理论正好居于康德传统的道德理论和社群主义伦理学的中间”[①]。在他看来，黑格尔从没有明确地表达“任何情况下，援引道德的立场都是错误的决定”[②]。黑格尔是将对道德自律的批评和对社会病态的诊断联系起来，是说纯粹反思性道德不能建构任何规范性和制度性的东西，而伦理和道德的统一的意义便在于，对于制度而言，道德的普遍主义应发挥其批判作用，而对于伦理而言，个人的义务和行动要与社会规范相统一。因而，霍耐特认为承认调和了个体反思性道德义务与社会伦理的统一。

霍耐特将承认的可能寄托于伦理生活中的社会心理学原理，它不是一种康德式的主体能动性道德，实体生活的经验会形成互主体承认经验。它们是在伦理生活中形成的，因而，健康的伦理生活应能够培养互主体多元承认的样态，同样，健康的伦理生活是承认的伦理，这就存在一种循环论证，因为伦理生活是存在不健康的状态的。承认他者更多是在交往习惯中获得的道德习惯，爱与尊重等承认形式的实现是个体在承认实践中获得的原发性经验。他说：“由主体互动的实践习惯，而不是经由认知而获得的信念，是道德的基础，这一点是毫无疑问的。”[③] 黑格尔所说的“伦理性”的东西本意更多的是指社会习俗，但是霍耐特以承认诠释伦理，又将规范性与个体道德实践寄托在横向的主体之间，这就导致个体与普遍物关联性的缺乏，黑格尔的个体性与普遍性的统一或伦理与道德的统一都转向个体通过承认经验实现自己与普遍物的统一。其实，承认理论的一个基本要求是挽救正义的道德情感匮乏向度，承认既是个体与个体之间的道德情感，也是个体与共同体之间的道德情感，而且，主体的承认能力具有某种原发能力，可见承认是现代伦理正义一种新的阐释方式。

---

① 〔德〕阿克塞尔·霍耐特：《为承认而斗争》，胡继华译，上海人民出版社，2005，第179页。

② 霍耐特《不确定之痛》中的一个节题就是“个人自由的观念：自律的互主体条件”（华东师范大学出版社，2016，第13页），他认为对黑格尔正义重建的一个路径是在非辩证逻辑的情境下重构黑格尔的自由、伦理思想，黑格尔抽象法权、道德诸环节不是被扬弃就完结了的，它们如何以“非辩证”的方式体现在对“伦理”的论证中，是一个重要阐释向度。因而，他认为道德是伦理的一个环节，两者应更好地兼容，这为他“承认互主体性”的道德性奠定了基础。

③ 〔德〕阿克塞尔·霍耐特：《自由的权利》，王旭译，社会科学文献出版社，2013，第20页。

## 二　承认正义与作为社会分析的正义

1. 承认的互主体正义

霍耐特认为："以罗尔斯为代表的正义理论沿着康德哲学的思路，脱离社会习俗来探讨社会规范的原则，这导致了'是与应当'的对立。"① 而霍耐特则改变了正义的主题，霍耐特不赞同罗尔斯将正义全然理解为一种分配公平的理论，他说："近来，沿着康德或洛克路径建构的正义理论却得以高歌猛进：衡量社会秩序道德正当性的那些规范性原则不应该从现存的制度框架中抽引出来，而只能独立于、远离于这种制度框架才得以发展。"② 但他认为正义不在于分配正义或政治正义，而是承认的正义。如上文所述，霍耐特的这种正义理解与法兰克福学派的批判理论传统是有关联的，批判理论致力于研究"前理论的实践"、"解放的兴趣"或"内在的超越性"等主题。这促使霍耐特回到黑格尔的承认理论，并对后者的形而上学缺陷进行改造和重释。经过改造后的承认，一方面被霍耐特认为是一种本体论意义上的"经验的兴趣"，可以被构想为一种批判观点或理论，这是承认的批判理论；另一方面可以作为规范基础，就是作为承认的正义。霍耐特认为：

> 近几年关注政治哲学发展的任何人都能够发现，规范的定位随着核心概念的变化而变化，在20世纪80年代，马克思主义在欧洲占据的主导地位和罗尔斯在美国的广泛影响确保了维持政治秩序规范理论的指导原则。尽管在细节上有些差异，但是都要求消除社会或经济上的不平等。但是这样的观点似乎被一种新的观点所代替，不是将消除不平等作为规范的目标，而是把避免侮辱或蔑视作为正义理论的规范的定位；平等分配或商品平等不再是正义论的核心范畴，尊严或尊重成正义论的重要向度。③

① 〔德〕霍耐特：《作为社会分析的正义理论——〈自由的权利：民主伦理大纲〉导论》，王晓升译，《学习与探索》2013年第8期。

② 〔德〕霍耐特：《作为社会分析的正义理论——〈自由的权利：民主伦理大纲〉导论》，王晓升译，《学习与探索》2013年第8期。

③ Axel Honneth, "Recognition and Justice: Outline of a Plural Theory of Justice," *Acta Sociologica* 4 (2004): 351.

由此可见，正义面临一种新的范式转变。霍耐特认为黑格尔的正义观体现在以伦理生活的合理化作为正义的依据，这种正义不是追求一种分配的正义，而是在于伦理生活能否达到某种规范价值。也就是说，正义开始和伦理关联起来。回顾正义理论的近代史可以发现，从自由主义要求的正义和伦理的对立，到社群主义的批判下自由主义的正义观和伦理趋近，正义观念一直延续的是休谟式的定义，正如桑德尔对罗尔斯的批判，正义只是关涉利益的德性，它作为一种“社会德性”，关注的是利益的合理分配，以避免资源有限引起的争端，这种正义的目的是对利益的合理安排，它对个体善的要求仅是一种底限道德的正义感。霍耐特以承认作为正义的标尺，就正义的客观形式而言，伦理与正义逐渐被拉近，消极自由和良善生活也被整合，社会正义是对社会结构和冲突的一种诊断。而个人正义则体现在主体间关系的正义性上。

霍耐特将正义理论定义在这种承认机制的社会结构上，在他与安德森（Anderson）合作的论文中认为，正义理论应该是“一种关涉社会的承认的基本结构的规范理论”①。在霍耐特看来，承认的基本结构也就是构成社会一般结构的道德基础，休谟式的社会德性不是分配方案的正义，而是以“承认机制”作为基本的社会道德。霍耐特通过一种重构式的、多元导向的正义理论，努力将罗尔斯存而不论、只作为背景文化发挥作用的非公共领域的价值也纳入社会分析之中，以恢复罗尔斯在后期放弃了的在个体生活的所有层面寻求正义的抱负；另一方面，为避免新黑格尔主义者容易招致的普遍性、规范性不够的责难，霍耐特又力图把非公共领域的多元道德纳入“伦理”框架，以去除多元性，形成“普遍认同”。

霍耐特的正义论保留伦理正义的倾向。主观的伦理正直和客观的伦理生活在承认理论中统一起来。霍耐特在三种承认形式的基础上提出社会正义的原则，因为承认依然是一种规范，从承认到正义的关系是，纠正承认受到压迫就是正义。由此，爱、权利、团结三种承认关系对应的正义原则分别是需要原则、平等原则、价值原则。这三个原则构成了承认正义的基本要求。同时，它们也是诸伦理关系良善的基本表征，在爱的关系中，需

---

① Anderson and Honneth, *Autonomy*, *Vulnerability*, *Recognition*, *and Justice*, *Autonomy and the Challenges to liberalism*, Cambridge: Cambridge University Press, 2005, p. 144.

要原则优先；在法权构成领域，平等原则优先；在团结关系中，价值原则优先。

霍耐特以承认为基础的多元正义论为正义理论增添了道德情感和关怀的维度，也为正义与良善生活的更好融合提供了方案。霍耐特想通过主体间相互承认完成对现代世界良善生活的建构，它既克服康德式的道德独白，又能促进个体的社会化以及自我实现，这种普遍的承认状态是良善生活的一种形式，也是正义社会的内在要求，他说："我们的正义观也与主体之间如何承认以及以怎样的方式相互承认密切相关。"① 就是说，以承认为其内容的伦理生活是一种社会善的表达，社会善本身就是一种正义。因而，正义不仅是罗尔斯式的分配原则的道德价值追求，更在于社会良善生活的基本伦理性，即伦理生活中人与人之间良善性的表达。这种承认关系中的"个人善"不再是罗尔斯意义上的"正义感"，它要求主体的道德态度和道德情感。它并不像社群主义那样将正直寄托在共同体的共同善之上，主体是要依据基于承认的具体规范去行动的。而具体规范在一定意义上反映了诸伦理生活层面包含了承认要求的各种制度性的东西。因而，霍耐特在个体与实体的"纵向维度"之间，加入了一种"横向维度"，即交互主体性的承认。并且，这种横向的承认比纵向的目的论更有规范的有效性。

2. 作为社会分析的正义

20 世纪 90 年代，霍耐特开始补充、修正和完善承认理论，并提出了一元道德为基础的多元正义构想，试图构建一种以正义与关怀为核心的政治伦理学。他提出一种新的正义范式，即"作为社会分析的正义论"。这种正义理论与规范正义传统不同，毋宁说是获得社会正义的一种策略。社会分析具有目的论特征，它是批判理论的一种延伸。当然，这种正义论是嵌套在他的承认理论之中的，并和他的"蔑视经验诊断"的正义一般理解直接相关。就"社会分析"而言，这种对于正义研究的方法开始转向"社会制度研究"的向度。如果说他前期的"承认理论的正义观念"还具有规范主义特征，那么，这种作为社会分析的正义论则是对规范主义的反叛。显然，这种政治正义方案也是针对罗尔斯契约论和规范主义的正义论提出的，"'正义理论'不再是一个规范性格局。而对罗尔斯而言，这种

① Axel Honneth, "Recognition and Moral Obligation," *Social Research* 1 (1997): 16.

规范性格局能够定义正义和善，'社会分析'源于社会对自身规则、缺陷和病理不断的'自我分析'"。因此，社会分析是要从已有的社会结构中析取正义原则，它是以现存社会作为正义论的前提，并蕴含了目的论的形式。"我们在思考政治概念时，必须将政治概念与它们所处于的具体语境联系起来。从'内在分析'视角中，正义理论必须重建'被制度化的准则'。……因此，社会哲学不会将'抽象准则'与'世界的实际现实'对立起来；社会哲学通过澄清作为世界存在基础的原则，以指明这些原则自身和它们扭曲的现实化之间的差异，这样便将'规范性理论提出的要求'与'对影响理论现实化的弊病分析'联系在一起。"[①] 霍耐特提出社会分析正义论的一般方法论前提，他说按照社会理论提出的正义观念可以确立四个分析策略。

（1）任何一种形式的社会再生产，都是普遍的、共享的、一般的价值和目标所规定的。无论是社会生产的目标还是文化整合的目标最终都是通过规范来调节的。就这些规范包含了共同的善的观念来说，它们具有伦理的特征。

（2）正义的概念不能独立于社会的广泛价值而得到理解：在一个社会中，与那些制度和实践，即实现了普遍接受的价值的那种制度和实践相适应的那些东西才被看作是"正义的"。

（3）在上述两个规定的基础上，把正义理论作为社会分析来进行研究。于是，这意味着要从多样的社会现实中提取出那样一些制度或者实践，或者从方法论上来说，规范地重建那样一些制度和实践，这些实践能够确保和实现普遍的价值，并在事实上被看作是适当的。

（4）要确保这种方法的运用并不会导致这样的后果，即只是肯定现存的伦理制度。如果严格贯彻这些要求，那么规范性的重建就会发展到这样一点，在给定的情况下，人们能够弄清楚，伦理的制度和实践究竟在多大程度上未能广泛地或者充分地代表由它们所体现的普遍价值。[②]

霍耐特的这种正义观是带有社群主义性质的，正义来自不同领域对善

① 〔法〕让-弗朗索瓦·盖赫威冈：《无伦理的伦理生活（l'éthicité）——论"博肯定理"及哈贝马斯和霍耐特对它的应用》，宋珊珊译，《清华西方哲学研究》2017年第2期。

② 〔德〕霍耐特：《作为社会分析的正义理论——〈自由的权利：民主伦理大纲〉导论》，王晓升译，《学习与探索》2013年第8期。

的理解。他借鉴了沃尔泽“正义诸领域”的想法，在伦理诸领域划定了正义诸领域，盖赫威冈认为这种正义论是要“依照‘社群主义者’的直觉定义‘正义诸领域’”[①]，“正义诸领域”要求在重要人类活动中以特定方式拒绝抽象正义的观念。那么，这种多样化的正义领域必然会产生不同的“承认制度”，这些制度能够确保人们在“伦理生活”展开的每个领域中通过不同的方式消除“抽象平等”的理念。由此可见，正义是适应社会制度和规范性的冲突的产物。现存社会结构和文化习俗成为正义的一个重要背景，以现存不合理的分析和批判作为社会再生产和规范重构的原动力。他据此重新定义了黑格尔的“伦理”与“客观精神”的理念，他说：“黑格尔‘客观精神’概念包含了这样一个命题：一切社会现实都拥有一个理性的结构，一旦某些错误的或者不恰当的概念被成功地用于社会生活的实践中，那么它们就会与这个结构相抵触。……‘伦理’的概念包含了这样的命题：在社会现实中，至少在现代社会现实中，诸多行动领域已经出现，在这些领域中，偏好与道德规范、利益与价值早以制度化互动的形式相互交融在一起。”[②] 就是说，伦理和客观精神的意义在于以特定的价值作用于对各个领域价值和制度的合理性理解，因而，它们充当着对正义的诊断，因而形成了社会各重要生活领域的多元的正义观念，正义与伦理、客观精神提供的价值批判密切相关，这也塑造了正义的反规范论品性。

因而，它和沃尔泽的多元主义有相通之处，即主张伦理生活与社会制度的一致性，社会制度正义以对社会共同善的理解为基本依据，并且，在诸伦理领域中存在不同的正义规范。这种作为社会分析的正义论和时下流行的“现实理论”或“非理想理论”的正义观不同，虽然后者注重对现实不正义的分析，但是，它们不存在一种特定的分析尺度。霍耐特关注的是基本伦理生活和伦理制度，而且它以社会普遍目的为目的，确切地说，它属于一种理想理论，不过不同于罗尔斯重叠共识的理想主义，它更偏向于一种“伦理理想”，它虽然看起来是对社会中弊病的纠正，但它的目的是伦理生活中既定的规范理念与社会正义的统一性。

---

① 〔法〕让-弗朗索瓦·盖赫威冈：《无伦理的伦理生活（l'éthicité）——论“博肯定理”及哈贝马斯和霍耐特对它的应用》，宋珊珊译，《清华西方哲学研究》2017 年第 2 期。

② 〔德〕霍耐特：《作为社会分析的正义理论——〈自由的权利：民主伦理大纲〉导论》，王晓升译，《学习与探索》2013 年第 8 期。

3. 承认理论中的自由正义

作为社会分析的正义论是一种建构正义社会制度的方案，一个正义的社会制度在于社会共同善的相契，并且，要求在与社会普遍价值的对照中进行规范重建。那么，一个基本问题是根据社会分析和承认理论得到的正义能否容纳现代民主社会中自由、平等主流价值观？事实上，霍耐特对罗尔斯式的自由的批判，与黑格尔对契约论的批判有相似之处，他认为罗尔斯的自由只停留在“法律自由”和“反思的自由”的层面上，罗尔斯的自由理论只能提供自由的可能性，却不能为自由提供真实性，所谓真实性是指具体个体在具体境遇中的自由理解，是一种实然的状态。因此，霍耐特认为罗尔斯的自由主义造成了应然与实然的分割。近代西方政治哲学的主题是自由，霍布斯、洛克、密尔代表了古典自由主义的基本形式，而罗尔斯的正义理论将当代政治哲学的主题由自由变为平等。

而霍耐特重新把自由作为正义的主题，但是，他理解的自由的正义更偏向于黑格尔，而非古典自由主义或康德式的自由正义。他在《法哲学原理》对正义思想“再实现”的考量中，认同黑格尔将自由作为法哲学的基本主题，并且，他还根据黑格尔的伦理理念，将承认理论嵌套进对自由现实性的理解，并借此提出客观自由或社会自由的概念。他将自由分为消极自由、反思自由与社会自由。消极自由是一种法律自由，这种自由来自贡斯当和以赛亚·柏林对现代自由的定位。反思自由是罗尔斯意义上的自由，而社会自由则是霍耐特的独创。社会自由表明，个体自由体现为交互主体的社会意义，是主体在制度化实践中形成的一种与他人相互承认的关系。这种自由旨在说明一个人只有被承认才是自由的，社会制度中承认的自由不再是抽象的，而是在具体互动中时刻被道德化的交互主体态度所彰显着的。每个人都是主体，并且主体与主体之间存在一种承认着的平等，这种主体间性的形而上学通过道德的形式重新阐发出新的自由观。那么，正义的理念不再是保障抽象的自由与权利，而是要“保障和帮助所有社会成员实现自己的自由”①。

就此而言，社会正义便在于对主体间承认的保证，霍耐特认为正义是指每个人彼此所提供的平等的主体行为自由。这个定义包含了现代政治哲

① 〔德〕阿克塞尔·霍耐特：《自由的权利》，王旭译，社会科学文献出版社，2013，第31页。

学追求的两个基本政治价值：自由和平等。就个人自由的物质和认同而言，正义的分配范式本质上是要求一种个体性的自我联系，它的内在要求是个体的自尊、需要能够得到满足。就此而言，物品公平分配并不能带来真正的自由，而要用一种间接的方式表达个体的权利和自由被尊重，它的基本形式是用物权表达自由，这种古典主义的法权自由观是近代启蒙的一大创建。承认理论认为个人自由的表达方式不是物权，而是主体间的承认关系，是一种存在于主体间的相互认同，它不以分配的方式由个人获取，而是以相互承认的方式获得。但这种承认关系本质上是一种道德情感，无法通过特定方式进行分配，承认的正义需要借助共同的规范性原则来相互赋予，那么，“正义原则的论证就变成在历史中重构已有的规范性原则以推动承认关系的发展。因此，分配方式的构成性程序主义应该被重构性正义理论所取代”①。

## 三 以承认重建正义的现代意义

主体间承认精神的丧失是现代社会的基本伦理问题，它体现为个人关系、家庭、社会共同体等领域主体间性的异化。在全球化和文化多元化背景下，它也体现在种族主义、文化间性、性别伦理等诸问题形态之中，“种族划分、两性关系、语言、宗教的不公正斗争”表明“社会不公的体验总是与合法的承认没有得到认可有关”。② 另外，承认和蔑视还体现在对群体身份的认同上，弱势群体和非主流文化群体不被主流社会认可和尊重，同性恋者、少数族裔等边缘人群和弱势群体遭到主流人群排斥。从世界范围内社会抗议运动的趋势来看，不仅是有色人种、少数族群、同性恋者这些受歧视群体，而且包括现代生态主义者、农民等广泛的身份职业群体，它们都在争取受到公正的承认和认同，反对歧视的暴力。由此，承认是为当今世界所需要的内在化的基本平等，它要求人不仅要学会如何生活，而且还要学会如何保持尊严。由此霍耐特认为，当今世界社会内部冲突并非由利益引发，其实质是被羞辱和蔑视的冲突，“社会不公正是与拒绝给予承认

① 李昊：《从承认到自由——霍耐特正义观的逻辑演进评析》，《青海社会科学》2016 年第 1 期。

② 〔德〕阿克塞尔·霍耐特：《承认与正义：多元正义理论纲要》，胡大平等译，《学海》2009 年第 3 期。

有规律地关联着”。[1] 由认同危机引发的社会冲突，往往比利益冲突更体现出冲突的根源性。“如果说在利益的冲突中，人们更侧重于采用金钱原则，那么在情感受到不公正待遇的冲突中，就不能继续沿用解决利益纠纷的手段，而是要努力为个人完整性的主体间条件斗争，为人类精神、情感的满足而斗争。”[2]

承认的正义强调爱和尊重的优先性。家庭交往中的承认确立了爱的原则，它在家庭中体现为家庭成员在天然的伦理实体中的情感，家庭中要求的不是平等，而是父母、夫妻、子女的伦理关系的合理化。黑格尔将爱的原则作为家庭基本原则，黑格尔之所以强调家庭对于人的“在世结构”[3]以及社会生活整体的作用，并非仅因为家庭是一种必然的伦理，从黑格尔对基督教的爱的精神和启蒙消失了的博爱精神的比较，到前精神哲学时期他对“爱”和“生命”的核心论述[4]，可以看出，他对于爱的理解并非从家庭中来的。但是，他同时意识到，对于一个人，尤其是一个“后宗教时代”的人而言，家庭是他获得爱的场域。正是因为爱对于伦理的作用，家庭才被赋予了积极的伦理实体作用。这种爱超越家庭，被赋予某种可以超越自身独立性进而和他者达成统一的情感力量，这也是交互主体性的基础。因此，它在社会关系的交际中呈现为友爱。友爱是承认的基本道德情感，这种情感不是天生的，而是在家庭中获得的。由此，家庭之爱可以向市民社会的共同体过渡，家庭到社会的辩证逻辑在于家庭的解体，同时家庭中的爱可以作为社会伦理性的基本需要。霍耐特之所以抛却黑格尔的逻辑形式，正是想表达爱对真正的互主体性的奠基作用，并且为互主体性提供一

① 〔美〕南茜·弗雷泽，〔德〕阿克塞尔·霍耐特：《再分配，还是承认？——一个政治哲学对话》，周穗明译，上海人民出版社，2009，第104页。

② 孟晓平、夏巍：《以承认统筹正义——霍耐特多元正义理论合理性的探析》，《苏州科技大学学报》2019年第1期。

③ 家庭是一种伦理实体，不论是在精神现象学的希腊世界，还是在法哲学中的客观伦理，家庭一直是黑格尔的一种自然伦理表述，家庭是自然血缘，同时它也是人的在世结构的体现，它体现为家庭对人的存在的意义。家庭是人的意义获得理解的一种重要自然结构。而且，黑格尔没有将“教会”作为一种伦理实体，由此可以联想到，家庭是接续宗教重塑人的意义生成的一种基础群体存在形式，它可以作为社会人际结构的范型被用来理解原子式个体造就的意义危机，也可以为重建人的在世意义提供方案。

④ 黑格尔早期是以爱和生命为主题的，他后期转向对精神的研究，精神也被认为是爱和生命的统一，形成了爱、生命、精神的辩证法。

种情感关联。

因此，承认的道德意义是对他者的关爱。如上文所述，在霍耐特看来，哈贝马斯的话语伦理的一个局限就是没有在交互主体性的交往中注入道德情感或道德态度。那么，在他看来，一种承认行为在发生时，其实都体现了友爱和尊重的态度。这种尊重不同于法权哲学中的尊重，实际上，西方哲学习惯于以法权意义上的尊重理解个人自由，但是霍耐特认为尊重来自友爱与承认。社会自由建构在承认的基础上，它体现在各个不同领域中个体得到承认。这种承认是要在诸正义领域中，在诸交往结构的分析中，能够以主体是否获得特定的爱和尊重作为前提。罗尔斯式的权利的优先性在于在价值多元的情境下，社会行动能够以普遍的权利原则为基础原则，它先于任何善可以被得到尊重。而承认正义则要求承认对于抽象权利的优先性，在交互的道德认同中，各自可以得到理解。由此，承认的正义是一种伦理的正义，它借用作为社会分析的正义等诸种表达形式，它最终的规范标准在于社会重大生活形式中承认是否有被蔑视的情境。因而，承认的正义的最终落脚点在于主体间的态度。这种伦理正义的基础不是个人的道德正直，也不是伦理正直，从客观伦理来看，它是主体间承认着的状态。而就一种个人正义而言，既然社会正义要求个体之间的承认，那么，作为主体的个人积极承认他者便是一种伦理义务，个体的行动关乎社会正义是否可能。

这种承认的正义意指人的关怀或道德情感与社会正义的意义重合，霍耐特没有将承认寄托于一种伦理实体的精神性完成，他用伦理实体中的个人与个人的横向关系，代替了个体与实体之间的关系，他在《不确定性之痛》中明确交代了黑格尔正义理论再实现的基本前提就是摒弃黑格尔的国家哲学，就是说黑格尔国家伦理不适应于承认理论。邓安庆批评霍耐特对国家理论的切割只会造成社会伦理正义基础的不可能，他说："'国家正义'才能使'社会正义'真正得以实现，并为规范秩序正在瓦解的当今世界提供一种不同于'罗尔斯—康德'路线的正义论模式。"[①] 国家的伦理意义不仅在于制度，而且在于促成公民参与公共生活，从而成为普遍等级的成员，

① 邓安庆：《国家与正义——兼评霍耐特黑格尔法哲学"再现实化"路径》，《中国社会科学》2018 年第 10 期。

因而养成真正的政治正义的人格。显然霍耐特正义思想缺乏了伦理的这一“纵向维度”，这也正是盖赫威冈称霍耐特民主伦理理论是“无伦理的伦理生活”的因由。

由此，在社会制度建构中，社会制度的正义性在于规范重建，但是这种承认理论依旧关注于正义的“横向”面，即公众与公共意志的关系，而缺省了黑格尔对“纵向”的关注，即个体与国家的关系。黑格尔伦理将道德的批判应用于社会科学，其正义应能够体现出非原子化和公共认同的向度，但是，霍耐特转向对民主伦理的考量，虽然将自由还原为承认，可它毕竟缺乏对个体与普遍性的统一的关注，也就是缺乏对个体与共同体的伦理关系的考量。其实，霍耐特交互主体理论仍是以主体为基础的，它无法从根本上回避原子化问题，而且，对于社会制度的道德理解，承认本身也是一种理想主义。承认的正义范式转变，一方面改变了正义的主题，另一方面启发了一种对伦理正义的理解方式，克服了现代正义纯然政治性形态，开始关注社会正义的伦理向度。

# 结 语

在西方正义论史中存在两种类型的正义理想，这两种正义可以被区别为消极正义与积极正义，这种区分依据正义的合理性要求与正义的精神性要求。后一种正义类型对应的是柏拉图式的正义论，这种正义论关注的是人的功能性实现与共同体精神的统一性，它体现为个体在追求统一性、人的精神崇高的同时，实现共同体的正义。这是一种积极正义。前一类型的正义是现代正义的典型特质，它以潜在利益分歧和个体对立为出发点，追求合理性的制度安排和共识理想，它体现为以消极权利为出发点的消极正义。两种类型的正义在现代思想体系中又对应着“康德式”与“黑格尔式”的阐释方式。因为现代社会与个人之间的一个明显对立，就是社会公正与人的消极、庸俗之间的张力。由“伦理”概念表达的正义观认为每一个体的生活理想、自我成就都应在一个良善共同体中得到合理安排。这种正义观强调个体道德能动性与社会正义制度之间的互动关系，它具有积极的伦理正义精神。

古希腊是西方正义论的始源地，它也代表了古代伦理正义论的典型样态。在希腊世界的意象中，人的卓越与正义是统一的。这种正义的伦理要求是正义的人要具有与他人或城邦实现共同善的德性，如勇敢、节制、智慧等公职等德性，或慷慨、诚实、友爱待人的德性。由此，个人的正义既意味着一个人兼具众德，成为一个好人，也意味着个体要以城邦至善为自己的至高理想。这便是伦理正义的古典形态。主观的伦理正义要求在公职、身份、与他人相关项中实现自己的伦理同一性，它体现为成为一个好公民或与他者相处中的全部德性。因而，伦理的自我实现是成为一个拥有总德或公正精神的人，它可以为“伦理—政治”提供主观的心灵品格，也可以为城邦公共秩序提供从总体出发的道德态度。就此而言，人的幸福与无限性不仅与个人伦理正义相关，而且与城邦共同体的伦理正义相关。因而，在这种原初的伦理正义观中，道德实践与政治设计都是建构在这一伦理正义形态之上的。人的自我认同、人与人之间的“原初关系”，以及人与共同体之间的关系，都存在一种以善和生活本身为出发点的正义理解。那么，在这种正义观中，个人善与普遍善是统一的，精神崇高与普遍理性也是统一的，而正义便体现为对人的灵魂的整全性关注，体现为对共同体的精神性关注，以及对共同生活的良善的关注。

但是古希腊的这种理想主义的正义论是以“伦理性”的个人为基本出发点，而当个人至高的精神理想遇到现实不平等的坚实大地时，这种理论又显得羸弱不堪。西方自启蒙运动开始，“法权”性的个人理解取代了古代“伦理”性的个人理解，“利益”和“效用”成为现代社会精神的基石。而正义的根本要求则是权利与自由，对正义的这一论证是通过契约论完成的。从整体主义的伦理过渡到以个体为出发点的社会正义，正义论不再局限于人与人之间的良善生活问题，而是要寻找保证自由、平等的政治合法性方式。如此以“效用”和“利益”为普遍性其实是对纯粹私有财产保护的促进，而过于在利益的层面上关注正义，也面临着社会伦理精神的失落。因而，在个人善与社会善的统一性上，启蒙正义论在本质上将个人善理解为利益、福利，而非个人的德性成就，社会善也不是共同体的幸福。个人被理解为单子、法权个人、福利应得者，而不再是德性配享者、精神崇高者。在这种自然人性的引领下，社会精神是肤浅而又碎片化的。但是，启蒙对人类自由价值的呼吁必然汇入正义论史的演进过程中，它为后来的正义论建构自由和伦理的结合提供了过渡环节。

当代自由主义正义论肇始于两股思潮，一是政治理论中的多元论；二是分配正义理论。多元论是指现代社会既已出现的多元论事实；分配正义理论开启的是以公共分配来更好地体现个体的权利与自由。现代自由主义与社群主义的争论开始自觉到个人精神与社会伦理的脱节，即注重个体利益消极正义不能体现出社会正义的精神向度。多元论中个人人生理想如何与社会普遍精神保持一致，关涉的是个体德性成就以及社会的共同体属性等问题。这种个体善与普遍善的统一不仅在于探究政治共同体的心灵机制，而且在于共同体氛围带来的对生活价值的理解。

罗尔斯、德沃金在多元论上的解决方案是在政治世界中建构共同体，政治社会的伦理共同体的意义在于自由主义正义只有在有边界的共同体内才得以运行。但是，靠什么来解释或维系“伦理社群”的这种“边界感”呢？他们认为是对自由主义的正义原则的共同信奉。他们承认政治共同体中需要伦理生活的理念和形式，以维持人心机制与制度认同的统一。政治共同体有着一种与它的公民生活整合为一体的生活形式，它们之中任何人生活的成功都是作为整体的共同体之善的一个方面，因此也依赖于这种共同体的善。而拉兹等至善主义者提出另一种多元共同体的可能，就是说政治正义不具有价值优先性，个人可以选择一种理想作为其一生之事业，并忠诚于某种具体共同体。公民个人理想的选择决定了自由的价值，因此在政治上应积极创建个体价值选择的门径。在道德实践上，他认为公民审慎地对待个人幸福以及人生理想，最终会与共同事业、价值诸领域获得统一。那么，这就需要伦理正义的精神。

社群主义主张一种社会多元正义形态。社群主义想要表达的是，“个人”并不像自由主义者那样孤立，人与共同体存在一种彼此成就的关系。个人主义不仅没有将个人从抽象的暴力中解放出来，而且只是将他的社群属性虚化并由此悬隔了它。在社群主义看来，好的生活应包括社会伦理的完善。在分配正义上，社群主义认为共同体伦理的共识构成了分配的多元形式。伦理的共识是在共同生活中获得善知识的来源，在一种文化中对善、分配者、分配方式的公平理解实质性地主导着一个社会对正义的理解。因而，社群主义在正义问题上关注的是“应得”“德性”“成员资格认同”“伦理认同”等观念，而非一种普适化的正义原则。善与正义的统一，不仅说明正义与共享的善观念相关，而且说明它需要被成员在伦理生活中广泛认同，就是说，公民要拥有支持这种正义需要的伦理德性和伦理正义感。

共同的善概念的形成和实现的基础不在于道德规范的系统周全，而在于人们对自身传统和历史联系的认同，在于具有善品格和正义美德的个人对道德共同体的理解、认同、确信和忠诚。社群主义在正义建构和实施上需要其成员的伦理正义精神。如他们对美德、责任、爱国、仁爱的强调，都是一种基于对普遍善目的的认同的伦理正义。但是社群主义也面临流行的善观念何以合理的问题，这是伦理本真性的问题，它是需要一定的规范性基础的。

交互主体理论调解了自由主义与社群主义之间的冲突。正义在哈贝马斯的交互主体理论中依然存在和善的对立性，它体现为商谈合法性和程序性，是一种非完备的形态。而就伦理认同而言，它依然在日常生活世界中发挥着规范共同生活的作用。就是说，他承认人应通过伦理认同过一种良善生活。但同时，哈贝马斯认为认同的伦理价值应有其合理性依据，因而考察伦理生活的规范体系的合理性依然是交往理论的基本主题。就此，哈贝马斯提出了伦理商谈理论，它追求伦理认同的本真性，即一种值得代际传承的伦理是建立在伦理商谈的基础之上的。而同时，霍耐特提出了交互主体间的情感维度，它以“蔑视经验”为一切“病症”的根基，而承认中包含的爱、平等、团结等价值向度，进一步推进了对社会伦理生活正义的分析与审查尺度。

在交往理论看来，社会中既已存在多元伦理生活向度，存在具体伦理生活诸领域，它们和传统、民族文化等伦理要素相关，因而，这些具体伦理生活形式预先就包含着自身的制度形式和伦常规范体系。这些伦理认同的基础在于何以值得认同。在哈贝马斯看来这是“伦理—政治”问题，而霍耐特认为这是一种“作为社会分析的正义论”形态，而分析或检验正义与否的标准，便是该伦理生活是否合乎商谈或承认的规范建构。交互主体性或主体间性作为理解伦理正义的一种方式，一方面回应了康德式的主体性道德哲学的局限，同时，通过主体的交互性理解，将自我与他者延伸至普遍交往的基本结构。而伦理生活及人的“复数性”都这一基本结构中被重新理解，人的伦理认同与伦理本身的规范性也就获得了统一。

由此，现代西方正义论在伦理视阈下呈现为，个体权利之自由与生活之良善，如何与作为社会核心价值的正义相统一。这一问题最早呈现在契约主义对社会的原子化和法权化理解之中，在现代自由主义与社群主义的论辩中，得到更明显的呈现，而后哈贝马斯等人的交互主体学说调解两者，重构正义、伦理、道德的规范形式。现代西方正义论史的演进体现了正义论本身对伦理精神的自觉，也体现出西方自启蒙运动以来过于追求社会以自由为基础的理性主义设计，进而导致现代社会在寻求对抗这一偏执时的无力。进而部分学者才寄希望于以希腊性或黑格尔的“伦理”为理论资源，来为社会现实问题提供解决方案。这才构成了现代西方正义论史发展的纠结与探索。

# 参考文献

## 一　中文专著（含译著）类

[1]〔匈〕阿格妮丝·赫勒：《超越正义》，文长春译，黑龙江大学出版社，2011年。

[2] 应奇、罗亚玲编译《后形而上学现代性》，上海译文出版社，2007年。

[3]〔美〕阿拉斯代尔·麦金太尔：《谁之正义？何种合理性？》，万俊人、吴海针译，当代中国出版社，1996年。

[4]〔美〕阿拉斯代尔·麦金太尔：《追寻美德：道德理论研究》，宋继杰译，译林出版社，2011年。

[5]〔美〕艾伦·伍德：《黑格尔伦理思想》，黄涛译，知识产权出版社，2016年。

[6]〔德〕阿克塞尔·霍耐特：《不确定性之痛：黑格尔法哲学的再现实化》，华东师范大学出版社，2016年。

[7]〔德〕阿克塞尔·霍耐特：《为承认而斗争》，胡继华译，上海世纪出版集团，2005年。

[8]〔德〕阿克塞尔·霍耐特：《自由的权利》，王旭译，社会科学文献出版社，2013年。

[9]〔匈〕安东尼·雅赛：《重申自由主义——选择、契约、协议》，陈茅等译，中国社会科学出版社，1997年。

[10] 黄燎宇、〔德〕奥特弗里德·赫费编《以启蒙的名义》，北京大学出版社，2010年。

[11]〔英〕边沁：《道德与立法原理导论》，时殷弘译，商务印书馆，2009年。

[12]〔加〕查尔斯·泰勒:《黑格尔与现代社会》, 徐文瑞译, 吉林出版集团, 2009 年。

[13] 丛日云:《西方政治文化传统》, 吉林出版集团, 2007 年。

[14]〔英〕大卫·休谟:《人性论》, 关文运译, 商务印书馆, 1985 年。

[15]〔英〕戴维·米勒:《社会正义原则》, 应奇译, 江苏人民出版社, 2005 年。

[16]〔捷〕丹尼尔·沙拉汉:《个人主义的谱系》, 储智勇译, 吉林出版集团, 2009 年。

[17] 邓安庆:《启蒙伦理与现代社会的公序良俗——德国古典哲学的道德事业之重审》, 人民出版社, 2014 年。

[18] 邓安庆:《正义伦理与价值秩序——古典实践哲学的思路》, 复旦大学出版社, 2013 年。

[19]〔美〕菲利普·塞尔兹尼克:《社群主义的说服力》, 上海人民出版社, 2009 年。

[20]〔德〕费希特:《自然法权基础》, 谢地坤、程志民译, 商务印书馆, 2004 年。

[21]〔美〕盖尔斯敦:《自由多元主义的实践》, 佟德志等译, 江苏人民出版社, 2010 年。

[22] 龚群:《追问正义——西方政治伦理思想研究》, 北京大学出版社, 2017 年。

[23]〔英〕贡斯当:《古代人的自由与现代人的自由》, 阎克文等译, 上海人民出版社, 2005 年。

[24]〔德〕黑格尔:《法哲学原理》, 范扬、张企泰译, 商务印书馆, 2010 年。

[25]〔德〕黑格尔:《精神现象学》, 贺麟译, 商务印书馆, 1979 年。

[26]〔德〕黑格尔:《历史哲学》, 王造时译, 上海书店出版社, 2006 年。

[27]〔德〕黑格尔:《哲学史讲演录》, 贺麟、王太庆译, 商务印书馆, 1997 年。

[28]〔英〕霍布斯:《利维坦》, 黎思复、黎廷弼译, 商务印书馆, 2016 年。

[29] 蒋先福:《契约文明: 法治文明的源与流》, 上海人民出版社, 1999 年。

［30］〔美〕卡尔·贝克尔：《18世纪哲学家的天城》，何兆武，北京大学出版社，2013年。

［31］〔英〕卡尔·波普尔：《开放社会及其敌人》，中国社会科学出版社，1999年。

［32］〔德〕卡西勒：《启蒙哲学》，顾伟铭等译，山东人民出版社，1988年。

［33］〔德〕康德：《道德形而上学原理》，苗力田译，上海人民出版社，1986年。

［34］〔德〕康德：《法的形而上学原理——权利的科学》，沈叔平译，商务印书馆，2015年。

［35］〔德〕康德：《实践理性批判》，韩水法译，商务印书馆，1999年。

［36］〔德〕康德：《历史理性批判文集》，何兆武译，商务印书馆，2013年。

［37］匡萃坚：《当代西方政治思潮》，社会科学文献出版社，2005年。

［38］李猛：《自然社会——自然法与现代道德世界的形成》，生活·读书·新知三联书店，2015年。

［39］〔法〕卢梭：《论科学与艺术》，何兆武译，商务印书馆，1963年。

［40］〔法〕卢梭：《社会契约论》，何兆武译，商务印书馆，2016年。

［41］〔法〕卢梭：《论人类不平等的起源和基础》，李平沤译，商务印书馆，2015年。

［42］〔美〕罗纳德·德沃金：《至上的美德》，冯克利译，江苏人民出版社，2003年。

［43］〔英〕洛克：《政府论》（下），叶启芳、瞿菊农译，商务印书馆，2018年。

［44］〔意〕洛苏尔多：《黑格尔与现代人的自由》，丁三东等译，吉林出版集团，2008年。

［45］〔英〕伦纳德·霍布豪斯：《社会正义要素》，孔兆政译，吉林人民出版社，2006年。

［46］〔德〕马克思·舍勒：《价值的颠覆》，罗悌伦等译，生活·读

书·新知三联书店，1997 年。

[47]〔美〕迈克尔·桑德尔：《民主的不满》，曾纪茂译，江苏人民出版社，2008 年。

[48]〔美〕迈克尔·桑德尔：《自由与正义的局限性》，万俊人等译，译林出版社，2011 年。

[49]〔美〕迈克尔·沃尔泽：《正义诸领域》，褚松燕译，译林出版社，2002 年。

[50]〔美〕南茜·弗雷泽，〔德〕阿克塞尔·霍耐特：《再分配，还是承认？——一个政治哲学对话》，周穗明译，上海人民出版社，2009 年。

[51] 彭文刚：《启蒙之后的“启蒙”——启蒙世界观的内在逻辑与当代反思》，中国社会科学出版社，2015 年。

[52]〔英〕乔治·克劳德：《自由主义与价值多元论》，应奇译，江苏人民出版社，2006 年。

[53]〔英〕史蒂芬·缪哈尔、亚当·斯威夫特：《自由主义者与社群主义者》，孙晓春译，吉林人民出版社，2011 年。

[54]〔英〕史蒂文·卢克斯：《个人主义》，阎克文译，江苏人民出版社，2001 年。

[55] 沈云都、杨琼珍：《生活在他者中间——哈贝马斯道德哲学的人类学视域研究》，云南人民出版社，2016 年。

[56] 石元康：《当代自由主义理论》，上海三联书店，2000 年。

[57]〔加〕威尔·金里卡：《当代政治哲学》，刘莘译，上海译文出版社，2011 年。

[58] 文长春：《正义：政治哲学的视界》，黑龙江大学出版社，2010 年。

[59]〔德〕席勒：《审美教育书简》，冯至、范大灿译，北京大学出版社，1985 年。

[60] 姚大志：《何谓正义——当代西方政治哲学研究》，人民出版社，2007 年。

[61] 姚大志：《正义与善——社群主义研究》，人民出版社，2014 年。

[62] 应奇：《共和的黄昏：自由主义、社群主义与共和主义》，吉林出版集团，2007 年。

[63]〔德〕尤尔根·哈贝马斯:《对话伦理学与真理的问题》,沈清译,中国人民大学出版社,2005 年。

[64]〔德〕尤尔根·哈贝马斯:《合法化危机》,曹卫东译,上海世纪出版集团,2009 年。

[65]〔德〕于尔根·哈贝马斯:《后形而上学思想》,曹卫东、付德根译,译林出版社,2012 年。

[66]〔德〕哈贝马斯:《交往行动理论》,洪佩郁译,重庆出版社,1994 年。

[67]〔德〕哈贝马斯:《在事实与规范之间——关于法律和民主法治国的商谈理论(修订译本)》,童世骏译,生活·读书·新知三联书店,2011 年。

[68] 俞可平:《社群主义》,中国社会科学出版社,1998 年。

[69]〔英〕约瑟夫·拉兹:《公共领域中的伦理学》,葛四友译,江苏人民出版社,2013 年。

[70]〔英〕约瑟夫·拉兹:《自由的道德》,孙晓春等译,吉林人民出版社,2006 年。

[71]〔美〕约翰·罗尔斯:《道德哲学史讲义》,顾肃、刘雪梅译,中国社会科学出版社,2013 年。

[72]〔美〕约翰·罗尔斯:《政治自由主义》,万俊人译,译林出版社,2000 年。

[73]〔美〕约翰·罗尔斯:《正义论》,何怀宏等译,中国社会科学出版社,1988 年。

[74]〔美〕约翰·罗尔斯:《作为公平的正义》,姚大志译,中国社会科学出版社,2016 年。

[75]〔英〕约翰·穆勒:《功利主义》,徐大建译,上海世纪出版集团,2008 年。

[76]〔南非〕詹姆斯:《财产与德性——费希特的社会与政治哲学》,张东辉、柳波译,知识产权出版社,2016 年。

[77]〔美〕詹姆斯·施密特编《启蒙运动与现代性:18 世纪与 20 世纪的对话》,徐向东、卢华萍译,上海人民出版社,2005 年。

[78] 张凤阳:《现代性的谱系》,江苏人民出版社,2012 年。

## 二　中文论文（含译文）类

[1]〔美〕安米·古特曼：《社团主义对自由主义的批判》，韩震译，《国外社会科学》1994 年第 12 期。

[2]〔德〕阿尔布莱希特·韦尔默：《民主文化的条件》，载阿尔布莱希特·韦尔默主编《后形而上学现代性》，应奇、罗亚玲译，2007 年，上海译文出版社，第 248-249 页。

[3]〔德〕阿克塞尔·霍耐特：《承认与正义：多元正义理论纲要》，胡大平、陈良斌译，《学海》2009 年第 3 期。

[4]〔德〕阿克塞尔·霍耐特：《论我们自由的贫乏——黑格尔自由的伟大》，王歌译，《世界哲学》2013 年第 5 期。

[5]〔德〕阿克塞尔·霍耐特：《〈自由的权力〉精粹》，王凤才译，《学习与探索》2016 年第 1 期。

[6]〔德〕霍耐特：《作为社会分析的正义理论——〈自由的权利：民主伦理大纲〉导论》，王晓升译，《学习与探索》2013 年第 8 期。

[7] 亓同惠：《法权的缘起与归宿——承认语境中的费希特与黑格尔》，《清华法学》2011 年第 6 期。

[8] 曹钦：《罗尔斯与社群主义：虚构的交锋?》，《同济大学学报》2017 年第 5 期。

[9]〔加〕查尔斯·泰勒：《吁求市民社会》，汪晖、陈燕谷主编《文化与公共性》，生活·读书·新知三联书店，2005 年。

[10] 陈路：《论桑德尔对罗尔斯正义理论的批判》，《马克思主义与现实》2007 年第 4 期。

[11] 陈伟：《承认的类型学探析——对霍耐特承认理论的解读》，《理论与现代化》2008 年第 5 期。

[12] 丁三东：《黑格尔法哲学的逻辑学基础》，《哲学动态》2018 年第 10 期。

[13] 丁三东：《正义生活的原初关系——基于“正义”概念对黑格尔法哲学的考察》，《云南大学学报》2018 年第 3 期。

[14] 邓安庆：《从“自然伦理”的解体到伦理共同体的重建——对黑格尔〈伦理体系〉的解读》，载《复旦学报》，2011 年第 3 期。

[15] 邓安庆：《“后习俗伦理”与“普遍正义原则”》，邓安庆主编《伦理学术》第6卷《黑格尔的正义论与后习俗伦理》，上海教育出版社，2019年。

[16] 邓晓芒：《从黑格尔的一个误解看卢梭的“公意”》，《同济大学学报》2018年第2期。

[17] 樊浩：《伦理之“公”及其存在形态》，《伦理学研究》2013年第5期。

[18] 樊浩：《“伦”的传统及其“终结”与“后伦理时代”——中国传统道德哲学和德国古典哲学的对话与互释》，《哲学研究》2007年第6期。

[19] 樊浩：《伦理，“存在”吗》，《哲学动态》2014年第6期。

[20] 樊浩：《“伦理”——“道德”的历史哲学形态》，《学习与探索》2011年第1期。

[21] 高广旭：《“伦理正义”的解释力——马克思正义观研究的思想背景和可能视角》，《道德与文明》2018年第6期。

[22] 高力克：《正义伦理学的兴起与古今伦理转型——以休谟、斯密的正义论为视角》，《学术月刊》2012年第7期。

[23] 〔德〕K. 黑尔德：《对伦理的现象学复原》，涤心（倪梁康）译，《哲学研究》2005年第1期。

[24] 惠春寿：《重叠共识究竟证成了什么——罗尔斯对正义原则现实稳定性的追求》，《哲学动态》2018年第10期。

[25] 孔明安：《论合法性的正义基础及其可能性》，《厦门大学学报》2018年第5期。

[26] 李长伟：《启蒙时代的开启与古典公民教育思想的终结》，载《21世纪中国公民教育的机遇与挑战》，郑州大学出版社，2008年。

[27] 李昊：《从承认到自由——霍耐特正义观的逻辑演进评析》，《青海社会科学》2016年第1期。

[28] 李猛：《自然状态与家庭》，《北京大学学报》2013年第5期。

[29] 李猛：《自然状态与社会的解体：霍布斯自然状态方法的实质意涵》，载《历史法学》，2014年。

[30] 李彧可：《一种替代罗尔斯的正义论的正义观念：一种黑格尔式的探讨》，“面向实践的当今哲学：西方应用哲学”国际学术会议论文。

［31］梁东兴:《西方社群主义的洞见与局限》,《社会科学研究》2010年第3期。

［32］林进平:《从正义的参照管窥古代正义和近代正义的分野》,《深圳大学学报》2008年第1期。

［33］刘小枫:《卢梭与启蒙自由派》,《中国人民大学学报》2012年第3期。

［34］刘作:《为什么要承认他人的权利?——费希特和黑格尔对康德的发展》,《兰州学刊》2017年第10期。

［35］吕永祥:《罗尔斯差异原则的内容及证成》,《理论观察》2014年第5期。

［36］〔美〕罗伯特·皮平:《在什么意义上黑格尔的〈法哲学原理〉是以〈逻辑学〉为“基础”的——对正义逻辑的评论》,高来源译,《求是学刊》2017年第1期。

［37］〔美〕罗纳德·德沃金:《正义与生活价值》,张明仓译,欧阳康主编《当代英美著名哲学象学术自述》,上海人民出版社,2005年。

［38］〔德〕克劳斯·菲威格:《伦理生活与现代性——作为福利国家概念奠基者的黑格尔》,李彬译,载《伦理学术》2017年第3期。

［39］马金杰:《正义与团结——论哈贝马斯的话语伦理学》,《求是学刊》2008年第6期。

［40］〔美〕玛莎·努斯鲍姆:《至善自由主义和政治自由主义》,叶会成译,郑永流主编《法哲学与法社会学论丛》,法律出版社,2016。

［41］〔美〕迈克尔·桑德尔:《共同体主义、共和主义以及自由主义的区别》,朱慧玲译,李建华主编《伦理学与公共事务》,北京大学出版社,2011。

［42］〔美〕迈克尔·斯洛特:《伦理学理论谱系》,郦平、付长珍译,《华东师范大学学报》2017年第4期。

［43］〔美〕迈克尔·斯洛特:《作为德性的正义》,阮航译,载江畅主编《价值论与伦理学研究》(2015年卷)。

［44］〔美〕梅尔文·里什泰:《孟德斯鸠与市民社会的概念》,《朝阳法律评论》2016年第2期。

［45］孟晓平:《以承认统筹正义——霍耐特多元正义理论合理性的探

析》，《苏州科技大学学报》2019 年第 1 期。

[46] 聂文军：《正义的伦理：在德性与规范之间》，《哲学研究》2010 年第 5 期。

[47] 欧洋：《以桑德尔为代表的社群主义国家认同研究》，《人民论坛》2014 年第 34 期。

[48]〔法〕让－弗朗索瓦·盖赫威冈：《无伦理的伦理生活（l'éthicité）——论“博肯定理”及哈贝马斯和霍耐特对它的应用》，宋姗姗译，《清华西方哲学研究》2017 年第 2 期。

[49]〔美〕亚当·塞利格曼：《近代市民社会概念的缘起》，景跃进译，邓正来、〔英〕亚历山大编《国家与市民社会：一种社会理论的研究路径》，中央编译出版社，1999 年。

[50] 邵华：《论康德的社会契约论》，《华中科技大学学报》2016 年第 1 期。

[51] 孙国东：《基于合道德性的合法性——从康德到哈贝马斯》，《法学评论》2010 年第 4 期。

[52] 孙国东：《“道德—历史主义”的困境》，《清华法学》2016 年第 3 期。

[53] 孙磊：《规范与权利视角下的公共性——论哈贝马斯公共性理论的局限》，《南京社会科学》2010 年第 8 期。

[54] 王凤才：《从批判理论到后批判理论（上）》，《马克思主义与现实》2012 年第 6 期。

[55] 王军：《论哈贝马斯商谈民主的德性之维》，《伦理学研究》2016 年第 4 期。

[56] 汪行福：《黑格尔：一个“不情愿”的现代主义者》，《上海师范大学学报》2017 年第 4 期。

[57] 杨丽：《一种形式的伦理构想：理解霍耐特承认理论的关键》，《哲学动态》2018 年第 11 期。

[58] 杨伟涛：《契约的限度——黑格尔论伦理的契约性和非契约性》，《上海财经大学学报》2014 年第 5 期。

[59]〔英〕以赛亚·柏林：《两种自由概念》，陈晓林译，载《公共论丛》1995 年第 1 期。

[60] 应奇：《后〈正义论〉时期罗尔斯思想的发展》，《浙江大学学

报》1998 年第 3 期。

[61] 应奇：《从伦理生活的民主形式到民主的伦理生活形式——自由主义—社群主义之争与新法兰克福学派的转型》，《四川大学学报》2015 年第 4 期。

[62]〔德〕哈贝马斯：《后形而上学能否回答“良善生活”的问题?》，曹卫东译，《现代哲学》2006 年第 5 期。

[63] 郁建兴：《实践哲学的复兴与黑格尔哲学的新发现》，《浙江社会科学》1999 年第 5 期。

[64] 周濂：《后形而上学视阈下的西方权利理论》，《中国社会科学》2012 年第 6 期。

[65] 周濂：《政治社会、多元共同体与幸福生活》，《华东师范大学学报》2009 年第 5 期。

[66] 张东辉：《Sitten 和 Moral 的含义及其演变——从康德、费希特到黑格尔》，《哲学研究》2016 年第 3 期。

[67] 庄振华：《黑格尔精神概念辨正》，《哲学研究》2016 年第 10 期。

[68] 肖小芳：《伦理生活及其规范性实践——哈贝马斯与霍耐特对黑格尔政治哲学的重建》，《桂海论丛》2018 年第 3 期。

[69] 张轶瑶：《从理性到合理性：罗尔斯自由主义思想之嬗变》，《东南大学学报》2017 年第 4 期。

## 三　硕博学位论文类

[1] 李先桃：《当代西方社群主义正义观研究》，湖南师范大学博士学位论文，2008 年。

[2] 薛丹妮：《何以如家般安居于世——黑格尔伦理政治哲学研究》，吉林大学博士学位论文，2015 年。

[3] 尹瑞琼：《主体间交往范式转换背景下的公民社会崛起——论霍耐特承认理论》，苏州大学博士学位论文，2010 年。

[4] 张晒：《沃尔泽多元主义分配正义论研究》，武汉大学博士学位论文，2015 年。

[5] 周小玲：《哈贝马斯的正义理论》，中山大学博士学位论文，2008 年。

## 四　英文类

（1）英文专著

[1] Anderson and Honneth, *Autonomy, Vulnerability, Recognition, and Justice, Autonomy and the Challenges to Liberalism*, Cambridge: Cambridge University Press, 2005.

[2] Bernard Williams, *Ethics and the Limits of Philosophy*, Cambridge, MA: Harvard University Press, 1985.

[3] Charles Taylor, *Philosophy and the Human Sciences*, Cambridge: Cambridge University Press, 1985.

[4] David Miller, *State, Market and Community: Theoretical Foundations of Market Socialism*, Oxford: Oxford University Press, 1990.

[5] John Rawls, *A Theory of Justice*, Cambridge, MA: Harvard University Press, 1971.

[6] Joseph Raz, *The Morality of Freedom*, Oxford: Oxford University Press, 1986.

[7] Jurgen Habermas, *Communication and Social Evolution of Society*, trans. by McCarthy, Cambridge: Polity Press, 1991.

[8] Jurgen Habermas, *Moral Consciousness and Communicative Action*, Cambridge, MA: MIT Press, 1990.

[9] Macheal Sandel, *Liberalism and the Limit of Justice*, Cambridge: Cambridge University Press, 1998.

[10] Michael Walzer, *Spheres of Justice*, New York: Basic Book, Inc., 1983.

[11] Michael Walzer, *Thick and Thin*, Notre Dame, Indiana: University of Notre Dame Press, 1994.

[12] Markate Daly, *Communitarianism: A New Public Ethics*, Beverly, MA: Wadsworth Publishing Company, 1994.

[13] S. Avineri, A. De-Shalit, eds., *Communitarianism and Individualism*, Oxford: Oxford University Press, 1992.

[14] S. B. Smith, *Hegel's Critique of Liberality*, Chicago: The University of Chicago Press, 1989.

[15] Somogy Varga, *Authenticity as an Ethical Ideal*, New York: Routledge Press, 2012.

[16] Sullivan, *Reconstructing Public Philosophy*, Berkeley: University of California Press, 1982.

[17] Rainer Forst, *Contexts of Justice: Political Philosophy beyond Liberalism and Communitarianism*, trans. by John. M. M. Farrell, Berkeley: University of California Press, 2002.

[18] Richard Rorty, *Solidarity or Objectivity? in Objectivity, Relativism, and Truth*, Cambridge: Cambridge University Press, 1991.

[19] Robert Nozick, *Anarchy, State and Utopia*, New York: Basic Books, 1974.

(2) 英文论文

[1] Alasdair Macintyre, "Practical Rationality as Social Structures," in Kelvin Knight ed., *The Macintyre Reader*, Notre Dame: University of Notre Dame Press, 1998.

[2] Alasdair MacIntyre, "The Privatization of Good: An Inaugural Lecture," in C. F. Delaney ed., *The Liberalism-Communitarianism Debate*, Lanham: Rowman Littlefield Publishers, Inc., 1994.

[3] Axel Honneth, "Recognition and Justice: Outline of a Plural Theory of Justice," *Acta Sociologica* 4 (2004).

[4] Axel Honneth, "Recognition and Moral Obligation," *Social Research* 1 (1997).

[5] Bernard Williams, "Realism and Moralism in Political Theory," in Geoffrey Hawthorn ed., *In the Beginning was the Deed*, Princeton: Princeton University Press, 2005.

[6] Bruce Ackerman, "Political liberalisms," *The Journal of Philosophy* 7 (1994).

[7] Charles Taylor, "Hegel's Ambiguous Legacy for Modern Liberalism," *Cardozo Law Review* 10 (1989).

[8] Christopher F. Zurn, "Review Essay-Anthropology and Normativity: A Critique of Axel Honneth's Formal Conception of Ethical Life," *Philosophy and*

*Social Criticism* 26 (2000).

[9] Jacob T. Levy, "There Is No Such Thing As Ideal Theory," *Social Philosophy & Policy Foundation*, 2016.

[10] Jeffrey Neil Bercusonr, "Reconsidering Rawls: The Rousseauian and Hegelian Heritage of Justice as Fairness," *Doctoral* 8 (2013).

[11] John Rawls, "Kantian Constructivism in Moral Theory," *The Journal of Philosophy* 9 (1980).

[12] Jurgen Habermas, "A Critical Reader," Peter Dews ed., *Blackwell Critical Readers*, Oxford: Blackwell, 1999.

[13] Jurgen Habermas, "Morality and Ethical Life: Does Hegel's Critique of Kant Apply to Discourse Ethics," *Northwestern University Law Review* 9 (1988).

[14] Jurgen Habermas, "Equal Treatment of Cultures and the Limits of Postmodern Liberalism," trans. by Jeffrey Flynn, *The Journal of Political Philosophy* 13 (2005).

[15] Michael Walzer, "Complex equality," In M. Daly ed., *Communitirianism: A New Public Ethics*, Belmont, California: Wadsworth Publishing Company, 1994.

[16] Michael Walzer, "Objectivity and Social Meaning," in David Miller ed., *Thinking Politically: Essays in Political Theory*, New Haven: Yale University Press, 2007.

[17] Roberto Fameti, "Philosophy and the Practice of Freedom—An Interview with Joseph Raz," *Critical Review of International Social and Political Philosophy* 1 (2006).

[18] Ronald Dworkin, "What is Equality? Part 2: Equality of Resources," *Philosophy and Public Affairs* 10, 4 (1981).

[19] Samuel Freeman, "Justice and the Social Contract," *Philosophy* 6 (2007).

[20] Seyla Benhabib, "Autonomy, Modernaty, and Community: Communitarianism and Critical Social Theory in Dialogue," in Axel Honneth ed., *Cultural-Political Interventions in the Unfinished Project of Enlightenment*, Cambridge, MA: MIT Press, 1992.

图书在版编目(CIP)数据

正义思辨与伦理生活：现代西方正义论中的“黑格尔要素” / 杜海涛，彭战果著. -- 北京：社会科学文献出版社，2023.8

ISBN 978-7-5228-2246-4

Ⅰ.①正… Ⅱ.①杜… ②彭… Ⅲ.①社会伦理-研究 Ⅳ.①B824

中国国家版本馆 CIP 数据核字(2023)第 144709 号

正义思辨与伦理生活

——现代西方正义论中的“黑格尔要素”

著　　者 / 杜海涛　彭战果

出 版 人 / 冀祥德
责任编辑 / 胡百涛
责任印制 / 王京美

出　　版 / 社会科学文献出版社 · 人文分社(010)59367215
地址：北京市北三环中路甲 29 号院华龙大厦　邮编：100029
网址：www.ssap.com.cn
发　　行 / 社会科学文献出版社（010）59367028
印　　装 / 三河市尚艺印装有限公司

规　　格 / 开　本：787mm × 1092mm　1/16
印　张：14.75　字　数：240 千字
版　　次 / 2023 年 8 月第 1 版　2023 年 8 月第 1 次印刷
书　　号 / ISBN 978-7-5228-2246-4
定　　价 / 98.00 元

读者服务电话：4008918866